第**4**版

张三慧
阮 东
安 宇
编著

上

大学基础物理学

清华大学出版社
北京

内 容 简 介

《大学基础物理学》(第 4 版)分上下两册,上册内容包括力学和热学。力学篇介绍经典的质点力学、理想流体的运动规律、刚体转动的基本内容和狭义相对论基础知识等。热学篇着重在分子论的基础上用统计概念说明温度、气体的压强以及麦克斯韦分布率。下册内容包括电磁学、波动与光学、量子物理基础。电磁学篇按传统体系介绍电场、电势、磁场、电磁感应和电磁波的基本概念和规律,还说明电场和磁场的相对性。波动与光学篇介绍振动与波的基本特征和光的干涉、衍射和偏振的基本规律。量子物理基础篇介绍波粒二象性、概率波、不确定关系和能量量子化等基本概念以及原子和固体中电子的状态和分布的规律,最后还介绍原子核的结合能、放射性衰变和核反应等基本知识。本书编写的例题和习题大量来自生活、实用技术以及自然现象等方面。

本书上下册内容涵盖了大学物理课程教学的基本要求,可作为高等院校大学物理课程的教材,也可作为中学物理教师或其他读者的自学参考书。

图书在版编目(CIP)数据

大学基础物理学. 上 / 张三慧,阮东,安宇编著. -- 4 版. -- 北京 :清华大学出版社,
2025. 6. -- ISBN 978-7-302-69375-8

Ⅰ. O4

中国国家版本馆 CIP 数据核字第 2025879L40 号

责任编辑:朱红莲
封面设计:傅瑞学
责任校对:赵丽敏
责任印制:宋 林

出版发行:清华大学出版社
  网　　　址:https://www.tup.com.cn,https://www.wqxuetang.com
  地　　　址:北京清华大学学研大厦 A 座　　　　　　　邮　　编:100084
  社 总 机:010-83470000　　　　　　　　　　　　　　邮　　购:010-62786544
  投稿与读者服务:010-62776969,c-service@tup.tsinghua.edu.cn
  质量反馈:010-62772015,zhiliang@tup.tsinghua.edu.cn
印 装 者:大厂回族自治县彩虹印刷有限公司
经　　　销:全国新华书店
开　　　本:185mm×260mm　　**印　　张:**15.5　　**字　　数:**373 千字
版　　　次:2003 年 8 月第 1 版　2025 年 6 月第 4 版　　**印　　次:**2025 年 6 月第 1 次印刷
定　　　价:42.00 元

产品编号:109590-01

第4版 前 言

FOREWORD

大学物理课程在高等学校理工科专业人才培养中具有其他课程所不能替代的重要作用。大学物理教学不仅教给学生一些必要的物理基础知识，更重要的是引导学生在学习过程中，逐渐形成正确的科学观，掌握科学方法，树立科学精神。物理学还可以开阔学生视野，提高创新意识。

《大学基础物理学》（第4版）是在《大学基础物理学》（第3版）（清华大学出版社，2017年）的基础上，根据教育部高等学校物理基础课程教学指导委员会于2023年9月编制的《理工科类大学物理课程教学基本要求》的精神，结合不同类型高校、不同层次教学实践的需要，并听取近些年高等院校师生的反馈信息修订而成的。其中阮东负责第二、四、五篇；安宇负责第一、三篇。本次修订保持了第3版整体结构严谨、精练，具有内容简明、流畅，便于教学的特点。主要修改了第3版中的一些文字表述，更换了部分图表，订正了排版错误。

《大学基础物理学》（第4版）保留了之前版本的主体内容和风格特色，将原来的课外阅读材料从正文中全部删除，可通过二维码扫描进行扩展阅读。并增加了很多知识点介绍的微视频。

希望广大读者反馈对本教材的修改建议，以帮助我们不断完善本教材。

阮东 安宇

2024年12月于清华园

第3版前言

FOREWORD

大学物理课程在高等学校理工科专业类人才培养中具有其他课程所不能替代的重要作用。大学物理教学不仅教给学生一些必要的物理基础知识，更重要的是引导学生在学习过程中，逐渐形成正确的科学观，掌握科学方法，树立科学精神。物理学还可以开阔学生视野，提高创新意识。

《大学基础物理学》(第 3 版)是在《大学基础物理学》(第 2 版)(清华大学出版社,2006 年)的基础上，根据教育部高等学校物理基础课程教学指导委员会于 2011 年 2 月出版的《理工科类大学物理课程教学基本要求》的精神，结合不同类型高校、不同层次教学实践的需要，并听取近些年高等院校师生的反馈信息修订而成的。其中阮东负责第二、四、五篇;安宇负责第一、三篇。本次修订保持了第 2 版整体结构严谨、精练，讲述简明、流畅，便于教学的特点。主要修改了第 2 版中的一些文字表述，更换了部分图表，订正了排版错误。考虑到当今网络使用的便捷和海量资源共享，我们只保留了部分与书中教学内容关联紧密的、有趣的课外阅读材料，以激发学习兴趣，丰富学生的知识面。

阮 东 安 宇

2016 年 12 月于清华园

第2版前言

FOREWORD

大学物理课程是大学阶段一门重要的基础课,它将在高中物理的基础上进一步提高学生的现代科学素质。为此,物理课程应提供内容更广泛更深入的系统的现代物理学知识,并在介绍这些知识的同时进一步培养学生的科学思想、方法和态度并引发学生的创新意识和能力。

根据上述对大学物理课程任务的理解,本书在高中物理的基础上系统而又严谨地讲述了基本的物理原理。内容的安排总体上是按传统的力、热、电、光、量子物理的顺序。所以"固守"此传统,是因为到目前为止,物理学的发展并没有达到可能和必要在基础物理教学上改变这一总体系的程度。书中具体内容主要是经典物理基本知识,但同时也包含了许多现代物理,乃至一些物理学前沿的理论和实验以及它们在现代技术中应用的知识。本书还开辟了"今日物理趣闻"专栏,简要地介绍了如奇妙的对称性、宇宙发展、全息等课题,以开阔学生视野,激发其学习兴趣,并启迪其创造性。

本书选编了大量联系实际的例题和习题,从光盘到打印机,从跳水到蹦极,从火箭到对撞机,从人造卫星到行星、星云等等都有涉及。其中还特别注意选用了我国古老文明与现代科技的资料,如王充论力,苏东坡的回文诗,神舟飞船的升空,热核反应的实验等。对这些例题和习题的分析与求解能使学生更实在又深刻地理解物理概念和规律,了解物理基础知识的重要的实际意义,同时也有助于培养学生联系实际的学风,增强民族自信心。为了便于理解,本书取材力求少而精,论述力求简而明。

本书是在第1版(清华大学出版社2003)的基础上,参考老师和学生的意见和建议,并融入了笔者对教学内容的新体会重新修改而成。

本书分上下两册,共包括五篇:力学、热学、电磁学、波动与光学、量子物理简介。

力学篇完全按传统体系讲述。以牛顿定律为基础和出发点,引入动量、角动量和能量概念,导出动量、角动量和机械能等的守恒定律,最后将它们都推广到普遍的形式。守恒定律在物理思想和方法上讲固然是重要的,但在解决实际问题时经典的动力学概念与规律也常是不可或缺的。本书对后者也作了较详细的讲解。力学篇还强调了参考系的概念,说明了守恒定律的意义,并注意到物理概念和理论的衍生和发展。

热学篇除了对系统——特别是气体——的宏观性质及其变化规律作了清晰的介绍外,大大加强了在分子理论基础上的统计概念和规律的讲解。除了在第 7 章温度和气体动理论中着重介绍了统计规律外,在其他各章对功、热的实质、热力学第一定律、热力学第二定律以及熵的微观意义和宏观表示式等都结合统计概念作了许多独特而清晰的讲解。

电磁学篇以库仑定律、毕奥-萨伐尔定律和法拉第定律为基础展开,直至麦克斯韦方程组。在讲解了电流的磁场之后,还根据相对论指出了电场和磁场的相对性,使学生对电磁场的性质有更深入的理解。在分析方法上,本篇强调了对称性的分析,如在求电场和磁场的分布时,都应用了空间对称性的概念。

波动与光学篇主要着眼于清晰地讲解波、光的干涉和衍射的基本现象和规律。

量子物理基础篇的重点放在最基本的量子力学概念方面,如波粒二象性、不确定关系等,至于薛定谔方程及其应用、原子中电子运动的规律、固体物理等只作了很简要的陈述。

本书内容概括了大学物理学教学的最基本要求。为了帮助学生掌握各篇内容的体系结构与脉络,每篇开始都编制了该篇内容及基本知识系统图。书末附有物理学常用数据的最新公认取值的"数值表",便于学生查阅和应用。

诚挚地欢迎各位读者对本书的各种意见和建议。

张三慧

2006 年 11 月于清华园

目录
CONTENTS

第2篇　热　学

二维码目录

第 1 篇

力 学

力学是一门古老的学问,其渊源在西方可追溯到公元前 4 世纪古希腊学者柏拉图认为圆运动是天体最完美的运动及亚里士多德关于力产生运动的说教,在中国可以追溯到公元前 5 世纪《墨经》中关于杠杆原理的论述。但力学(以及整个物理学)成为一门科学理论应该说是从 17 世纪伽利略论述惯性运动开始,继而牛顿提出了后来以他的名字命名的三个运动定律。现在以牛顿运动定律为基础的力学理论叫作牛顿力学或经典力学。它曾经被尊为完美普遍的理论而兴盛了约 300 年。20 世纪初虽然发现了它的局限性,它在高速领域为相对论所取代,在微观领域为量子力学所取代,但在一般的技术领域,包括机械制造、土木建筑甚至航空航天技术中,经典力学仍保持着充沛的活力而处于基础理论的地位。它的这种实用性是我们要学习经典力学的一个重要原因。

由于经典力学是最早形成的物理理论,后来的许多理论,包括相对论和量子力学的形成都受到它的影响。后者的许多概念和思想都是经典力学概念和思想的发展或改造。经典力学在一定意义上是整个物理学的基础,这是我们要学习经典力学的另一个重要原因。

本篇要介绍的内容包括质点力学和刚体力学基础。着重阐明动量、角动量和能量诸概念及相应的守恒定律。狭义相对论的时空观已是当今物理学的基础概念,它和牛顿力学联系紧密。本篇第 6 章介绍狭义相对论的基本概念和原理。

量子力学是一门全新的理论,在本篇适当的地方插入了一些量子力学的概念,以便和经典概念加以比较。

经典力学一向被认为是决定论的,但是是不可预测的。为了使读者了解经典力学的这一新发展,2.6 节"混沌"将简单介绍这方面的基本知识。

本篇所采用的牛顿力学基本知识系统图

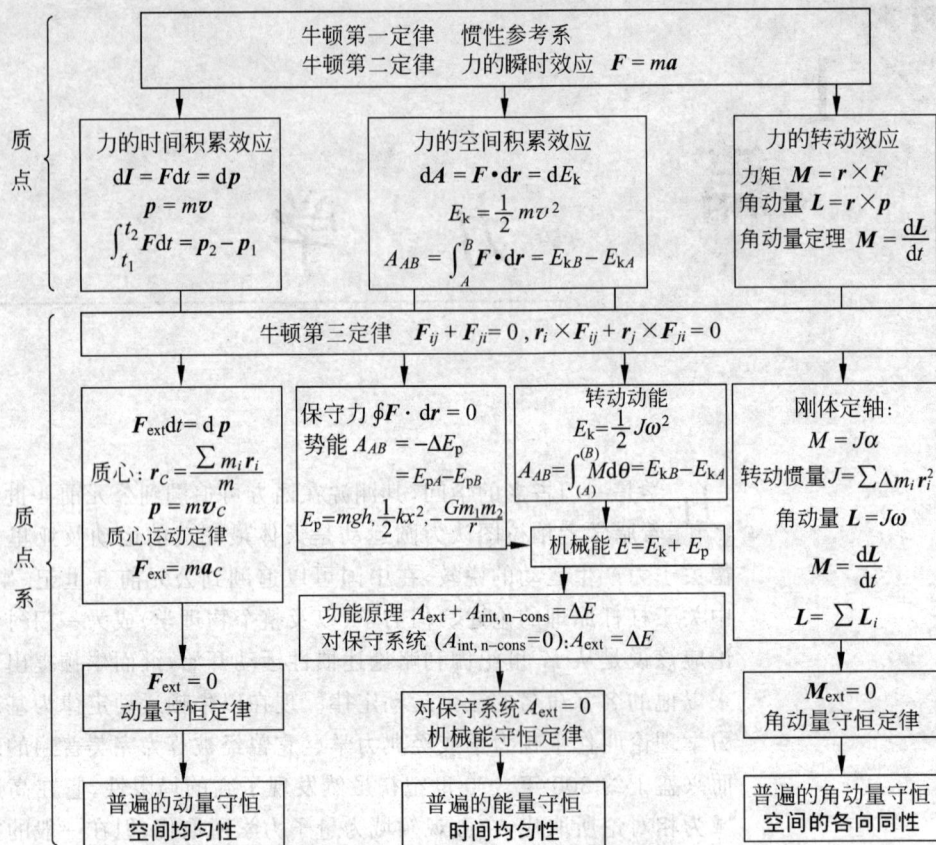

牛顿第一定律　惯性参考系
牛顿第二定律　力的瞬时效应　$F = ma$

质点

力的时间积累效应
$$dI = Fdt = dp$$
$$p = mv$$
$$\int_{t_1}^{t_2} Fdt = p_2 - p_1$$

力的空间积累效应
$$dA = F \cdot dr = dE_k$$
$$E_k = \frac{1}{2}mv^2$$
$$A_{AB} = \int_A^B F \cdot dr = E_{kB} - E_{kA}$$

力的转动效应
力矩 $M = r \times F$
角动量 $L = r \times p$
角动量定理 $M = \dfrac{dL}{dt}$

牛顿第三定律　$F_{ij} + F_{ji} = 0$，$r_i \times F_{ij} + r_j \times F_{ji} = 0$

质点系

$$F_{ext}dt = dp$$
质心：$r_C = \dfrac{\sum m_i r_i}{m}$
$$p = mv_C$$
质心运动定律
$$F_{ext} = ma_C$$

保守力 $\oint F \cdot dr = 0$
势能 $A_{AB} = -\Delta E_p$
$$= E_{pA} - E_{pB}$$
$E_p = mgh, \dfrac{1}{2}kx^2, -\dfrac{Gm_1m_2}{r}$

转动动能
$$E_k = \frac{1}{2}J\omega^2$$
$$A_{AB} = \int_{(A)}^{(B)} Md\theta = E_{kB} - E_{kA}$$

机械能 $E = E_k + E_p$

刚体定轴：
$$M = J\alpha$$
转动惯量 $J = \sum \Delta m_i r_i^2$
角动量 $L = J\omega$
$$M = \frac{dL}{dt}$$
$$L = \sum L_i$$

功能原理 $A_{ext} + A_{int, n-cons} = \Delta E$
对保守系统 $(A_{int, n-cons} = 0)$：$A_{ext} = \Delta E$

$F_{ext} = 0$
动量守恒定律

对保守系统 $A_{ext} = 0$
机械能守恒定律

$M_{ext} = 0$
角动量守恒定律

普遍的动量守恒
空间均匀性

普遍的能量守恒
时间均匀性

普遍的角动量守恒
空间的各向同性

师生问答　　　　基本粒子

第 1 章

质 点 运 动 学

经典力学是研究物体机械运动的规律的。为了研究它,首先介绍其描述方法。力学中描述物体运动的内容叫作**运动学**。实际的物体结构复杂,大小各异,为了从最简单的研究开始,引进**质点**模型,即以具有一定质量的点来代表物体。本章介绍质点运动学。相当一部分概念和公式在中学物理课程中已学习过,本章在简要复习的基础上,对它们进行了更严格、更全面也更系统化的介绍。例如,强调了参考系的概念,速度、加速度的定义都用了导数这一数学运算,还普遍加强了矢量概念。又例如,圆周运动介绍了切向加速度和法向加速度两个分加速度。最后还介绍了同一物体运动的描述在不同参考系中的变换关系——伽利略变换。

1.1 匀变速直线运动

在高中课程中,大家已学习了如何描述质点的匀变速(或称匀加速)直线运动。以质点运动所沿的直线为 x 轴,质点在各时刻 t 的位置以坐标值 x 表示,则质点的运动就表示为 x 随 t 的变化,如图 1.1 所示。在时刻 t 前后 Δt 时间内质点运动的快慢用**平均速度** $\bar{v}$ 表示,

$$\bar{v} = \frac{\Delta x}{\Delta t} \tag{1.1}$$

如果 Δt 非常小,$\bar{v}$ 即时刻 t 质点的**瞬时速度**或**速度**,以 v 表示,其大小称为**速率**。速率在国际单位制中的单位为 m/s。

质点在运动中的速度可能随时间改变,此改变的快慢称为**加速度**。Δt 时间内的**平均加速度**用 $\bar{a}$ 表示,为

$$\bar{a} = \frac{\Delta v}{\Delta t} \tag{1.2}$$

如果 Δt 非常小,$\bar{a}$ 即时刻 t 质点的**瞬时加速度**或**加速度**,以 a 表示。加速度在国际单位制中单位为 m/s²。

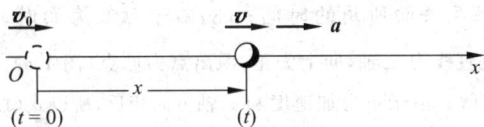

图 1.1 直线运动图示

如果在运动中,质点的速度均匀变化,即加速度 a 不随时间改变而为一常量,这种运动称为匀变速运动。关于**匀变速直线运动**,有下列基本关系:

速度和时间(初速度为 v_0)的关系:

$$v = v_0 + at \tag{1.3}$$

位置和时间(初位置在原点)的关系:

$$x = v_0 t + \frac{1}{2} a t^2 \tag{1.4}$$

上两式中消去 t,还可得速度和位置的关系:

$$v^2 = v_0^2 + 2ax \tag{1.5}$$

常见的匀变速直线运动有沿竖直方向的**自由落体运动**,它的加速度竖直向下,称为**自由落体加速度**或**重力加速度**。值得强调的是,实验表明在地球上同一地点,不同物体的重力加速度都相同。通常以 g 表示重力加速度的大小。地面上各处不太高的范围内,g 一般约为 9.8 m/s^2。一般计算取

$$g = 9.80 \text{ m/s}^2$$

对于由静止自由下落($v_0 = 0$)的物体,以 t 表示下落的时间,h 表示下落的高度,并以向下为坐标正方向,则式(1.3)~式(1.5)转化为

$$v = gt \tag{1.6}$$

$$h = \frac{1}{2} g t^2 \tag{1.7}$$

$$v^2 = 2gh \tag{1.8}$$

例 1.1 **电子加速**。在电视机的电子枪内,一电子被电场均匀加速沿直线前进,如图 1.2 所示,经过 2.00 cm 距离后其速率由 $2.80 \times 10^4 \text{ m/s}$ 增大为 $5.20 \times 10^6 \text{ m/s}$,求此电子在此加速过程中的加速度和所用的时间。

解 以电子运动的径迹为 x 轴,原点选在 2.00 cm 的起点(图 1.2),则电子的初速度为 $v_0 = 2.80 \times 10^4 \text{ m/s}$,而在到达 $x = 2.00 \text{ cm}$ 处时,其速率变为 $v = 5.20 \times 10^6 \text{ m/s}$。于是利用式(1.5)可求得电子的加速度为

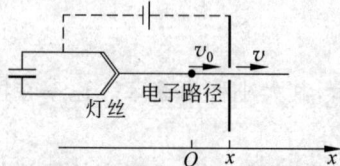
图 1.2 电子枪示意图

$$a = \frac{v^2 - v_0^2}{2x} = \frac{(5.20 \times 10^6)^2 - (2.80 \times 10^4)^2}{2 \times 2.00 \times 10^{-2}} \text{ m/s}^2$$
$$= 6.76 \times 10^{14} \text{ m/s}^2$$

再利用式(1.3),可求得电子经过 2.00 cm 时所用的时间是

$$t = \frac{v - v_0}{a} = \frac{5.20 \times 10^6 - 2.80 \times 10^4}{6.76 \times 10^{14}} \text{ s} = 7.65 \times 10^{-9} \text{ s}$$

例 1.2 **悬崖抛石**。在高出海面 30 m 的悬崖边以 15 m/s 的初速竖直向上抛出一石子,如图 1.3 所示,设石子回落时不再碰到悬崖并忽略空气的阻力。求:(1)石子能达到的最大高度;(2)石子从被抛出到回落触及海面所用的时间;(3)石子触及海面时的速度。

解 取通过抛出点的竖直线为 x 轴,向上为正,抛出点为原点(图 1.3)。石子抛出后作匀变速运动,就可以用式(1.3)~式(1.5)求解。由于重力加速度和 x 轴方向相反,所以式(1.3)~式(1.5)中的 a 应取 $-g$,而 $v_0 = 15 \text{ m/s}$。

此题可分两阶段求解：石子上升阶段和回落阶段。

(1) 以 x_1 表示石子达到的最高位置，由于此时石子的速度应为 $v_1 = 0$，所以由式(1.5)可得

$$x_1 = \frac{v_0^2 - v_1^2}{2g} = \frac{15^2 - 0^2}{2 \times 9.80} \text{ m} = 11.5 \text{ m}$$

即石子最高可达到抛出点以上 11.5 m 处。

(2) 石子上升到最高点，根据式(1.3)可得所用时间 t_1 为

$$t_1 = \frac{v_0 - v_1}{g} = \frac{15 - 0}{9.80} \text{ s} = 1.53 \text{ s}$$

石子到达最高点时就要回落(为清晰起见，在图 1.3 中将石子回落路径和上升路径分开画了)，作初速度为零的自由落体运动，这时可利用式(1.6)~式(1.8)，由于下落高度为 $h = 11.5 \text{ m} + 30 \text{ m} = 41.5 \text{ m}$，所以式(1.7)可得下落的时间为

$$t_2 = \sqrt{2h/g} = \sqrt{2 \times 41.5/9.80} \text{ s} = 2.91 \text{ s}$$

于是，石子从抛出到触及海面所用的总时间就是

$$t = t_1 + t_2 = (1.53 + 2.91)\text{s} = 4.44 \text{ s}$$

(3) 石子触及海面时的速度可由式(1.8)求出，为

$$v_2 = \sqrt{2gh} = \sqrt{2 \times 9.80 \times 41.5} \text{ m/s} = 28.5 \text{ m/s}$$

此题(2)、(3)两问也可以把上升下落作为一整体考虑，这时石子在抛出后经过时间 t 后触及海面的位置应为 $x = -30 \text{ m}$，由式(1.5)可得石子触及海面时的速率为

$$v = -\sqrt{v_0^2 - 2gx} = -\sqrt{15^2 - 2 \times 9.80 \times (-30)} \text{ m/s} = -28.5 \text{ m/s}$$

此处开根号的结果取负值，是因为此时刻速度方向向下，与 x 轴正向相反。

根据式(1.4)，代入 x、v_0 和 g 的值可得

$$-30 = 15t - 4.9t^2$$

解此二次方程可得石子从抛出到触及海面所用总时间为 $t = 4.44$ s(此方程另一解为 -1.38 s，对本题无意义，故舍去)。

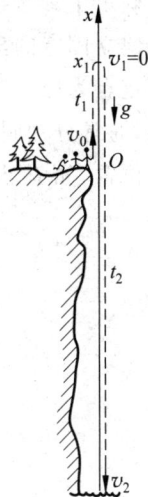

图 1.3　悬崖抛石

1.2 参考系

现在让我们对质点运动学加以更严格、更全面的讨论，更一般地描述质点在三维空间的运动。

物体的机械运动是指它的位置随时间而改变的过程。位置总是相对的，这就是说，任何物体的位置总是相对于其他物体或物体系来确定。这个其他物体或物体系就叫作确定物体位置时用的**参考物**，称为参考系。例如，确定交通车辆的位置时，我们用固定在地面上的一些物体，如房子或路牌作参考物。

经验告诉我们，相对于不同的参考系，同一物体的同一运动，会表现为不同的形式。例如，一个自由下落的石块的运动，站在地面上观察，即以地面为参考系，它是直线运动；如果在近旁驰过的车厢内观察，即以行进的车厢为参考系，则石块将作曲线运动。物体运动的形式随参考物的不同而不同，这个事实叫作**运动的相对性**。由于运动的相对性，当我们描述一个物体的运动时，就必须指明是相对于什么参考系来说的。

确定了参考物之后,为了定量地说明一个质点相对于此参考系的空间位置,就在此参考物上建立固定的**坐标系**。最常用的坐标系是**笛卡儿直角坐标系**。这个坐标系以参考物上某一固定点为原点 O,从此原点沿 3 个相互垂直的方向引 3 条固定在参考物上的直线作为**坐标轴**,通常分别叫作 x 轴、y 轴和 z 轴(图 1.4)。在这样的坐标系中,一个质点在任意时刻的空间位置,如 P 点,就可以用 3 个坐标值 (x,y,z) 来表示。

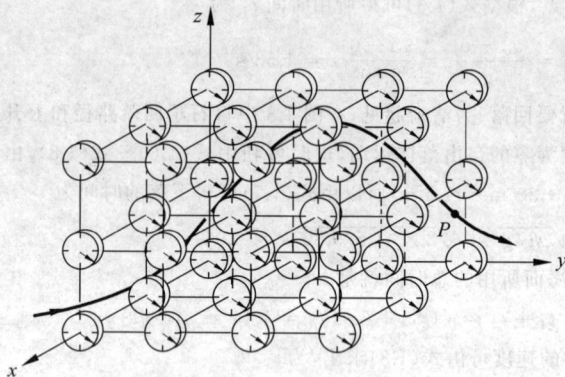

图 1.4 一个坐标系和一套同步的钟构成一个参考系

质点的运动就是它的位置随时间的变化。为了描述质点的运动,需要指出质点到达各个位置 (x,y,z) 的时刻 t。这时刻 t 是由在坐标系中各处配置的许多**同步的钟**(如图 1.4,在任意时刻这些钟的指示都一样)给出的[①]。质点在运动中到达各处时,都有近旁的钟给出它到达该处的时刻 t。这样,质点的运动,亦即它的位置随时间的变化,就可以完全确定地描述出来了。

一个固定在参考物上的坐标系和相应的一套同步的钟组成一个**参考系**。参考系通常以所用的参考物命名。例如,坐标轴固定在地面上(通常一个轴竖直向上)的参考系叫作**地面参考系**(图 1.5 中 $O''x''y''z''$);坐标原点固定在地心而坐标轴指向空间固定方向(以恒星为基准)的参考系叫作**地心参考系**(图 1.5 中 $O'x'y'z'$);原点固定在太阳中心而坐标轴指向空间固定方向(以恒星为基准)的参考系叫作**太阳参考系**(图 1.5 中 $Oxyz$)。常用的固定在实验室的参考系叫作**实验室参考系**。

质点位置的空间坐标值是沿着坐标轴方向从原点开始量起的长度。在**国际单位制**(SI,其单位也是我国的法定计量单位)中,长度的基本单位是米(符号是 m)。现在国际上采用的米是 1983 年规定的[②]:**1 m 是光在真空中在 $(1/299\ 792\ 458)$s 内所经过的距离**。这一规定的基础是激光技术的完善和相对论理论的确立。

[①] 此处说的"在坐标系中各处配置的许多同步的钟"是一种理论的设计,实际上当然办不到。实际上是用一个钟随同物体一起运动,由它指出物体到达各处的时刻。这只运动的钟事前已和静止在参考系中的一只钟对好,二者同步。这样前者给出的时刻就是本参考系给出的时刻。实际的例子是宇航员的手表就指示他到达空间各处的时刻,这和地面上控制室的钟给出的时刻是一样的。不过,这种实际操作在物体运动速度接近光速时将失效,在这种情况下运动的钟和静止的钟**不可能**同步,其原因参见 6.3 节同时性的相对性与时间延缓。

[②] 关于基本单位的规定,请参见:张钟华.基本物理常量与国际单位制基本单位的重新定义.物理通报,2006,2:7-10.

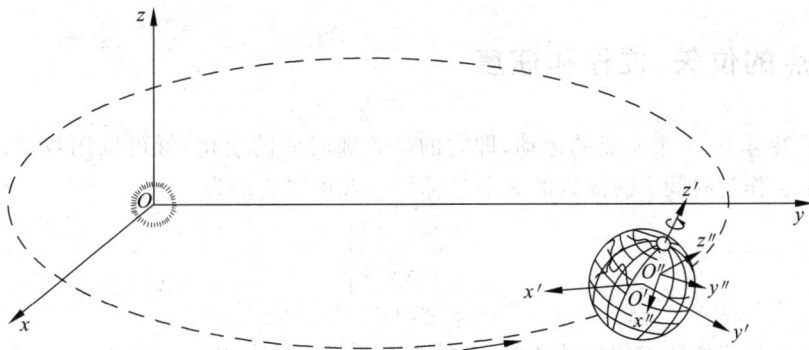

图 1.5　参考系示意图

　　指示质点到达空间某一位置的时刻在 SI 中是以秒(符号是 s)为基本单位计量的。以前曾规定平均太阳日的 1/86 400 是 1s。现在 SI 规定：**1 s 是^{133}Cs(铯的一种同位素)原子发出的一个特征频率的光波周期的 9 192 631 770 倍**。

　　在实际工作中,为了方便起见,常用基本单位的倍数或分数作单位来表示物理量的大小。这些单位叫作**倍数单位**,它们的名称都是基本单位加上一个表示倍数或分数的词头构成。SI 词头如表 1.1 所示。

表 1.1　SI 词头

因数	词头名称		符号
	英文	中文	
10^{24}	yotta	尧[它]	Y
10^{21}	zetta	泽[它]	Z
10^{18}	exa	艾[可萨]	E
10^{15}	peta	拍[它]	P
10^{12}	tera	太[拉]	T
10^{9}	giga	吉[咖]	G
10^{6}	mega	兆	M
10^{3}	kilo	千	k
10^{2}	hecto	百	h
10^{1}	deca	十	da
10^{-1}	deci	分	d
10^{-2}	centi	厘	c
10^{-3}	milli	毫	m
10^{-6}	micro	微	μ
10^{-9}	nano	纳[诺]	n
10^{-12}	pico	皮[可]	p
10^{-15}	femto	飞[母托]	f
10^{-18}	atto	阿[托]	a
10^{-21}	zepto	仄[普托]	z
10^{-24}	yocto	幺[科托]	y

1.3 质点的位矢、位移和速度

选定了参考系,一个质点的运动,即它的位置随时间的变化,就可以用数学函数的形式表示出来了。作为时间 t 的函数的 3 个坐标值一般可以表示为

$$\left.\begin{array}{l} x = x(t) \\ y = y(t) \\ z = z(t) \end{array}\right\} \tag{1.9}$$

这样的一组函数叫作质点的**运动函数**(有的书上叫作运动方程)。

质点的位置可以用**矢量**[①]的概念更简洁清楚地表示出来。为了表示质点在时刻 t 的位置 P,我们从原点向此点引一有向线段 OP,并记作矢量 r(图 1.6)。r 的方向说明了 P 点相对于坐标轴的方位,r 的大小(即它的"模")表明了原点到 P 点的距离。方位和距离都知道了,P 点的位置也就确定了。用来确定质点位置的这一矢量 r 叫作质点的**位置矢量**,简称**位矢**,也叫作**径矢**。质点在运动时,它的位矢是随时间改变的,这一改变一般可以用函数

$$r = r(t) \tag{1.10}$$

来表示。上式就是质点的运动函数的矢量表示式。

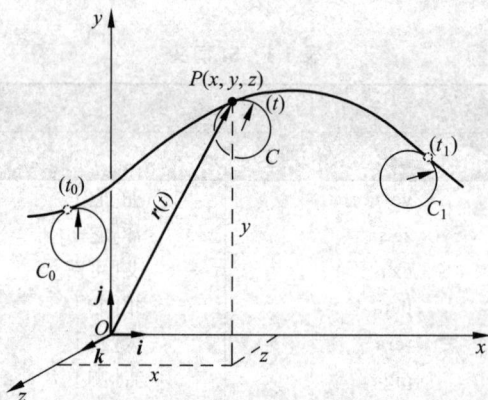

图 1.6   用位矢 $r(t)$ 表示质点在时刻 t 的位置

由于空间的几何性质,位置矢量总可以用它的沿 3 个坐标轴的分量之和表示。位置矢

---

① **矢量**是指有方向而且其求和(或合成)需用**平行四边形定则**进行的物理量。矢量符号通常用粗体字印刷并且用长度与矢量的大小成比例的箭矢代表。求 A 与 B 的和 C 时可用平行四边形定则(图 1.7(a)),也可用三角形定则(图 1.7(b),A 与 B 首尾相接)。求 $A - B = D$ 时,由于 $A = B + D$,所以可按图 1.8 进行(A 与 B 首首相连)。

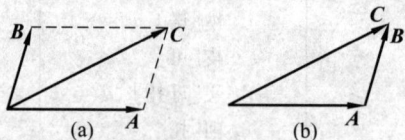 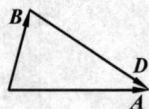

图 1.7 $A + B = C$ 图 1.8 $A - B = D$

(a)平行四边形定则;(b)三角形定则

量 r 沿 3 个坐标轴的投影分别是坐标值 x,y,z。以 i,j,k 分别表示沿 x,y,z 轴正方向的**单位矢量**(即其大小是一个单位的矢量),则位矢 r 和它的 3 个分量的关系就可以用矢量合成公式

$$r = xi + yj + zk \tag{1.11}$$

表示。式中等号右侧各项分别是位矢 r 沿各坐标轴的分矢量,它们的大小分别等于各坐标值的大小,其方向是各坐标轴的正向或负向,取决于各坐标值的正或负。根据式(1.11)、式(1.9)和式(1.10)表示的运动函数就有如下的关系:

$$r(t) = x(t)i + y(t)j + z(t)k \tag{1.12}$$

式(1.12)中各函数表示质点位置的各坐标值随时间的变化情况,可以看作是质点沿各坐标轴的**分运动**的表示式。质点的实际运动是由式(1.12)中 3 个函数的总体或式(1.10)表示的。式(1.12)表明,质点的实际运动是各分运动的**合运动**。

质点运动时所经过的路线叫作**轨道**,在一段时间内它沿轨道经过的距离叫作**路程**,在一段时间内它的位置的改变叫作它在这段时间内的**位移**。设质点在 t 和 $t+\Delta t$ 时刻分别通过 P 和 P_1 点(图 1.9),其位矢分别是 $r(t)$ 和 $r(t+\Delta t)$,则由 P 引到 P_1 的矢量表示位矢的增量,即

$$\Delta r = r(t+\Delta t) - r(t) \tag{1.13}$$

这一位矢的增量就是质点在 t 到 $t+\Delta t$ 这一段时间内的位移。

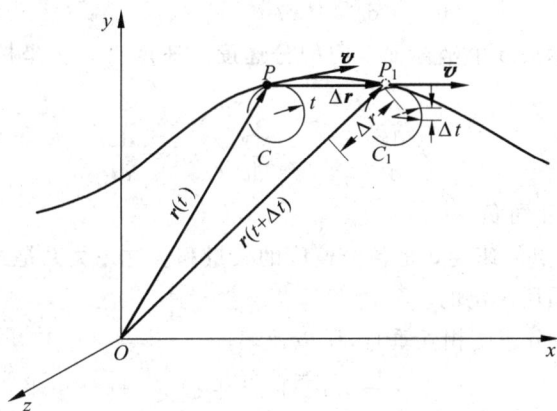

图 1.9　位移矢量 Δr 和速度矢量 v

应该注意的是,位移 Δr 是矢量,既有大小又有方向。其大小用图 1.9 中 Δr 矢量的长度表示,记作 $|\Delta r|$。这一数量不能简写为 Δr,因为 $\Delta r = r(t+\Delta t) - r(t)$,它是位矢的大小在 t 到 $t+\Delta t$ 这一段时间内的增量。一般地说,$|\Delta r| \neq \Delta r$。

位移 Δr 和发生这段位移所经历的时间的比叫作质点在这一段时间内的**平均速度**。以 $\bar{v}$ 表示平均速度,就有

$$\bar{v} = \frac{\Delta r}{\Delta t} \tag{1.14}$$

平均速度也是矢量,它的方向就是位移的方向(图 1.9)。

当 Δt 趋于零时,式(1.14)的极限,即质点位矢对时间的变化率,叫作质点在时刻 t 的**瞬时速度**,简称**速度**。用 v 表示速度,就有

$$v = \lim_{\Delta t \to 0} \frac{\Delta r}{\Delta t} = \frac{\mathrm{d}r}{\mathrm{d}t} \tag{1.15}$$

速度的方向，就是 Δt 趋于零时，Δr 的方向。如图 1.9 所示，当 Δt 趋于零时，P_1 点向 P 点趋近，而 Δr 的方向最后将与质点运动轨道在 P 点的切线一致。因此，质点在时刻 t 的速度的方向就沿着该时刻质点所在处运动轨道的切线而指向运动的前方，如图 1.9 中 v 的方向。

速度的大小叫作**速率**，以 v 表示，有

$$v = |\,v\,| = \left| \frac{\mathrm{d}r}{\mathrm{d}t} \right| = \lim_{\Delta t \to 0} \frac{|\,\Delta r\,|}{\Delta t} \tag{1.16}$$

用 Δs 表示在 Δt 时间内质点沿轨道所经过的路程。当 Δt 趋于零时，$|\,\Delta r\,|$ 和 Δs 趋于相同，因此可以得到

$$v = \lim_{\Delta t \to 0} \frac{|\,\Delta r\,|}{\Delta t} = \lim_{\Delta t \to 0} \frac{\Delta s}{\Delta t} = \frac{\mathrm{d}s}{\mathrm{d}t} \tag{1.17}$$

这就是说速率又等于质点所走过的路程对时间的变化率。

根据位移的大小 $|\Delta r|$ 与 Δr 的区别可以知道，一般地，

$$v = \left| \frac{\mathrm{d}r}{\mathrm{d}t} \right| \neq \frac{\mathrm{d}r}{\mathrm{d}t}$$

将式 (1.11) 代入式 (1.15)，由于沿 3 个坐标轴的单位矢量都不随时间改变，所以有

$$v = \frac{\mathrm{d}x}{\mathrm{d}t}i + \frac{\mathrm{d}y}{\mathrm{d}t}j + \frac{\mathrm{d}z}{\mathrm{d}t}k = v_x + v_y + v_z \tag{1.18}$$

等号右面 3 项分别表示沿 3 个坐标轴方向的**分速度**。速度沿 3 个坐标轴的分量 v_x, v_y, v_z 分别为

$$v_x = \frac{\mathrm{d}x}{\mathrm{d}t}, \quad v_y = \frac{\mathrm{d}y}{\mathrm{d}t}, \quad v_z = \frac{\mathrm{d}z}{\mathrm{d}t} \tag{1.19}$$

这些分量都是数量，可正可负。

式 (1.18) 表明：质点的速度 v 是各分速度的矢量和。这一关系是式 (1.12) 的直接结果，也是由空间的几何性质所决定的。

由于式 (1.18) 中各分速度相互垂直，所以速率

$$v = \sqrt{v_x^2 + v_y^2 + v_z^2} \tag{1.20}$$

速度的 SI 单位是 m/s。表 1.2 给出了一些实际的速率的数值。

表 1.2　某些速率　　　　　　　　　　　　　　　　　　m/s

光在真空中	3.0×10^8
北京正负电子对撞机中的电子	99.999 998％光速
类星体的退行(最快的)	2.7×10^8
太阳在银河系中绕银河系中心的运动	3.0×10^5
地球公转	3.0×10^4
人造地球卫星	7.9×10^3
现代歼击机	约 9×10^2
步枪子弹离开枪口时	约 7×10^2
由于地球自转在赤道上一点的速率	4.6×10^2
空气分子热运动的平均速率(0℃)	4.5×10^2

续表

空气中声速(0℃)	3.3×10^2
机动赛车(最大)	1.0×10^2
猎豹(最快动物)	2.8×10
人跑步百米世界纪录(最快时)	9.58
大陆板块移动	约 10^{-9}

1.4 加速度

1-3

当质点的运动速度随时间改变时,常常需要了解速度变化的情况。速度变化的情况用**加速度**表示。以 $v(t)$ 和 $v(t+\Delta t)$ 分别表示质点在时刻 t 和时刻 $t+\Delta t$ 的速度(图1.10),则在这段时间内的**平均加速度** $\bar{a}$ 由下式定义:

$$\bar{a}=\frac{v(t+\Delta t)-v(t)}{\Delta t}=\frac{\Delta v}{\Delta t} \tag{1.21}$$

当 Δt 趋于零时,此平均加速度的极限,即速度对时间的变化率,叫质点在时刻 t 的**瞬时加速度**,简称**加速度**。以 a 表示加速度,就有

$$a=\lim_{\Delta t\to0}\frac{\Delta v}{\Delta t}=\frac{\mathrm{d}v}{\mathrm{d}t} \tag{1.22}$$

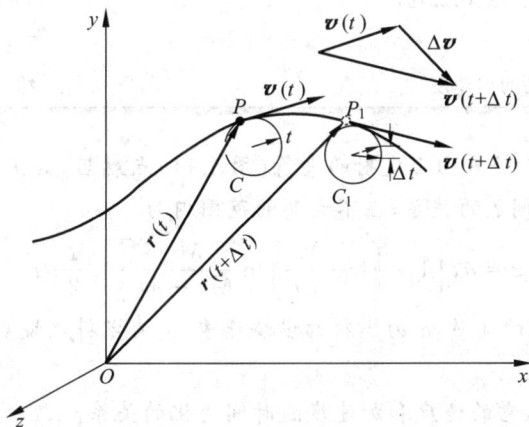

图 1.10 平均加速度矢量 $\bar{a}$ 的方向就是 Δv 的方向

应该明确的是,加速度也是矢量。由于它是速度对时间的变化率,所以不管是速度的大小发生变化,还是速度的方向发生变化,都有加速度。利用式(1.15),还可得

$$a=\frac{\mathrm{d}^2r}{\mathrm{d}t^2} \tag{1.23}$$

将式(1.18)代入式(1.22),可得加速度的分量表示式如下:

$$a=\frac{\mathrm{d}v_x}{\mathrm{d}t}i+\frac{\mathrm{d}v_y}{\mathrm{d}t}j+\frac{\mathrm{d}v_z}{\mathrm{d}t}k=a_x+a_y+a_z \tag{1.24}$$

加速度沿 3 个坐标轴的分量分别是

$$\left.\begin{array}{l} a_x = \dfrac{\mathrm{d}v_x}{\mathrm{d}t} = \dfrac{\mathrm{d}^2 x}{\mathrm{d}t^2} \\[2mm] a_y = \dfrac{\mathrm{d}v_y}{\mathrm{d}t} = \dfrac{\mathrm{d}^2 y}{\mathrm{d}t^2} \\[2mm] a_z = \dfrac{\mathrm{d}v_z}{\mathrm{d}t} = \dfrac{\mathrm{d}^2 z}{\mathrm{d}t^2} \end{array}\right\} \tag{1.25}$$

这些分量和加速度的大小的关系是

$$a = \sqrt{a_x^2 + a_y^2 + a_z^2} \tag{1.26}$$

加速度的 SI 单位是 $\mathrm{m/s^2}$。表 1.3 给出了一些实际的加速度的数值。

表 1.3　某些加速度的数值　　　　　　　　　　　　　　$\mathrm{m/s^2}$

超级离心机中粒子的加速度	3×10^6
步枪子弹在枪膛中的加速度	约 5×10^5
使汽车撞坏(以 27 m/s 车速撞到墙上)的加速度	约 1×10^3
使人发晕的加速度	约 7×10
地球表面的重力加速度	9.8
汽车制动的加速度	约 8
月球表面的重力加速度	1.7
由于地球自转在赤道上一点的加速度	3.4×10^{-2}
地球公转的加速度	6×10^{-3}
太阳绕银河系中心转动的加速度	约 3×10^{-10}

例 1.3　火箭升空。竖直向上发射的火箭(图 1.11)点燃后,其上升高度 z(原点在地面上,z 轴竖直向上)和时间 t 的关系,在不太高的范围内为

$$z = ut\left[1 + \left(1 - \frac{M_0}{\alpha t}\right)\ln\frac{M_0}{M_0 - \alpha t}\right] - \frac{1}{2}gt^2$$

其中,M_0 为火箭发射前的质量,α 为燃料的燃烧速率,u 为燃料燃烧后喷出气体相对火箭的速率,g 为重力加速度。

(1) 求火箭点燃后,它的速度和加速度随时间变化的关系。

(2) 已知 $M_0 = 2.80 \times 10^6$ kg,$\alpha = 1.20 \times 10^4$ kg/s,$u = 2.90 \times 10^3$ m/s,g 取 9.80 m/s²。求火箭点燃后 $t = 120$ s 时,火箭的高度、速度和加速度。

(3) 用(2)中的数据分别画出 z-t,v-t 和 a-t 曲线。

解　(1) 火箭的速度为

$$v = \frac{\mathrm{d}z}{\mathrm{d}t} = u\ln\frac{M_0}{M_0 - \alpha t} - gt$$

加速度为

$$a = \frac{\mathrm{d}v}{\mathrm{d}t} = \frac{\alpha u}{M_0 - \alpha t} - g$$

图 1.11　"长征二号丙系列"运载火箭携带卫星发射升空

（2）将已知数据代入相应公式，得到在 $t=120$ s 时，

$$M_0 - \alpha t = (2.80 \times 10^6 - 1.20 \times 10^4 \times 120)\text{kg} = 1.36 \times 10^6 \text{ kg}$$

而火箭的高度为

$$z = 2.90 \times 10^3 \times 120 \times \left[1 + \left(1 - \frac{2.80 \times 10^6}{1.20 \times 10^4 \times 120}\right) \times \ln \frac{2.80 \times 10^6}{1.36 \times 10^6}\right] \text{km} - \frac{1}{2} \times 9.80 \times 120^2 \text{ km}$$

$$= 40 \text{ km}$$

为地球半径的 0.6%。这时火箭的速度为

$$v = 2.90 \times 10^3 \times \ln \frac{2.80 \times 10^6}{1.36 \times 10^6} \text{ km/s} - 9.80 \times 120 \text{ km/s} = 0.918 \text{ km/s}$$

方向向上，说明火箭仍在上升。火箭的加速度为

$$a = \frac{1.20 \times 10^4 \times 2.90 \times 10^3}{1.36 \times 10^6} \text{ m/s}^2 - 9.80 \text{ m/s}^2 = 15.8 \text{ m/s}^2$$

方向向上，与速度同向，说明火箭仍在向上加速。

（3）图 1.12(a)、(b)和(c)中分别画出了 z-t，v-t 和 a-t 曲线。从数学上说，三者中，后者依次为前者的斜率。

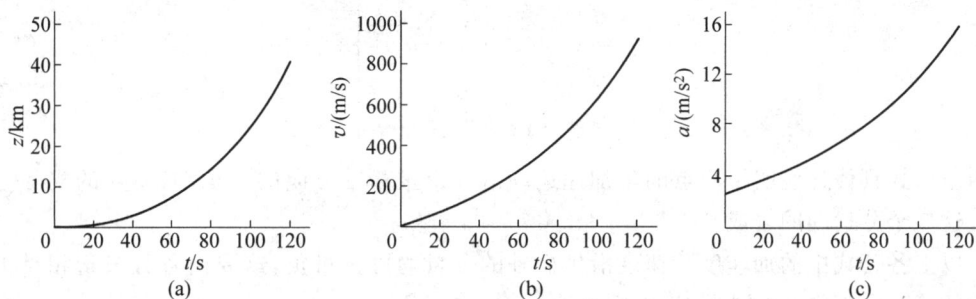

图 1.12　例 1.3 中火箭升空的高度 z、速率 v 和加速度 a 随时间 t 变化的曲线

1.5　匀加速运动

　　加速度的大小和方向都不随时间改变,即加速度 a 为常矢量的运动,叫作**匀加速运动**。由加速度的定义 $a = \mathrm{d}v/\mathrm{d}t$,可得

$$\mathrm{d}v = a\,\mathrm{d}t$$

对此式两边积分,即可得出速度随时间变化的关系。设已知某一时刻的速度,例如 $t = 0$ 时,速度为 v_0,则任意时刻 t 的速度 v,就可以由下式求出:

$$\int_{v_0}^{v} \mathrm{d}v = \int_{0}^{t} a\,\mathrm{d}t$$

利用 a 为常矢量的条件,可得

$$v = v_0 + at \tag{1.27}$$

这就是匀加速运动的速度公式。

　　由于 $v = \mathrm{d}r/\mathrm{d}t$,所以有 $\mathrm{d}r = v\mathrm{d}t$,将式(1.27)代入此式,可得

$$\mathrm{d}r = (v_0 + at)\mathrm{d}t$$

　　设某一时刻,例如 $t = 0$ 时的位矢为 r_0,则任意时刻 t 的位矢 r 就可通过对上式两边积分求得,即

$$\int_{r_0}^{r} \mathrm{d}r = \int_{0}^{t} (v_0 + at)\mathrm{d}t$$

由此得

$$r = r_0 + v_0 t + \frac{1}{2}at^2 \tag{1.28}$$

这就是匀加速运动的位矢公式。运算过程是对矢量的积分,可以理解为对其三个分量的积分的合写。只有当等式中的矢量是一次项时,才可以这样表示。

　　在实际问题中,常常利用式(1.27)和式(1.28)的分量式,它们是速度公式

$$\left. \begin{array}{l} v_x = v_{0x} + a_x t \\ v_y = v_{0y} + a_y t \\ v_z = v_{0z} + a_z t \end{array} \right\} \tag{1.29}$$

和位置公式

$$\left. \begin{array}{l} x = x_0 + v_{0x}t + \dfrac{1}{2}a_x t^2 \\[2mm] y = y_0 + v_{0y}t + \dfrac{1}{2}a_y t^2 \\[2mm] z = z_0 + v_{0z}t + \dfrac{1}{2}a_z t^2 \end{array} \right\} \tag{1.30}$$

这两组公式具体地说明了质点的匀加速运动沿 3 个坐标轴方向的分运动,质点的实际运动就是这 3 个分运动的合成。

　　以上各公式中的加速度和速度沿坐标轴的分量均可正可负,这要由各分矢量相对于坐标轴的正方向而定:相同为正,相反为负。

　　质点在时刻 $t = 0$ 时的位矢 r_0 和速度 v_0 叫作运动的**初始条件**。由式(1.27)和式(1.28)可

知,在已知加速度的情况下,给定了初始条件,就可以求出质点在任意时刻的位置和速度。这个结论在匀加速运动的诸公式中较为明显。实际上,它对质点的任意运动都是成立的。

如果质点沿一条直线作匀加速运动,就可以选它所沿的直线为 x 轴,而其运动就可以只用式(1.29)和式(1.30)的第一式加以描述。如果再取质点的初位置为原点,即取 $x_0 = 0$,则这些公式就是大家熟知的匀加速(或匀变速)直线运动的公式,即式(1.3)和式(1.4)。

1.6 抛体运动

1-5

从地面上某点向空中抛出一物体,它在空中的运动就叫作**抛体运动**。物体被抛出后,忽略风的作用,它的运动轨道总是被限制在通过抛射点的由抛出速度方向和竖直方向所确定的平面内,因而,抛体运动一般是二维运动(图 1.13)。

图 1.13 河北省曹妃甸的吹沙船在吹沙造地,吹起的沙形成近似抛物线

一个物体在空中运动时,在空气阻力可以忽略的情况下,它在各时刻的加速度都是重力加速度 g。一般视 g 为常矢量。这种运动的速度和位置随时间的变化可以分别用式(1.29)的前两式和式(1.30)的前两式表示。描述这种运动时,可以选抛出点为坐标原点,而取水平方向和竖直向上的方向分别为 x 轴和 y 轴(图 1.14)。从抛出时刻开始计时,则 $t = 0$ 时,物体的初始位置在原点,即 $\boldsymbol{r}_0 = 0$;以 $\boldsymbol{v}_0$ 表示物体的初速度,以 θ 表示抛射角(即初速度与 x 轴的夹角),则 $\boldsymbol{v}_0$ 沿 x 轴和 y 轴上的分量分别是

$$v_{0x} = v_0 \cos \theta, \quad v_{0y} = v_0 \sin \theta$$

对应于物体在空中的加速度分别为

$$a_x = 0, \quad a_y = -g$$

其中,负号表示加速度的方向与 y 轴的方向相反。利用这些条件,由式(1.29)可以得出物体在空中任意时刻的速度为

$$\left. \begin{array}{l} v_x = v_0 \cos \theta \\ v_y = v_0 \sin \theta - g t \end{array} \right\} \tag{1.31}$$

由式(1.30)可以得出物体在空中任意时刻的位置为

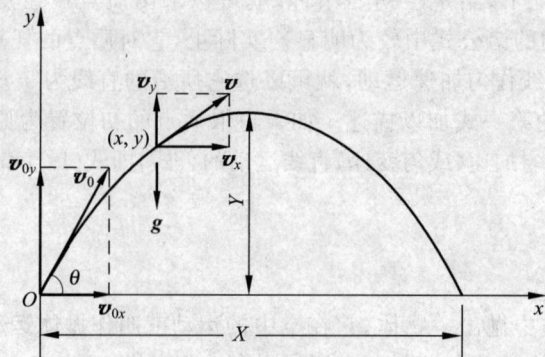

图 1.14 抛体运动分析

$$\left.\begin{aligned} x &= v_0 \cos \theta \cdot t \\ y &= v_0 \sin \theta \cdot t - \frac{1}{2} g t^2 \end{aligned}\right\} \tag{1.32}$$

式(1.31)和式(1.32)也是大家在中学都已熟悉的公式。它们说明抛体运动是竖直方向的匀加速运动和水平方向的匀速运动的合成。由上两式可以求出(请读者自证)物体从抛出到回落到抛出点高度所用的时间 T 为

$$T = \frac{2v_0 \sin \theta}{g}$$

飞行中的最大高度(即高出抛出点的距离)Y 为

$$Y = \frac{v_0^2 \sin^2 \theta}{2g}$$

飞行的射程(即回落到与抛出点的高度相同时所经过的水平距离)X 为

$$X = \frac{v_0^2 \sin 2\theta}{g}$$

由这一表示式还可以得出:当初速度大小相同时,在抛射角 θ 等于 45° 的情况下射程最大。

在式(1.32)的两式中消去 t,可得抛体的轨道函数为

$$y = x \tan \theta - \frac{1}{2} \frac{g x^2}{v_0^2 \cos^2 \theta}$$

对于一定的 v_0 和 θ,这一函数表示一条通过原点的二次曲线。这曲线在数学上叫作"抛物线"。

应该指出,以上关于抛体运动的公式,都是在忽略空气阻力的情况下得出的。只有在初速比较小的情况下,它们才比较符合实际。实际上,子弹或炮弹在空中飞行的规律和上述公式是有很大差别的。例如,以 550 m/s 的初速沿 45° 抛射角射出的子弹,按上述公式计算的射程在 30 000 m 以上。实际上,由于空气阻力,射程不过 8500 m,不到前者的 1/3。子弹或炮弹飞行的规律,在军事技术中由专门的弹道学进行研究。

空气对抛体运动的影响,不只限于减小射程。乒乓球、排球、足球等在空中飞行时,由于球的旋转,空气的作用还可能使它们的轨道发生侧向弯曲。

对于飞行高度与射程都很大的抛体,例如洲际弹道导弹,弹头在很大部分时间内都在大气层以外飞行,所受空气阻力是很小的。但是,由于在这样大的范围内,重力加速度的大小和方向都有明显的变化,因而上述公式也都不能应用。

例 1.4 平台抛球。有一学生在体育馆平台上以投射角 $\theta = 30°$ 和速率 $v_0 = 20$ m/s 向台前操场投出一垒球。球离开手时距离操场水平面的高度 $h = 10$ m。试问球投出后何时着地？在何处着地？着地时速度的大小和方向各如何？

解 以投出点为原点，建 x, y 坐标轴如图 1.15 所示。引用式(1.32)，有

$$x = v_0 \cos\theta \cdot t$$

$$y = v_0 \sin\theta \cdot t - \frac{1}{2}g t^2$$

以 (x, y) 表示着地点坐标，则 $y = -h = -10$ m。将此值和 v_0, θ 值一并代入第二式得

$$-10 = 20 \times \frac{1}{2} \times t - \frac{1}{2} \times 9.8 \times t^2$$

解此方程，可得 $t = 2.78$ s 和 -0.74 s。取正数解，即球在出手后 2.78 s 着地。

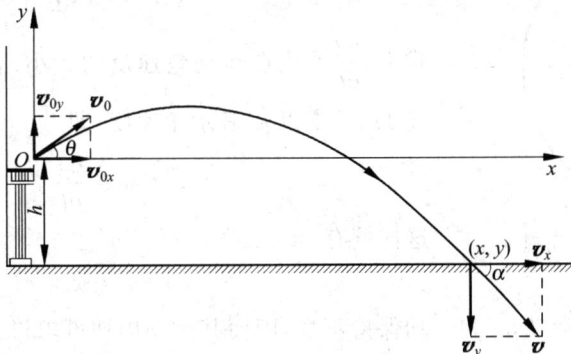

图 1.15 例 1.4 用图

着地点离投射点的水平距离为

$$x = v_0 \cos\theta \cdot t = 20 \times \cos 30° \times 2.78 \text{ m} = 48.1 \text{ m}$$

引用式(1.31)得

$$v_x = v_0 \cos\theta = 20 \times \cos 30° \text{ m/s} = 17.3 \text{ m/s}$$

$$v_y = v_0 \sin\theta - g t = 20\sin 30° \text{ m/s} - 9.8 \times 2.78 \text{ m/s} = -17.2 \text{ m/s}$$

着地时速度的大小为

$$v = \sqrt{v_x^2 + v_y^2} = \sqrt{17.3^2 + 17.2^2} \text{ m/s} = 24.4 \text{ m/s}$$

此速度和水平面的夹角

$$\alpha = \arctan\frac{v_y}{v_x} = \arctan\frac{-17.2}{17.3} = -44.8°$$

作为抛体运动的一个特例，令抛射角 $\theta = 90°$，就得到上抛运动。这是一个匀加速直线运动，它在任意时刻的速度和位置可以分别用式(1.31)中的第二式和式(1.32)中的第二式求得，于是有

$$v_y = v_0 - g t \tag{1.33}$$

$$y = v_0 t - \frac{1}{2}g t^2 \tag{1.34}$$

这也是大家所熟悉的公式。再次明确指出，v_y 和 y 的值都是代数值，可正可负。$v_y > 0$ 表示该时刻物体正向上运动，$v_y < 0$ 表示该时刻物体已回落并正向下运动。$y > 0$ 表示该时刻物体的位置在抛出点之上，$y < 0$ 表示物体的位置已回落到抛出点以下了。

1.7　圆周运动

质点沿圆周运动时,它的速率通常叫作线速度。如以 s 表示从圆周上某点 A 量起的弧长(图 1.16),则线速度 v 就可用式(1.17)表示为

$$v = \frac{\mathrm{d}s}{\mathrm{d}t}$$

以 θ 表示半径 R 从 OA 位置开始转过的角度,则 $s = R\theta$。将此关系代入上式,由于 R 是常量,可得

$$v = R\frac{\mathrm{d}\theta}{\mathrm{d}t}$$

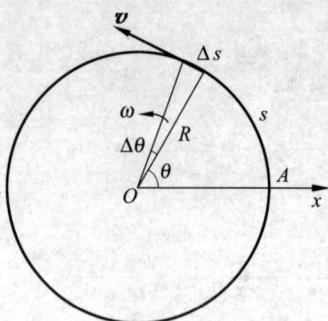

式中,$\dfrac{\mathrm{d}\theta}{\mathrm{d}t}$ 是质点运动**角速度**的大小,它的 SI 单位是 rad/s 或 1/s。常以 ω 表示角速度,即

$$\omega = \frac{\mathrm{d}\theta}{\mathrm{d}t} \tag{1.35}$$

图 1.16　线速度与角速度

这样就有

$$v = R\omega \tag{1.36}$$

对于匀速率圆周运动,ω 和 v 均保持不变,因而其运动周期可求得为

$$T = \frac{2\pi}{\omega} \tag{1.37}$$

质点作圆周运动时,它的线速度可以随时间改变或不改变。但是由于其速度矢量的方向总是在改变着,所以总是有加速度。下面我们来求变速圆周运动的加速度。

如图 1.17(a)所示,$\boldsymbol{v}(t)$ 和 $\boldsymbol{v}(t+\Delta t)$ 分别表示质点沿圆周运动经过 B 点和 C 点时的速度矢量,由加速度的定义式(1.22)可得

$$\boldsymbol{a} = \lim_{\Delta t \to 0} \frac{\boldsymbol{v}(t + \Delta t) - \boldsymbol{v}(t)}{\Delta t} = \lim_{\Delta t \to 0} \frac{\Delta \boldsymbol{v}}{\Delta t}$$

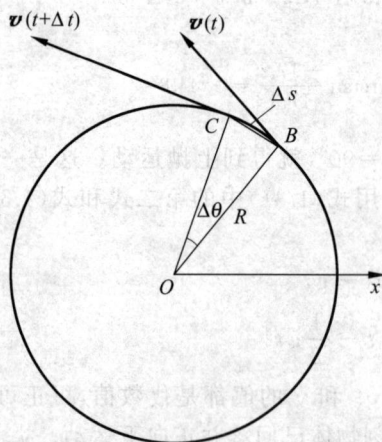

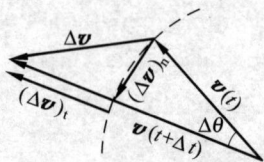

(a)　　　　　　　　　　(b)

图 1.17　变速圆周运动的加速度

式中, Δv 如图 1.17(b) 所示。在矢量 $v(t+\Delta t)$ 上截取一段,使 Δv 的长度等于 $v(t)$,作矢量 $(\Delta v)_n$ 和 $(\Delta v)_t$,就有

$$\Delta v = (\Delta v)_n + (\Delta v)_t$$

因而, a 的表达式可写成

$$a = \lim_{\Delta t \to 0} \frac{(\Delta v)_n}{\Delta t} + \lim_{\Delta t \to 0} \frac{(\Delta v)_t}{\Delta t} = a_n + a_t \tag{1.38}$$

其中,

$$a_n = \lim_{\Delta t \to 0} \frac{(\Delta v)_n}{\Delta t}, \quad a_t = \lim_{\Delta t \to 0} \frac{(\Delta v)_t}{\Delta t}$$

这就是说,加速度 a 可以看成是两个分加速度的合成。

先求分加速度 a_t。由图 1.17(b) 可知, $(\Delta v)_t$ 的数值为

$$v(t + \Delta t) - v(t) = \Delta v$$

即等于速率的变化。于是 a_t 的数值为

$$a_t = \lim_{\Delta t \to 0} \frac{\Delta v}{\Delta t} = \frac{dv}{dt} \tag{1.39}$$

即等于速率的变化率。由于 $\Delta t \to 0$ 时, $(\Delta v)_t$ 的方向趋于和 v 在同一直线上,因此 a_t 的方向也沿着轨道的切线方向。这一分加速度就叫作**切向加速度**。切向加速度表示质点速率变化的快慢。 a_t 为一代数量,可正可负。 $a_t > 0$ 表示速率随时间增大,这时 a_t 的方向与速度 v 的方向相同; $a_t < 0$ 表示速率随时间减小,这时 a_t 的方向与速度 v 的方向相反。

利用式(1.36)还可得到

$$a_t = \frac{d(R\omega)}{dt} = R\frac{d\omega}{dt}$$

$\dfrac{d\omega}{dt}$ 表示质点运动角速度对时间的变化率,是**角加速度**的大小。它的 SI 单位是 rad/s^2 或 1/s^2。以 α 表示角加速度,则有

$$\alpha = \frac{d\omega}{dt}$$

当 α 是常量,代表匀加速圆周运动,此时 θ、ω、α 可以类比对应匀加速直线运动的 x、v、a 这些量。

$$a_t = R\alpha \tag{1.40}$$

即切向加速度等于半径与角加速度的乘积。

下面求分加速度 a_n。比较图 1.17(a) 和 (b) 中的两个相似的三角形可知

$$\frac{|(\Delta v)_n|}{v} = \frac{\overline{BC}}{R}$$

即

$$|(\Delta v)_n| = \frac{v\overline{BC}}{R}$$

式中, $\overline{BC}$ 为弦的长度。当 $\Delta t \to 0$ 时,这一弦长趋近于和对应的弧长 Δs 相等。因此, a_n 的大小为

$$a_n = \lim_{\Delta t \to 0} \frac{|(\Delta v)_n|}{\Delta t} = \lim_{\Delta t \to 0} \frac{v\Delta s}{R\Delta t} = \frac{v}{R}\lim_{\Delta t \to 0}\frac{\Delta s}{\Delta t}$$

由于

$$\lim_{\Delta t \to 0} \frac{\Delta s}{\Delta t} = v$$

可得

$$a_n = \frac{v^2}{R} \tag{1.41}$$

利用式(1.36)，还可得

$$a_n = \omega^2 R \tag{1.42}$$

至于 a_n 的方向，从图 1.17(b)中可以看到，当 $\Delta t \to 0$ 时，$\Delta \theta \to 0$，而 $(\Delta v)_n$ 的方向趋向于垂直于速度 v 的方向而指向圆心。因此，a_n 的方向在任何时刻都垂直于圆的切线方向而沿着半径指向圆心。这个分加速度叫作**向心加速度**或**法向加速度**。法向加速度表示由于速度方向的改变而引起的速度的变化率。在圆周运动中，总有法向加速度。在直线运动中，由于速度方向不改变，所以 $a_n = 0$。在这种情况下，也可以认为 $R \to \infty$，此时式(1.41)也给出 $a_n = 0$。

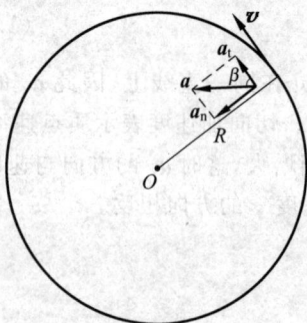

图 1.18　加速度的方向

由于 a_n 总是与 a_t 垂直，所以圆周运动的总加速度的大小为

$$a = \sqrt{a_n^2 + a_t^2} \tag{1.43}$$

以 β 表示加速度 a 与速度 v 之间的夹角(图 1.18)，则

$$\beta = \arctan \frac{a_n}{a_t} \tag{1.44}$$

应该指出，以上关于加速度的讨论及结果，也适用于任何二维的(即平面上的)曲线运动。这时有关公式中的半径应是曲线上所涉及点处的曲率半径(即该点曲线的密接圆或曲率圆的半径)。还应该指出的是，曲线运动中

加速度的大小

$$a = | \, a \, | = \left| \frac{\mathrm{d} \boldsymbol{v}}{\mathrm{d} t} \right| \neq \frac{\mathrm{d} v}{\mathrm{d} t} = a_t$$

也就是说，曲线运动中加速度的大小并不等于速率对时间的变化率，这一变化率只是加速度的一个分量，即切向加速度。

例 1.5　吊扇转动。一吊扇翼片长 $R = 0.50 \text{ m}$，以 $n = 180 \text{ r/min}$ 的转速转动(图 1.19)。关闭电源开关后，吊扇均匀减速，经 $t_A = 1.50 \text{ min}$ 转动停止。

(1) 求吊扇翼尖原来的转动角速度 ω_0 与线速度 v_0；

(2) 求关闭电源开关后 $t = 80 \text{ s}$ 时翼尖的角加速度 α、切向加速度 a_t、法向加速度 a_n 和总加速度 a。

解　(1) 吊扇翼尖 P 原来的转动角速度为

$$\omega_0 = 2\pi n = \frac{2\pi \times 180}{60} \text{ rad/s} = 18.8 \text{ rad/s}$$

由式(1.33)可得原来的线速度

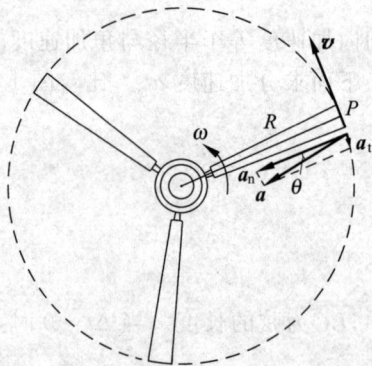

图 1.19　例 1.5 用图

$$v_0 = \omega_0 R = \frac{2\pi \times 180}{60} \times 0.50 \text{ m/s} = 9.42 \text{ m/s}$$

(2) 由于均匀减速，翼尖的角加速度恒定，

$$\alpha = \frac{\omega_A - \omega_0}{t_A} = \frac{0 - 18.8}{90} \text{ rad/s}^2 = -0.209 \text{ rad/s}^2$$

由式(1.40)可知，翼尖的切向加速度也是恒定的，

$$a_t = \alpha R = -0.209 \times 0.50 \text{ m/s}^2 = -0.105 \text{ m/s}^2$$

负号表示此切向加速度 a_t 的方向与速度 v 的方向相反，如图 1.19 所示。

为求法向加速度，先求 t 时刻的角速度 ω，即有

$$\omega = \omega_0 + \alpha t = 18.8 \text{ rad/s} - 0.209 \times 80 \text{ rad/s} = 2.08 \text{ rad/s}$$

由式(1.42)，可得 t 时刻翼尖的法向加速度为

$$a_n = \omega^2 R = 2.08^2 \times 0.50 \text{ m}^2/\text{s} = 2.16 \text{ m}^2/\text{s}$$

方向指向吊扇中心。翼尖的总加速度的大小为

$$a = \sqrt{a_t^2 + a_n^2} = \sqrt{0.105^2 + 2.16^2} \text{ m/s}^2 = 2.16 \text{ m/s}^2$$

此总加速度偏向翼尖运动的后方。以 θ 表示总加速度方向与半径的夹角(图 1.19)，则

$$\theta = \arctan \left| \frac{a_t}{a_n} \right| = \arctan \frac{0.105}{2.16} = 2.78°$$

1.8 相对运动

研究力学问题时常常需要从不同的参考系来描述同一物体的运动。对于不同的参考系，同一质点的位移、速度和加速度都可能不同。图 1.20 中，Oxy 表示固定在水平地面上的坐标系(以 E 代表此坐标系)，其 x 轴与一条平直马路平行。设有一辆平板车 V 沿马路行进，图中 $O'x'y'$ 表示固定在这个行进的平板车上的坐标系。在 Δt 时间内，车在地面上由 V_1 移到 V_2 位置，其位移为 $\Delta \boldsymbol{r}_{VE}$。设在同一 Δt 时间内，一个小球 S 在车内由 A 点移到 B 点，其位移为 $\Delta \boldsymbol{r}_{SV}$。在这同一时间内，在地面上观测，小球是从 A_0 点移到 B 点的，相应的位移是 $\Delta \boldsymbol{r}_{SE}$。(在这三个位移符号中，下标的前一字母表示运动的物体，后一字母表示参考系。) 很明显，同一小球在同一时间内的位移，相对于地面和车这两个参考系来说，是不相同的。这两个位移和车厢对于地面的位移有下述关系：

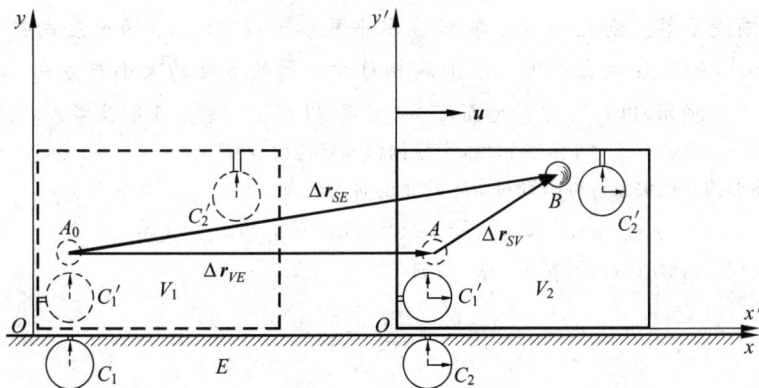

图 1.20 相对运动

$$\Delta \boldsymbol{r}_{SE} = \Delta \boldsymbol{r}_{SV} + \Delta \boldsymbol{r}_{VE} \tag{1.45}$$

以 Δt 除此式,令 $\Delta t \to 0$ 并取极限,可以得到相应的速度之间的关系,即

$$\boldsymbol{v}_{SE} = \boldsymbol{v}_{SV} + \boldsymbol{v}_{VE} \tag{1.46}$$

以 $\boldsymbol{v}$ 表示质点相对于参考系 S(坐标系为 Oxy)的速度,以 $\boldsymbol{v}'$ 表示同一质点相对于参考系 S'(坐标系为 $O'x'y'$)的速度,以 $\boldsymbol{u}$ 表示参考系 S' 相对于参考系 S 平动的速度,则上式可以一般地表示为

$$\boldsymbol{v} = \boldsymbol{v}' + \boldsymbol{u} \tag{1.47}$$

同一质点相对于两个相对作平动的参考系的速度之间的这一关系叫作**伽利略速度变换**。

要注意,速度的**合成**和速度的**变换**是两个不同的概念。速度的合成是指在同一参考系中一个质点的速度和它的各分速度的关系。相对于任何参考系,它都可以表示为矢量合成的形式,如式(1.18)。速度的变换涉及有相对运动的两个参考系,其公式的形式和相对速度的大小有关,而伽利略速度变换只适用于相对速度比真空中的光速小得多的情形。这一点将在第 6 章中作详细的说明。

如果质点运动速度是随时间变化的,则求式(1.47)对 t 的导数,就可得到相应的加速度之间的关系。以 $\boldsymbol{a}$ 表示质点相对于参考系 S 的加速度,以 $\boldsymbol{a}'$ 表示质点相对于参考系 S' 的加速度,以 $\boldsymbol{a}_0$ 表示参考系 S' 相对于参考系 S 平动的加速度,则由式(1.47)可得

$$\frac{\mathrm{d}\boldsymbol{v}}{\mathrm{d}t} = \frac{\mathrm{d}\boldsymbol{v}'}{\mathrm{d}t} + \frac{\mathrm{d}\boldsymbol{u}}{\mathrm{d}t}$$

即

$$\boldsymbol{a} = \boldsymbol{a}' + \boldsymbol{a}_0 \tag{1.48}$$

这就是同一质点相对于两个相对作平动的参考系的加速度之间的关系。

如果两个参考系相对作匀速直线运动,即 $\boldsymbol{u}$ 为常量,则

$$\boldsymbol{a}_0 = \frac{\mathrm{d}\boldsymbol{u}}{\mathrm{d}t} = 0$$

于是有

$$\boldsymbol{a} = \boldsymbol{a}'$$

这就是说,在相对作匀速直线运动的参考系中观察同一质点的运动时,所测得的加速度是相同的。

例 1.6   雨滴下落。雨天一辆客车 V 在水平马路上以 $20\ \mathrm{m/s}$ 的速度向东行驶,雨滴 R 在空中以 $10\ \mathrm{m/s}$ 的速度竖直下落。求雨滴相对于车厢的速度的大小与方向。

解   如图 1.21 所示,以 Oxy 表示地面(E)参考系,以 $O'x'y'$ 表示车厢参考系,则 $v_{VE} = 20\ \mathrm{m/s}$,$v_{RE} = 10\ \mathrm{m/s}$。以 v_{RV} 表示雨滴对车厢的速度,则根据伽利略速度变换 $\boldsymbol{v}_{RE} = \boldsymbol{v}_{RV} + \boldsymbol{v}_{VE}$,这三个速度的矢量关系如图。由图形的几何关系可得雨滴对车厢的速度的大小为

$$v_{RV} = \sqrt{v_{RE}^2 + v_{VE}^2} = \sqrt{10^2 + 20^2}\ \mathrm{m/s} = 22.4\ \mathrm{m/s}$$

这一速度的方向用它与竖直方向的夹角 θ 表示,则

$$\tan\theta = \frac{v_{VE}}{v_{RE}} = \frac{20}{10} = 2$$

由此得

$$\theta = 63.4°$$

即向下偏西 $63.4°$。

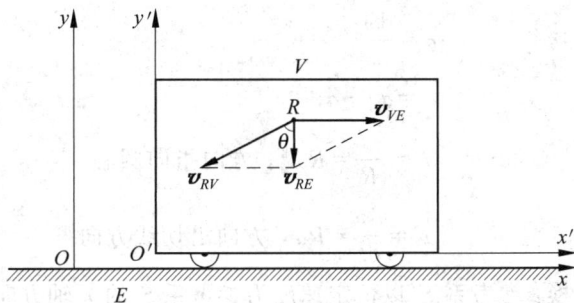

图 1.21　例 1.6 用图

提 要

1. **参考系**：描述物体运动时用作参考的其他物体和一套同步的钟。

2. **运动函数**：表示质点位置随时间变化的函数。

   位置矢量和运动合成　　$\boldsymbol{r}=\boldsymbol{r}(t)=x(t)\boldsymbol{i}+y(t)\boldsymbol{j}+z(t)\boldsymbol{k}$

   位移矢量　　　　　　　$\Delta\boldsymbol{r}=\boldsymbol{r}(t+\Delta t)-\boldsymbol{r}(t)$

   一般地　　　　　　　　$|\Delta\boldsymbol{r}|\neq\Delta r$

3. **速度和加速度**：

$$\boldsymbol{v}=\frac{\mathrm{d}\boldsymbol{r}}{\mathrm{d}t},\quad \boldsymbol{a}=\frac{\mathrm{d}\boldsymbol{v}}{\mathrm{d}t}=\frac{\mathrm{d}^2\boldsymbol{r}}{\mathrm{d}t^2}$$

   速度合成　　　　　　　$\boldsymbol{v}=\boldsymbol{v}_x+\boldsymbol{v}_y+\boldsymbol{v}_z$

   加速度合成　　　　　　$\boldsymbol{a}=\boldsymbol{a}_x+\boldsymbol{a}_y+\boldsymbol{a}_z$

4. **匀加速运动**：

   $\boldsymbol{a}=$ 常矢量，　　　　$\boldsymbol{v}=\boldsymbol{v}_0+\boldsymbol{a}t,\quad \boldsymbol{r}=\boldsymbol{r}_0+\boldsymbol{v}_0t+\frac{1}{2}\boldsymbol{a}t^2$

   初始条件　　　　　　　$\boldsymbol{r}_0,\boldsymbol{v}_0$

5. **匀加速直线运动**：以质点所沿直线为 x 轴，且 $t=0$ 时，$x_0=0$。

$$x=v_0t+\frac{1}{2}at^2$$

$$v=v_0+at$$

$$v^2-v_0^2=2ax$$

6. **抛体运动**：以抛出点为坐标原点。

$$a_x=0,\quad a_y=-g$$

$$v_x=v_0\cos\theta,\quad v_y=v_0\sin\theta-gt$$

$$x=v_0\cos\theta\cdot t,\quad y=v_0\sin\theta\cdot t-\frac{1}{2}gt^2$$

7. **圆周运动**：

   角速度　　　　　　　　$\omega=\dfrac{\mathrm{d}\theta}{\mathrm{d}t}=\dfrac{v}{R}$

角加速度 $\alpha = \dfrac{\mathrm{d}\omega}{\mathrm{d}t}$

总加速度 $\boldsymbol{a} = \boldsymbol{a}_n + \boldsymbol{a}_t$

法向加速度 $a_n = \dfrac{v^2}{R} = R\omega^2$，方向指向圆心

切向加速度 $a_t = \dfrac{\mathrm{d}v}{\mathrm{d}t} = R\alpha$，方向沿切线方向

8. 伽利略速度变换：参考系 S' 以恒定速度沿参考系 S 的 x 轴方向运动。

$$\boldsymbol{v} = \boldsymbol{v}' + \boldsymbol{u}$$

思 考 题

1.1 说明做平抛实验时小球的运动用什么参考系？说明湖面上游船运动用什么参考系？说明人造地球卫星的椭圆运动以及土星的椭圆运动又各用什么参考系？

1.2 回答下列问题：

(1) 位移和路程有何区别？

(2) 速度和速率有何区别？

(3) 瞬时速度和平均速度的区别和联系是什么？

1.3 回答下列问题并举出符合你的答案的实例：

(1) 物体能否有一不变的速率而仍有一变化的速度？

(2) 速度为零的时刻，加速度是否一定为零？加速度为零的时刻，速度是否一定为零？

(3) 物体的加速度不断减小，而速度却不断增大，这可能吗？

(4) 当物体具有大小、方向不变的加速度时，物体的速度方向能否改变？

1.4 圆周运动中质点的加速度是否一定和速度的方向垂直？如不一定，这加速度的方向在什么情况下偏向运动的前方？

1.5 任意平面曲线运动的加速度的方向总指向曲线凹进那一侧，为什么？

1.6 质点沿圆周运动，且速率随时间均匀增大，问 a_n，a_t，a 三者的大小是否都随时间改变？总加速度 a 与速度 v 之间的夹角如何随时间改变？

1.7 根据开普勒第一定律，行星轨道是椭圆(图 1.22)。已知任一时刻行星的加速度方向都指向椭圆的一个焦点(太阳所在处)。分析行星在通过图中 M，N 两位置时，它的速率分别应正在增大还是正在减小？

1.8 一斜抛物体的水平初速度是 v_{0x}，它的轨道的最高点处的曲率圆的半径是多大？

1.9 有人说，考虑到地球的运动，一幢楼房的运动速率在夜里比在白天大，这是对什么参考系说的(图 1.23)。

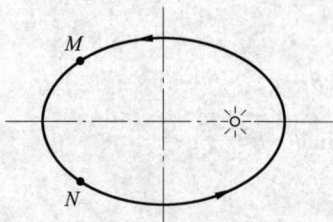

图 1.22 思考题 1.7 用图

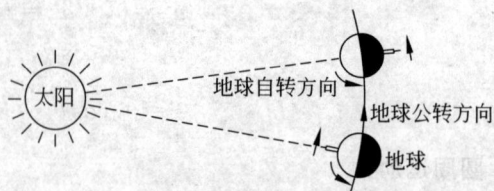

图 1.23 思考题 1.9 用图

习题

1.1 木星的一个卫星——木卫一——上面的琭玑火山喷发出的岩块上升高度可达 200 km,这些石块的喷出速度是多大? 已知木卫一上的重力加速度为 1.80 m/s²,而且在木卫一上没有空气。

1.2 一种喷气推进的实验车,从静止开始可在 1.80 s 内加速到 1600 km/h 的速率。按匀加速运动计算,它的加速度是否超过了人可以忍受的加速度 25g? 这 1.80 s 内该车跑了多大距离?

1.3 一辆卡车为了超车,以 90 km/h 的速度驶入左侧逆行道时,猛然发现前方 80 m 处一辆汽车正迎面驶来。假定该汽车以 65 km/h 的速度行驶,同时也发现了卡车超车。设两司机的反应时间都是 0.70 s (即司机发现险情到实际启动刹车所经过的时间),他们刹车后的减速度都是 7.5 m/s²,试问两车是否会相撞? 如果会相撞,相撞时卡车的速度多大?

1.4 跳伞运动员从 1200 m 高空下跳,起初不打开降落伞作加速运动。由于空气阻力的作用,会加速到一"终极速率"200 km/h 而开始匀速下降。下降到离地面 50 m 处时打开降落伞,速率很快会变为 18 km/h 而匀速下降着地。若起初加速运动阶段的平均加速度按 $g/2$ 计,此跳伞运动员在空中一共经历了多长时间?

1.5 由消防水龙带的喷嘴喷出的水的流量是 $q=280$ L/min,水的流速 $v=26$ m/s。若这喷嘴竖直向上喷射,水流上升的高度是多少? 在任一瞬间空中有多少升水?

1.6 一质点在 Oxy 平面上运动,运动函数为 $x=2t$,$y=4t^2-8$(采用国际单位制)。

(1) 求质点运动的轨道方程并画出其轨道曲线;

(2) 求 $t_1=1$ s 和 $t_2=2$ s 时,质点的位置、速度和加速度。

1.7 女子排球的球网高度为 2.24 m。球网两边的场地大小是 9.0 m×9.0 m。一运动员采用跳发球,其击球点高度为 2.8 m,离网的水平距离是 8.5 m,球以 28.0 m/s 的水平速度被击出。(1)此球能否过网?(2)此球是否落在了对方场地界内?(忽略空气阻力。)

1.8 滑雪运动员离开水平滑雪道飞入空中时的速率 $v=110$ km/h,着陆的斜坡与水平面夹角 $\theta=45°$(见图 1.24)。

(1) 计算滑雪运动员着陆时沿斜坡的位移 L 是多大?(忽略起飞点到斜面的距离。)

(2) 在实际的跳跃中,滑雪运动员所达到的距离 $L=165$ m,这个结果为什么与计算结果不符?

1.9 一个人扔石头的最大出手速率 $v=25$ m/s,他能把石头扔过与他的水平距离 $L=50$ m,高 $h=13$ m 的一座墙吗? 在这个距离内,他能把石头扔过墙的最高高度是多少?

1.10 为迎接香港回归,柯受良 1997 年 6 月 1 日驾车飞越黄河壶口(见图 1.25)。东岸跑道长 265 m,他驾车从跑道东端起动,到达

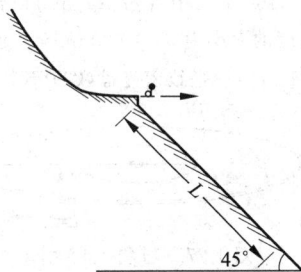
图 1.24 习题 1.8 用图

跑道终端时速度为 150 km/h,随即以仰角 5°冲出,飞越跨度为 57 m,安全落到西岸木桥上。

(1) 按匀加速运动计算,柯在东岸驱车的加速度和时间各是多少?

(2) 柯跨越黄河用了多长时间?

(3) 若起飞点高出河面 10.0 m,柯驾车飞行的最高点离河面几米?

(4) 西岸木桥桥面和起飞点的高度差是多少?

1.11 山上和山下两炮各瞄准对方同时以相同初速度各发射一枚炮弹(图 1.26),这两枚炮弹会不会在空中相碰? 为什么?(忽略空气阻力)如果山高 $h=50$ m,两炮相隔的水平距离 $s=200$ m。要使这两枚炮

图 1.25   习题 1.10 用图

弹在空中相碰,它们的速率至少应等于多少?

1.12   在生物物理实验中用来分离不同种类分子的超级离心机的转速是 6×10^4 r/min。在这种离心机的转子内,离轴 10 cm 远的一个大分子的向心加速度是重力加速度的几倍?

1.13   北京天安门所处纬度为 39.9°,求它随地球自转的速度和加速度的大小。

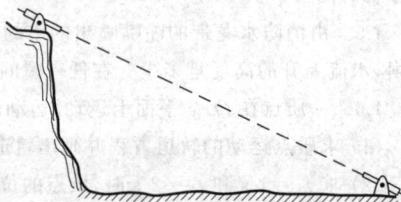

图 1.26   习题 1.11 用图

1.14   按玻尔模型,氢原子处于基态时,它的电子围绕原子核做圆周运动。电子的速率为 2.2×10^6 m/s,离核的距离为 0.53×10^{-10} m。求电子绕核运动的频率和向心加速度。

1.15   北京正负电子对撞机的储存环的周长为 240 m,电子要沿环以非常接近光速的速率运行。这些电子运动的向心加速度是重力加速度的几倍?

1.16   汽车在半径 $R = 400$ m 的圆弧弯道上减速行驶。设在某一时刻,汽车的速率为 $v = 10$ m/s,切向加速度的大小为 $a_t = 0.20$ m/s²。求汽车的法向加速度和总加速度的大小和方向?

*1.17   一张致密光盘(CD)音轨区域的内半径 $R_1 = 2.2$ cm,外半径为 $R_2 = 5.6$ cm(图 1.27),径向音轨密度 $N = 650$ 条/mm。在 CD 唱机内,光盘每转一圈,激光头沿径向向外移动一条音轨,激光束相对光盘是以 $v = 1.3$ m/s 的恒定线速度运动的。

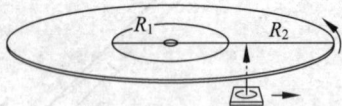

图 1.27   习题 1.17 用图

(1)这张光盘的全部放音时间是多少?

(2)激光束到达离盘心 $r = 5.0$ cm 处时,光盘转动的角速度和角加速度各是多少?

1.18   当速率为 30 m/s 的西风正吹时,相对于地面,向东、向西和向北传播的声音的速率各是多大?已知声音在空气中传播的速率为 344 m/s。

1.19   一个人骑车以 18 km/h 的速率自东向西行进时,看见雨点垂直下落,当他的速率增至 36 km/h 时看见雨点与他前进的方向成 120°下落,求雨点对地的速度。

1.20   飞机 A 以 $v_A = 1000$ km/h 的速率(相对地面)向南飞行,同时另一架飞机 B 以 $v_B = 800$ km/h 的速率(相对地面)向东偏南 30°方向飞行。求 A 机相对于 B 机的速度与 B 机相对于 A 机的速度。

1.21   利用本书书末的数值表提供的有关数据计算图 1.23 中地球表面的大楼日夜相对于太阳参考系的速率之差。

第 2 章

运 动 与 力

第 1章讨论了质点运动学,即如何描述一个质点的运动。本章将讨论质点动力学,即要说明质点为什么,或者说,在什么条件下作这样或那样的运动。动力学的基本定律是牛顿运动三定律。以这三定律为基础的力学体系叫作**牛顿力学**或**经典力学**。本章所涉及的基本定律,包括牛顿运动三定律以及与之相联系的概念,如力、质量、动量等,大家在中学物理课程中都已学过,而且做过不少练习题。本章的任务是对它们加以复习并使之严格化、系统化。本章还特别指出了参考系的重要性。牛顿运动定律只在**惯性参考系**中成立,在非惯性参考系内形式上利用牛顿运动定律时,要引入惯性力的概念。

本章最后还介绍了混沌的概念,它说明了牛顿力学的决定论的不可预测性。

2.1　牛顿运动定律

牛顿在他 1687 年出版的名著《自然哲学的数学原理》一书中,提出了三条定律,这三条定律统称为牛顿运动定律。它们是动力学的基础。牛顿所叙述的三条定律的中文译文如下:

第一定律　任何物体都保持静止的或沿一条直线作匀速运动的状态,除非作用在它上面的力迫使它改变这种状态。

第二定律　运动的变化与所加的动力成正比,并且发生在这力所沿的直线的方向上。

第三定律　对于每一个作用,总有一个相等的反作用与之相反;或者说,两个物体对各自对方的相互作用总是相等的,而且指向相反的方向。

这三条定律大家在中学已经相当熟悉了,下面对它们做一些解释和说明。

牛顿第一定律和两个力学基本概念相联系。一个是物体的**惯性**,指物体本身要保持运动状态不变的性质,或者说是物体抵抗运动变化的性质。另一个是**力**,指迫使一个物体运动状态改变,即迫使该物体产生加速度的别的物体对它的作用。

由于运动只有相对于一定的参考系来说明才有意义,所以牛顿第一定律也定义了一种参考系。在这种参考系中观察,一个不受力作用的物体将保持静止或匀速直线运动状态不变。这样的参考系叫作**惯性参考系**,简称惯性系。并非任何参考系都是惯性系。一个参考系是不是惯性系,要靠实验来判定。例如,实验指出,对一般力学现象来说,地面参考系是一个足够精确的惯性系。

牛顿第一定律只定性地指出了力和运动的关系。牛顿第二定律进一步给出了力和运动的定量关系。牛顿对他的叙述中的"运动"一词,定义为物体(应理解为质点)的质量和速度的乘积,现在把这一乘积称作物体的**动量**。以 p 表示质量为 m 的物体以速度 v 运动时的动量,则动量也是矢量,其定义式是

$$p = m v \qquad (2.1)$$

根据牛顿在他的书中对其他问题的分析可以判断,在他的第二定律文字表述中的"变化"一词应该理解为"对时间的变化率"。因此牛顿第二定律用现代语言应表述为:**物体的动量对时间的变化率与所加的外力成正比,并且发生在这外力的方向上。**

以 F 表示作用在物体(质点)上的力,则第二定律用数学公式表达就是(各量要选取适当的单位,见本节后面的说明)

$$F = \frac{\mathrm{d}p}{\mathrm{d}t} = \frac{\mathrm{d}(m v)}{\mathrm{d}t} \qquad (2.2)$$

牛顿当时认为,一个物体的质量是一个与它的运动速度无关的常量。因而由式(2.2)可得

$$F = m \frac{\mathrm{d}v}{\mathrm{d}t}$$

由于 $\mathrm{d}v / \mathrm{d}t = a$ 是物体的加速度,所以有

$$F = m a \qquad (2.3)$$

即物体所受的力等于它的质量和加速度的乘积。这一公式是大家早已熟知的牛顿第二定律公式,在牛顿力学中,它和式(2.2)完全等效。但需要指出,式(2.2)应该看作是牛顿第二定律的基本的普遍形式。这一方面是因为在物理学中动量这个概念比速度、加速度等更为普遍和重要;另一方面还因为,现代实验表明,当物体速度达到接近光速时,其质量已经明显地和速度有关(见第 6 章),因而式(2.3)不再适用,但是式(2.2)却被实验证明仍然是成立的。

式(2.2)和式(2.3)是对物体只受一个力的情况说的。当一个物体同时受到几个力的作用时,它们和物体的加速度有什么关系呢? 式中 F 应是这些力的**合力**(或**净力**),即这些力的**矢量和**。这样,这几个力的作用效果跟它们的合力的作用效果一样。这一结论叫**力的叠加原理**。

根据式(2.3)可以比较物体的质量。用同样的外力作用在两个质量分别是 m_1 和 m_2 的物体上,以 a_1 和 a_2 分别表示它们由此产生的加速度的数值,则由式(2.3)可得

$$\frac{m_1}{m_2} = \frac{a_2}{a_1}$$

即在相同外力的作用下,物体的质量和加速度成反比,质量大的物体产生的加速度小。这意味着质量大的物体抵抗运动变化的性质强,也就是它的惯性大。因此可以说,质量是物体惯性大小的量度。正因为这样,式(2.2)和式(2.3)中的质量叫作物体的**惯性质量**。

式(2.2)和式(2.3)都是矢量式,实际应用时常用它们的分量式。在直角坐标系中,这些分量式是

$$\left. \begin{aligned} F_x &= \frac{\mathrm{d}p_x}{\mathrm{d}t} \\ F_y &= \frac{\mathrm{d}p_y}{\mathrm{d}t} \\ F_z &= \frac{\mathrm{d}p_z}{\mathrm{d}t} \end{aligned} \right\} \qquad (2.4)$$

或

$$\left.\begin{array}{l}F_x = ma_x \\ F_y = ma_y \\ F_z = ma_z\end{array}\right\} \tag{2.5}$$

对于平面曲线运动,常用沿切向和法向的分量式,即

$$F_t = ma_t, \quad F_n = ma_n$$

质量的 SI 单位名称是千克,符号是 kg。1 kg 曾用保存在巴黎度量衡局的地窖中的"千克标准原器"的质量来规定。为了方便比较,许多国家都有它的精确的复制品。

有了加速度和质量的 SI 单位,就可以利用式(2.3)来规定力的 SI 单位了。使 1 kg 物体产生 1 m/s² 的加速度的力就规定为力的 SI 单位。它的名称是牛[顿],符号是 N,1 N=1 kg·m/s²。

关于牛顿第三定律,若以 $\boldsymbol{F}_{12}$ 表示第一个物体受第二个物体的作用力,以 $\boldsymbol{F}_{21}$ 表示第二个物体受第一个物体的作用力,则这一定律可用数学形式表示为

$$\boldsymbol{F}_{12} = -\boldsymbol{F}_{21} \tag{2.6}$$

应该十分明确,这两个力是分别作用在两个物体上的。牛顿力学还认为,把两物体当作质点,这两个力总是同时作用而且是沿着一条直线的。可以用 16 个字概括第三定律的意义:作用力和反作用力是**同时存在**,**分别使用**,**方向相反**,**大小相等**。

最后应该指出,牛顿第二定律和第三定律只适用于惯性参考系,这一点在 2.5 节还将做较详细的论述。

量纲

在 SI 中,长度、质量和时间称为**基本量**,速度、加速度、力等都可以由这些基本量根据一定的物理公式导出,因而称为**导出量**。

为了定性地表示导出量和基本量之间的联系,常不考虑数字因数而将一个导出量用若干基本量的乘方之积表示出来。这样的表示式称为该物理量的**量纲**(或量纲式)。以 L、M、T 分别表示基本量长度、质量和时间的量纲,则速度、加速度、力和动量的量纲可以分别表示如下[①]:

$$[v] = LT^{-1}, \quad [a] = LT^{-2}$$

$$[F] = MLT^{-2}, \quad [p] = MLT^{-1}$$

式中各基本量的量纲的指数称为**量纲指数**。

量纲的概念在物理学中很重要。由于只有量纲相同的项才能进行加减或用等式连接,所以它的一个简单而重要的应用是检验文字结果的正误。例如,如果得出了一个结果是 $F = mv^2$,则左边的量纲为 MLT^{-2},右边的量纲为 ML^2T^{-2}。由于两者不相符合,所以可以判定这一结果一定是错误的。在做题时对于每一个文字结果都应该这样检查一下量纲,以免出现原则性的错误。当然,只是量纲正确,并不能保证结果就一定正确,因为还可能出现数字系数的错误。

2.2 常见的几种力

要应用牛顿定律解决问题,必须要能正确分析物体的受力情况。在中学物理课程中,大家已经熟悉了重力、弹性力、摩擦力等。我们将在下面对它们作一简要的复习。此外,还要介绍两种常见的力:流体曳力和表面张力。

2-3

---

① 按国家标准 GB 3101—93,物理量 Q 的量纲记为 $\dim Q$,本书考虑到国际物理学界沿用的习惯,记为$[Q]$。

1. 重力

地球表面附近的物体都受到地球的吸引作用,这种由于地球吸引而使物体受到的力叫作**重力**。在重力作用下,任何物体产生的加速度都是重力加速度 g。若以 W 表示物体受的重力,以 m 表示物体的质量,则根据牛顿第二定律有

$$W = mg \tag{2.7}$$

即:重力的大小等于物体的质量和重力加速度大小的乘积,重力的方向和重力加速度的方向相同,即竖直向下。

2. 弹性力

发生形变的物体,由于要恢复原状,对与它接触的物体会产生力的作用,这种力叫作**弹性力**。弹性力的表现形式有很多种。下面只讨论常见的三种表现形式。

互相压紧的两个物体在其接触面上都会产生对对方的弹性力作用。这种弹性力通常叫作**正压力**(或**支持力**)。它们的大小取决于相互压紧的程度,方向总是垂直于接触面而指向对方。

拉紧的绳或线对被拉的物体有**拉力**。它的大小取决于绳被拉紧的程度,方向总是沿着绳而指向绳要收缩的方向。拉紧的绳的各段之间也相互有拉力作用。这种拉力叫作**张力**,通常绳中张力也就等于该绳拉物体的力。

通常相互压紧的物体或拉紧的绳子的形变都很小,难以直接观察到,因而常常忽略。

当弹簧被拉伸或压缩时,它就会对联结体(以及弹簧的各段之间)有弹力的作用(图 2.1)。这种**弹簧的弹力**遵守**胡克定律**:在弹性限度内,弹力和形变成正比。以 f 表示弹力,以 x 表示形变,即弹簧的长度相对于原长的变化,则根据胡克定律就有

$$f = -kx \tag{2.8}$$

式中,k 叫弹簧的**劲度系数**,取决于弹簧本身的结构;负号表示弹力的方向:当 x 为正,也就是弹簧被拉长时,f 为负,即与被拉长的方向相反;当 x 为负,也就是弹簧被压缩时,f 为正,即与被压缩的方向相反。总之,弹簧的弹力总是指向要恢复它原长的方向。

3. 摩擦力

两个相互接触的物体(指固体)沿着接触面的方向有**相对滑动**时(图 2.2),在各自的接触面上都受到阻止相对滑动的力。这种力叫**滑动摩擦力**,它的方向总是与相对滑动的方向相反。实验表明,当相对滑动的速度不是太大或太小时,滑动摩擦力 f_k 的大小和滑动速度无关而和正压力 N 成正比,即

$$f_k = \mu_k N \tag{2.9}$$

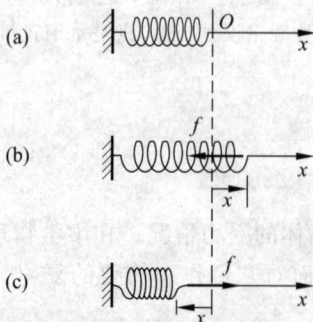

图 2.1   弹簧的弹力

(a)弹簧自然伸长;(b)弹簧被拉伸;(c)弹簧被压缩

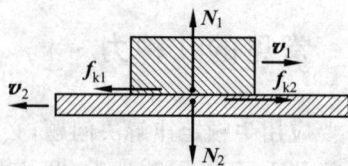

图 2.2   滑动摩擦力

式中 μ_k 为**滑动摩擦系数**,与接触面的材料和表面的状态(如光滑与否)有关。一些典型情况的 μ_k 的数值列在表 2.1 中,它们都只是粗略的数值。

当有接触面的两个物体相对静止但有相对滑动的趋势时,它们之间产生的阻碍相对滑动的摩擦力叫**静摩擦力**。静摩擦力的大小是可以改变的。例如人推木箱,推力不大时,木箱不动。木箱所受的静摩擦力 f_s 一定等于人的推力 f。当人的推力大到一定程度时,木箱就要被推动了。这说明静摩擦力有一定限度,叫作**最大静摩擦力**。实验表明,最大静摩擦力 $f_{s\,max}$ 与两物体之间的正压力 N 成正比,即

$$f_{s\,max} = \mu_s N \tag{2.10}$$

式中,μ_s 叫**静摩擦系数**,也取决于接触面的材料与表面的状态。对同样的两个接触面,静摩擦系数 μ_s 总是大于滑动摩擦系数 μ_k。一些典型情况的静摩擦系数也列在表 2.1 中,它们也都只是粗略的数值。

表 2.1　一些典型情况的摩擦系数

接触面材料	μ_k	μ_s
钢—钢(干净表面)	0.6	0.7
钢—钢(加润滑剂)	0.05	0.09
铜—钢	0.4	0.5
铜—铸铁	0.3	1.0
玻璃—玻璃	0.4	0.9～1.0
橡胶—水泥路面	0.8	1.0
特氟隆—特氟隆(聚四氟乙烯)	0.04	0.04
涂蜡木滑雪板—干雪面	0.04	0.04

4. 流体曳力

一个物体在流体(液体或气体)中和流体有相对运动时,物体会受到流体的阻力,这种阻力称为流体曳力。这曳力的方向和物体相对于流体的速度方向相反,其大小和相对速度的大小有关。在相对速率较小,流体可以从物体周围平顺地流过时,曳力 f_d 的大小和相对速率 v 成正比,即

$$f_d = kv \tag{2.11}$$

式中,比例系数 k 取决于物体的大小和形状以及流体的性质(如黏性、密度等)。在相对速率较大以致在物体的后方出现流体旋涡时(一般情形多是这样),曳力的大小和相对速率的平方成正比。对于物体在空气中运动的情况,曳力的大小可以表示为

$$f_d = \frac{1}{2} C \rho A v^2 \tag{2.12}$$

其中,ρ 是空气的密度;A 是物体的有效横截面积;C 为曳引系数,一般在 0.4～1.0(也随速率而变化)。相对速率很大时,曳力还会急剧增大。

由于流体曳力和速率有关,物体在流体中下落时的加速度将随速率的增大而减小,以致当速率足够大时,曳力会和重力平衡而物体将以匀速下落。物体在流体中下落的最大速率叫**终极速率**。对于在空气中下落的物体,当物体速度比较大时,利用式(2.12)可以求得终极速率为

$$v_t = \sqrt{\frac{2mg}{C \rho A}} \tag{2.13}$$

其中，m 为下落物体的质量。

按上式计算，半径为 1.5 mm 的雨滴在空气中下落的终极速率为 7.4 m/s，大约在下落 10 m 时就会达到这个速率。跳伞者，由于伞的面积 A 较大，所以其终极速率也较小，通常为 5 m/s 左右，而且在伞张开后下降几米就会达到这一速率。

5. 表面张力

拿一根缝衣针放到一片薄绵纸上，小心地把它们平放到碗内的水面上。再小心地用细

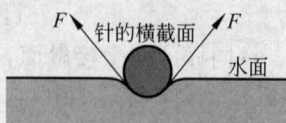

图 2.3　缝衣针漂在水面上

棍把已浸湿的纸按到水下面。你就会看到缝衣针漂在水面上（图 2.3）。这种漂浮并不是水对针的浮力（遵守阿基米德定律）作用的结果，针实际上是躺在已被它压陷了的水面上，是水面兜住了针使之静止的。这说明水面有一种绷紧的力，在水面凹陷处这种绷紧的力 F 抬起了缝衣针。寺庙里盛水的大水缸里常见到落到水底的许多硬币，这都是那些想使自己的硬币漂在水面上的游客操作不当的结果。有些昆虫能在水面上行走，也是靠了这种沿水面作用的绷紧的力（图 2.4）。

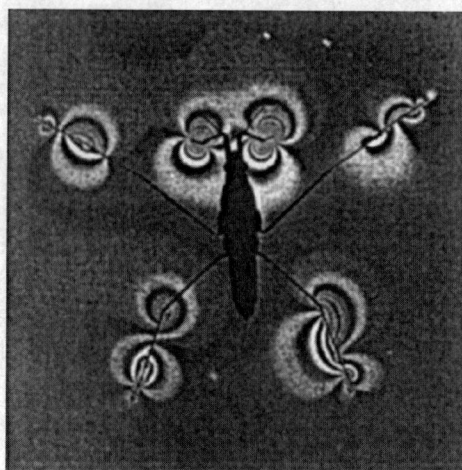

图 2.4　昆虫"水黾"（学名 Hygrotrechus Conformis）
在水面上行走以及引起的水面波纹

液体表面总处于一种绷紧的状态。这归因于液面各部分之间存在着相互拉紧的力。这种力叫**表面张力**。它的方向沿着液面（或其"切面"）并垂直于液面的边界线。它的大小和边界线的长度成正比。以 F 表示在长为 l 的边界线上作用的表面张力，则应有

$$F = \gamma l \tag{2.14}$$

式中，γ 叫作**表面张力系数**，单位为 N/m，它的大小由液体的种类及其温度决定。例如，在 20℃时，乙醇的 γ 为 0.0223 N/m，水银的为 0.465 N/m，水的为 0.0728 N/m，肥皂液的约为 0.025 N/m 等。

表面张力系数 γ 可用下述方法粗略地测定。用金属细棍做一个一边可以滑动的矩形框（图 2.5），将框没入液体。当向上缓慢把框提出时，框上就会蒙上一片液膜。这时拉动下侧可动框边再松手时，膜的面积将缩小，这就是膜的表面张力作用的表现。在这一可动框边

上挂上适当的砝码,则可以使这一边保持不动,这时应该有

$$F = (m + M)g \qquad (2.15)$$

式中,m 和 M 分别表示可动框边和砝码的质量。由于膜有两个表面,所以其下方在两条边线上都有向上的表面张力。以 l 表示膜的宽度,则由式(2.14),在式(2.15)中应有 $F = 2\gamma l$。代入式(2.15)可得

$$\gamma = (m + M)g/2l \qquad (2.16)$$

图 2.5　液膜的表面张力

一个液滴由于表面张力,其表面有收缩趋势,这就使得秋天的露珠、夏天荷叶上的小水珠以及肥皂泡都呈球形。

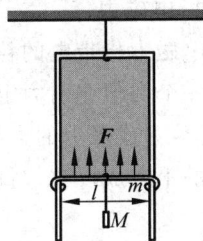

*2.3　基本的自然力[①]

2.2 节介绍了几种力的特征,实际上,在日常生活和工程技术中,遇到的力还有很多种。例如,皮球内空气对球胆的压力,江河海水对大船的浮力,胶水使两块木板固结在一起的黏结力,两个带电小球之间的吸力或斥力,两个磁铁之间的吸力或斥力,等等。除我们能观察到这些宏观世界的力以外,在微观世界中也存在这样或那样的力。例如,分子或原子之间的引力或斥力,原子内的电子和核之间的引力,核内粒子和粒子之间的斥力和引力等。尽管力的种类看起来如此复杂,但自然界中只存在 4 种基本的力(或称相互作用),其他的力都是这 4 种力的不同表现。这 4 种力是引力、电磁力、强力、弱力,下面分别作一简单介绍。

1. 引力(或万有引力)

引力指存在于任何两个物质质点之间的吸引力。它的规律首先由牛顿发现,称之为引力定律,这个定律说:**任何两个质点都互相吸引,这引力的大小与它们的质量的乘积成正比,和它们的距离的平方成反比。**用 m_1 和 m_2 分别表示两个质点的质量,以 r 表示它们的距离,则引力大小的数学表示式是

$$f = \frac{Gm_1m_2}{r^2} \qquad (2.17)$$

式中,f 是两个质点的相互吸引力;G 是一个比例系数,叫**引力常量**,在国际单位制中,它的值为

$$G = 6.67 \times 10^{-11} \ \text{N} \cdot \text{m}^2/\text{kg}^2 \qquad (2.18)$$

式(2.15)中的质量反映了物体的引力性质,是物体与其他物体相互吸引的性质的量度,因此又叫**引力质量**。它和反映物体抵抗运动变化这一性质的惯性质量在意义上是不同的。但是任何物体的重力加速度都相等的实验表明,同一个物体的这两个质量是相等的,因此可以说它们是同一质量的两种表现,也就不必加以区分了。

根据现在尚待证实的物理理论,物体间的引力是以一种叫作"引力子"的粒子作为传递介质的。

[①] 标题上出现 * 号,表示本标题所涉及内容为扩展内容,不作教学基本要求。全书下同。

2. 电磁力

电磁力指带电的粒子或带电的宏观物体间的作用力。两个静止的带电粒子之间的作用力由一个类似于引力定律的库仑定律支配着。库仑定律指出,两个静止的点电荷相斥或相吸,这斥力或吸力的大小 f 与两个点电荷的电荷量 q_1 和 q_2 的乘积成正比,而与两电荷的距离 r 的平方成反比,写成公式

$$f = \frac{kq_1q_2}{r^2} \tag{2.19}$$

式中,比例系数 k 在国际单位制中的值为

$$k = 9 \times 10^9 \text{ N} \cdot \text{m}^2/\text{C}^2$$

这种力比万有引力要大得多。例如,两个相距 1 fm 的质子之间的电力按上式计算可以达到 10^2 N,是它们之间的万有引力(10^{-34} N)的 10^{36} 倍。

运动的电荷相互间除有电力作用外,还有磁力相互作用。磁力实际上是电力的一种表现,或者说,磁力和电力具有同一本源。(关于这一点,本书第 3 篇电磁学有较详细的讨论。)**因此电力和磁力统称电磁力。**

电荷之间的电磁力是以**光子**作为传递介质的。

由于分子或原子都是由电荷组成的系统,所以它们之间的作用力就是电磁力。中性分子或原子间也有相互作用,这是因为虽然每个中性分子或原子的正负电荷数值相等,但在它们内部正负电荷有一定的分布,对外部电荷的作用并没有完全抵消,所以仍显示出有电磁力的作用。中性分子或原子间的电磁力可以说是一种残余电磁力。2.2 节提到的相互接触的物体之间的弹力、摩擦力、流体阻力、表面张力以及气体压力、浮力、黏结力等都是相互靠近的原子或分子之间的作用力的宏观表现,因而从根本上说也是电磁力。

3. 强力

我们知道,在绝大多数原子核内有不止一个质子。质子之间的电磁力是排斥力,但事实上核的各部分并没有自动飞离,这说明在质子之间还存在一种比电磁力还要强的自然力,正是这种力把原子核内的质子以及中子紧紧地束缚在一起。这种存在于质子、中子、介子等强子之间的作用力称作**强力**,它本质上是夸克所带的"色荷"之间的作用力——色力——的表现。色力是以**胶子**作为传递介质的。两个相距 1 fm 的质子之间的强力可以达到 10^4 N。强力的力程,即作用可及的范围非常短。强子之间的距离超过约 10^{-15} m 时,强力就变得很小而可以忽略不计;小于 10^{-15} m 时,强力占主要的支配地位,而且直到距离减小到大约 0.4×10^{-15} m 时,它都表现为吸引力,距离再减小,则强力就表现为斥力。

4. 弱力

弱力也是各种粒子之间的一种相互作用,但仅在粒子间的某些反应(如 β 衰变)中才显示出它的重要性。弱力是以 W^+、W^-、Z^0 等叫作**中间玻色子**的粒子作为传递介质的。它的力程比强力还要短,而且力很弱。两个相距 1 fm 的质子之间的弱力大约仅有 10^{-2} N。

表 2.2 中列出了 4 种基本自然力的特征,其中力的强度是指两个质子中心的距离等于它们直径时的相互作用力。

表 2.2 4 种基本自然力的特征

力的种类	相互作用的物体	力的强度/N	力　程
万有引力	一切质点	10^{-34}	无限远
弱力	大多数粒子	10^{-2}	小于 10^{-17} m
电磁力	电荷	10^{2}	无限远
强力	核子、介子等	10^{4}	小于 10^{-15} m

　　物理学家总有一个愿望或理想,即这 4 种基本力实际上是一种力的不同表现。现在已经从理论上和实验上证实:在更高的对称性下,电磁力和弱力实际上是一种力,现在就称为**电弱力**。这使得人类在对自然界的统一性的认识上又前进了一大步。现在,物理学家正在努力,以期建立起总括电弱色相互作用的"大统一理论"。人们还期望,有朝一日,能最后建立起把 4 种基本相互作用都统一起来的……"超统一理论"。

2.4　应用牛顿定律解题

2-5

　　利用牛顿定律求解力学问题时,可按下述"**三字经**"所设计的思路分析:

1. 认物体

　　在有关问题中选定一个物体(当成质点)作为分析对象。如果问题涉及几个物体,那就一个一个地作为对象进行分析,认出每个物体的质量。

2. 看运动

　　分析所认定的物体的运动状态,包括它的轨道、速度和加速度。问题涉及几个物体时,还要找出它们之间运动的联系,即它们的速度或加速度之间的关系。

3. 查受力

　　找出被认定的物体所受的所有外力。画简单的示意图表示物体受力情况与运动情况,这种图叫**示力图**。

4. 列方程

　　把上面分析出的质量、加速度和力用牛顿第二定律联系起来列出方程式。利用直角坐标系的分量式(式(2.5))列式时,在图中应注明坐标轴方向。在方程式足够的情况下就可以求解未知量了。

　　动力学问题一般有两类:一类是已知力的作用情况求运动;另一类是已知运动情况求力。这两类问题的分析方法都是一样的,都可以按上面的步骤进行,只是未知数不同罢了。

　　例 2.1　皮带运砖。用皮带运输机向上运送砖块。设砖块与皮带间的静摩擦系数为 μ_s,砖块的质量为 m,皮带的倾斜角为 α。求皮带向上匀速输送砖块时,它对砖块的静摩擦力多大?

　　解　认定砖块进行分析。它向上匀速运动,因而加速度为零。在上升过程中,它受力情况如图 2.6 所示。

　　选 x 轴沿着皮带方向,则对砖块用牛顿第二定律,可得 x 轴方向的分量式为

$$-mg\sin\alpha + f_s = ma_x = 0$$

由此得砖块受的静摩擦力为

$$f_s = mg\sin\alpha$$

注意,此题不能用公式 $f_s = \mu_s N$ 求静摩擦力,因为这一公式只对最大静摩擦力才适用。在静摩擦力不是最大的情况下,只能根据牛顿运动定律的要求求出静摩擦力。

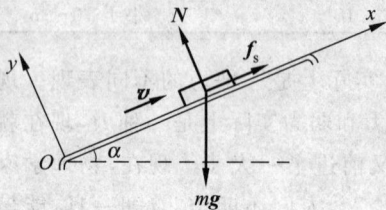

图 2.6 例 2.1 用图

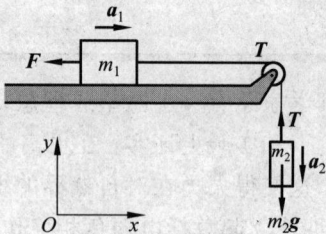

图 2.7 例 2.2 用图

例 2.2 **双体联结**。在光滑桌面上放置一质量 $m_1 = 5.0\,\text{kg}$ 的物块,用绳通过一无摩擦滑轮将它和另一质量为 $m_2 = 2.0\,\text{kg}$ 的物块相连。(1)保持两物块静止,需用多大的水平力 F 拉住桌上的物块?(2)换用 $F = 30\,\text{N}$ 的水平力向左拉 m_1 时,两物块的加速度和绳中张力 T 的大小各如何?(3)怎样的水平力 F 会使绳中张力为零?

解 如图 2.7 所示,设两物块的加速度分别为 a_1 和 a_2。参照如图所示的坐标方向。

(1)如两物体均静止,则 $a_1 = a_2 = 0$,用牛顿第二定律,对 m_1,

$$-F + T = m_1 a_1 = 0$$

对 m_2,

$$T - m_2 g = m_2 a_2 = 0$$

此二式联立给出

$$F = m_2 g = 2.0 \times 9.8\,\text{N} = 19.6\,\text{N}$$

(2)当 $F = 30\,\text{N}$ 时,则用牛顿第二定律,对 m_1,沿 x 方向,有

$$-F + T = m_1 a_1 \tag{2.20}$$

对 m_2,沿 y 轴方向,有

$$T - m_2 g = m_2 a_2 \tag{2.21}$$

由于 m_1 和 m_2 用绳联结着,所以有 $a_1 = a_2$,令其为 a。

联立解式(2.20)和式(2.21),可得两物块的加速度为

$$a = \frac{m_2 g - F}{m_1 + m_2} = \frac{2 \times 9.8 - 30}{5.0 + 2.0}\,\text{m/s}^2 = -1.49\,\text{m/s}^2$$

和图 2.7 所设 a_1 和 a_2 的方向相比,此结果的负号表示,两物块的加速度均与所设方向相反,即 m_1 将向左而 m_2 将向上以 $1.49\,\text{m/s}^2$ 的加速度运动。

由上面式(2.21)可得此时绳中张力为

$$T = m_2(g - a_2) = 2.0 \times [9.8 - (-1.49)]\,\text{N} = 22.6\,\text{N}$$

(3)若绳中张力 $T = 0$,则由式(2.21)知,$a_2 = g$,即 m_2 自由下落,这时由式(2.20)可得

$$F = -m_1 a_1 = -m_1 a_2 = -m_1 g = -5.0 \times 9.8\,\text{N} = -49\,\text{N}$$

负号表示力 F 的方向应与图 2.8 所示方向相反,即需用 49 N 的水平力向右推桌上的物块,才能使绳中张力为零。

例 2.3 **珠子下落**。一个质量为 m 的珠子系在线的一端,线的另一端绑在墙上的钉子上,线长为 l。先拉动珠子使线保持水平静止,然后松手使珠子下落。求线摆下 θ 角时这个

珠子的速率和线的张力。

解 这是一个变加速问题,求解要用到微积分,但物理概念并没有什么特殊。如图 2.8 所示,珠子受的力有线对它的拉力 T 和重力 mg。由于珠子沿圆周运动,所以我们按切向和法向来列牛顿第二定律分量式。

对珠子,在任意时刻,当摆下角度为 α 时,牛顿第二定律的切向分量式为

$$mg\cos\alpha = ma_\text{t} = m\frac{\mathrm{d}v}{\mathrm{d}t}$$

以 $\mathrm{d}s$ 乘以此式两侧,可得

$$mg\cos\alpha\,\mathrm{d}s = m\frac{\mathrm{d}v}{\mathrm{d}t}\mathrm{d}s = m\frac{\mathrm{d}s}{\mathrm{d}t}\mathrm{d}v$$

由于 $\mathrm{d}s = l\,\mathrm{d}\alpha$,$\dfrac{\mathrm{d}s}{\mathrm{d}t} = v$,所以上式可写成

$$gl\cos\alpha\,\mathrm{d}\alpha = v\,\mathrm{d}v$$

两侧同时积分,由于摆角从零增大到 θ 时,速率从零增大到 v_θ,所以有

$$\int_0^\theta gl\cos\alpha \cdot \mathrm{d}\alpha = \int_0^{v_\theta} v\,\mathrm{d}v$$

由此得

$$gl\sin\theta = \frac{1}{2}v_\theta^2$$

从而

$$v_\theta = \sqrt{2gl\sin\theta}$$

对珠子,在摆下 θ 角时,牛顿第二定律的法向分量式为

$$T_\theta - mg\sin\theta = ma_\text{n} = m\frac{v_\theta^2}{l}$$

将上面 v_θ 值代入此式,可得线对珠子的拉力为

$$T_\theta = 3mg\sin\theta$$

这也就等于线中的张力。

图 2.8 例 2.3 用图

例 2.4 跳伞运动。一跳伞运动员质量为 $80\ \text{kg}$,从 $4000\ \text{m}$ 高空的飞机上跳出,以雄鹰展翅的姿势下落(图 2.9),有效横截面积为 $0.6\ \text{m}^2$。以空气密度为 $1.2\ \text{kg/m}^3$ 和曳引系数 $C = 0.6$ 计算,他下落的终极速率多大?

图 2.9 跳伞运动员姿态

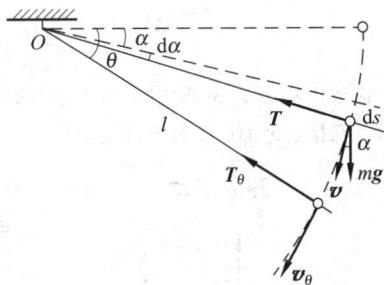

解   空气曳力用式(2.12)计算,终极速率出现在此曳力等于运动员所受重力的时候。由此可得终极速率为

$$v_t = \sqrt{\frac{2mg}{C\rho A}} = \sqrt{\frac{2 \times 80 \times 9.8}{0.6 \times 1.2 \times 0.6}} \ \text{m/s} = 60 \ \text{m/s}$$

这一速率比从 4000 m 高空"自由下落"的速率(280 m/s)小得多,但运动员以这一速率触地还是很危险的,所以他在接近地面时要打开降落伞。

例 2.5   圆周运动。 一个水平的木制圆盘绕其中心竖直轴匀速转动(图 2.10)。在盘上离中心 $r = 20$ cm 处放一小铁块,如果铁块与木板间的静摩擦系数 $\mu_s = 0.4$,求圆盘转速增大到多少(以 r/min 表示)时,铁块开始在圆盘上移动?

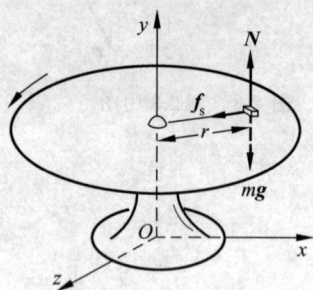

图 2.10   转动圆盘

解   对铁块进行分析。它在盘上不动时,是作半径为 r 的匀速圆周运动,具有法向加速度 $a_n = r\omega^2$。图 2.10 中示出铁块受力情况,f_s 为静摩擦力。

对铁块用牛顿第二定律,得法向分量式为

$$f_s = ma_n = mr\omega^2$$

由于

$$f_s \leqslant \mu_s N = \mu_s mg$$

所以

即

$$\mu_s mg \geqslant mr\omega^2$$

$$\omega \leqslant \sqrt{\frac{\mu_s g}{r}} = \sqrt{\frac{0.4 \times 9.8}{0.2}} \ \text{rad/s} = 4.43 \ \text{rad/s}$$

由此得

$$n = \frac{\omega}{2\pi} \leqslant 42.3 \ \text{r/min}$$

这一结果说明,圆盘转速达到 42.3 r/min 时,铁块开始在盘上移动。

例 2.6   行星运动。 谷神星(最大的小行星,直径约 960 km)的公转周期为 1.67×10^3 d。试以地球公转为参考,求谷神星公转的轨道半径。

解   以 r 表示某一行星轨道的半径,T 为其公转周期。按匀加速圆周运动计算,该行星的法向加速度为 $4\pi^2 r/T^2$。以 M 表示太阳的质量,m 表示行星的质量,并忽略其他行星的影响,则由引力定律和牛顿第二定律可得

$$G\frac{Mm}{r^2} = m\frac{4\pi^2 r}{T^2}$$

由此得

$$\frac{T^2}{r^3} = \frac{4\pi^2}{GM}$$

由于此式右侧是与行星无关的常量,所以此结果即说明行星公转周期的平方和它的轨道半径的立方成正比。这一结果称为关于行星运动的**开普勒第三定律**。(由于行星轨道是椭圆,所以,严格地说,上式中的 r 应是轨道的半长轴。)

以 r_1 和 T_1 表示地球的轨道半径和公转周期,以 r_2 和 T_2 表示谷神星的轨道半径和公转周期,则

$$\frac{r_2^3}{r_1^3} = \frac{T_2^2}{T_1^2}$$

由此得

$$r_2 = r_1 \left(\frac{T_2}{T_1}\right)^{2/3} = 1.50 \times 10^{11} \times \left(\frac{1.67 \times 10^3}{365}\right)^{2/3} \text{ m} = 4.13 \times 10^{11} \text{ m}$$

这一数值在火星和木星的轨道半径之间。实际上,在火星和木星间存在一个小行星带。

例 2.7　肥皂泡。直径为 2.0 cm 的球形肥皂泡内部气体的压强 p_{int} 比外部大气压强 p_0 大多少?肥皂液的表面张力系数按 0.025 N/m 计。

解　肥皂泡形成后,其肥皂膜内外表面的表面张力要使肥皂泡缩小。当其大小稳定时,其内部空气的压强 p_{int} 要大于外部的大气压强 p_0,以抵消这一收缩趋势。为了求泡内外的压强差,可考虑半个肥皂泡,如图 2.11 中肥皂泡的右半个。泡内压强对这半个肥皂泡的合力应垂直于半球截面,即水平向右,大小为 $F_{\text{int}} = p_{\text{int}} \cdot \pi R^2$,$R$ 为泡的半径。大气压强对这半个泡的合力应为 $F_{\text{ext}} = p_0 \cdot \pi R^2$,方向水平向左。与受到此二力的同时,这半个泡还在其边界上受左半个泡的表面张力,边界各处的表面张力方向沿着球面的切面并与边界垂直,即都是水平向左。其大小由式(2.14)求得 $F_{\text{sur}} = 2 \cdot \gamma \cdot 2\pi r$,其中的 2 倍是由于肥皂膜有内外两个表面。对右半个泡的力的平衡要求 $F_{\text{int}} = F_{\text{ext}} + F_{\text{sur}}$,即

$$p_{\text{int}} \pi R^2 = 2 \cdot \gamma \cdot 2\pi R + p_0 \pi R^2$$

由此得

$$p_{\text{int}} - p_0 = \frac{4\gamma}{R} = \frac{4 \times 0.025}{1.0 \times 10^{-2}} \text{ Pa} = 10.0 \text{ Pa}$$

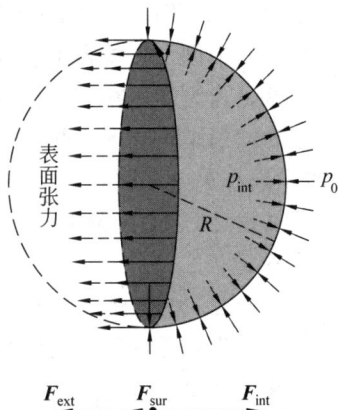

图 2.11　肥皂泡受力分析

2.5　非惯性系与惯性力

在 2.1 节中介绍牛顿定律时,特别指出牛顿第二定律和第三定律只适用于惯性参考系(惯性系),2.4 节的例题都是相对于惯性系进行分析的。

惯性系有一个重要的性质,即:如果我们确认了某一参考系为惯性系,则相对于此参考系作匀速直线运动的任何其他参考系也一定是惯性系。这是因为如果一个物体不受力作用时相对于那个"原始"惯性系静止或作匀速直线运动,则在任何相对于这"原始"惯性系作匀速直线运动的参考系中观测,该物体也必然作匀速直线运动(尽管速度不同)或静止。这也是在不受力作用的情况下发生的。因此根据惯性系的定义,后者也是惯性系。

反过来,我们也可以说,相对于一个已知惯性系作加速运动的参考系,一定不是惯性系,或者说是一个非惯性系。

具体判断一个实际的参考系是不是惯性系,只能根据实验观察。对天体(如行星)运动的观察表明,太阳参考系是个很好的惯性系[①]。由于地球绕太阳公转,地心相对于太阳参考系有向心加速度,所以地心参考系不是惯性系。但地球相对于太阳参考系的法向加速度甚小(约 6×10^{-3} m/s²),不到地球上重力加速度的 0.1%,所以地心参考系可以近似地作为惯

[①]　现代天文观测结果给出,太阳绕我们的银河中心公转,其法向加速度约为 1.8×10^{-10} m/s²。

性系看待。粗略研究人造地球卫星运动时,就可以应用地心参考系。

由于地球围绕自身的轴相对于地心参考系不断地自转,所以地面参考系也不是惯性系。但由于地面上各处相对于地心参考系的法向加速度最大不超过 3.40×10^{-2} m/s²(在赤道上),所以对时间不长的运动,地面参考系也可以近似地作为惯性系看待。在一般工程技术问题中,都相对于地面参考系来描述物体的运动和应用牛顿运动定律,得出的结论也都足够准确地符合实际,就是因为这个缘故。

下面举两个例子,说明在非惯性系中,牛顿第二定律不成立。

先看一个例子。站台上停着一辆小车,相对于地面参考系进行分析,小车停着,加速度为零。这是因为作用在它上面的力相互平衡,即合力为零的缘故,这符合牛顿定律。如果从加速起动的列车车厢内观察这辆小车,即相对于作加速运动的车厢参考系来分析小车的运动,将发现小车向车厢后方作加速运动。它受力的情况并无改变,合力仍然是零。合力为零而有了加速度,这是违背牛顿运动定律的。因此,相对于作加速运动的车厢参考系,牛顿运动定律不成立。

再看例 2.5 中所提到的水平转盘。从地面参考系来看,铁块作圆周运动,有法向加速度。这是因为它受到盘面的静摩擦力作用的缘故,这符合牛顿运动定律。但是相对于转盘参考系来说,即站在转盘上观察,铁块总保持静止,因而加速度为零。可是这时它依然受着静摩擦力的作用。合力不为零,可是没有加速度,这也是违背牛顿定律的。因此,相对于转盘参考系,牛顿运动定律也是不成立的。

在实际问题中,常常需要在非惯性系中观察和处理物体的运动现象。在这种情况下,为了方便起见,我们也常常形式地利用牛顿第二定律分析问题,为此我们引入惯性力这一概念。

首先讨论加速平动参考系的情况。设有一质点,质量为 m,相对于某一惯性系 S,它在实际的外力 $\boldsymbol{F}$ 作用下产生加速度 $\boldsymbol{a}$,根据牛顿第二定律,有

$$\boldsymbol{F} = m\boldsymbol{a}$$

设想另一参考系 S',相对于惯性系 S 以加速度 $\boldsymbol{a}_0$ 平动。在 S' 参考系中,质点的加速度是 $\boldsymbol{a}'$。由运动的相对性可知

$$\boldsymbol{a} = \boldsymbol{a}' + \boldsymbol{a}_0$$

将此式代入上式可得

$$\boldsymbol{F} = m(\boldsymbol{a}' + \boldsymbol{a}_0) = m\boldsymbol{a}' + m\boldsymbol{a}_0$$

或者写成

$$\boldsymbol{F} + (-m\boldsymbol{a}_0) = m\boldsymbol{a}' \tag{2.22}$$

此式说明,质点受的合外力 $\boldsymbol{F}$ 并不等于 $m\boldsymbol{a}'$,因此牛顿定律在参考系 S' 中不成立。但是如果我们认为在 S' 系中观察时,除实际的外力 $\boldsymbol{F}$ 外,质点还受到一个大小和方向由 $(-m\boldsymbol{a}_0)$ 表示的力,并将此力也计入合力之内,则式(2.22)就可以形式上理解为:在 S' 系内观测,质点所受的合外力也等于它的质量和加速度的乘积。这样就可以在形式上应用牛顿第二定律了。

为了在非惯性系中**形式地**应用牛顿第二定律而必须引入的力叫作**惯性力**。由式(2.22)可知,在加速平动参考系中,它的大小等于质点的质量和此非惯性系相对于惯性系的加速度的乘积,而方向与此加速度的方向相反。以 $\boldsymbol{F}_i$ 表示惯性力,则有

$$F_i = -ma_0 \tag{2.23}$$

引进了惯性力,在非惯性系中就有了下述牛顿第二定律的形式:

$$F + F_i = ma' \tag{2.24}$$

其中,F 是实际存在的各种力,即"真实力"。它们是物体之间的相互作用的表现,其本质都可以归结为 4 种基本的自然力。惯性力 F_i 只是参考系的非惯性运动的表观显示,或者说是物体的惯性在非惯性系中的表现。它不是物体间的相互作用,也没有反作用力。因此惯性力又称作**虚拟力**。

上述惯性力和引力有一种微妙的关系。静止在地面参考系(视为惯性系)中的物体受到地球引力 mg 的作用(图 2.12(a)),这引力的大小和物体的质量成正比。今设想一个远离星体的太空船正以加速度(对某一惯性系)$a' = -g$ 运动,在船内观察一个质量为 m 的物体。由于太空船是非惯性系,依上分析,可以认为物体受到一个惯性力 $F_i = -ma' = mg$ 的作用,这个惯性力也和物体的质量成正比(图 2.12(b))。但若只是在太空船内观察,我们也可以认为太空船是一静止的惯性系,而物体受到了一个引力 mg。加速系中的惯性力和惯性系中的引力是等效的这一思想是爱因斯坦首先提出的,称为**等效原理**。它是爱因斯坦创立广义相对论的基础。

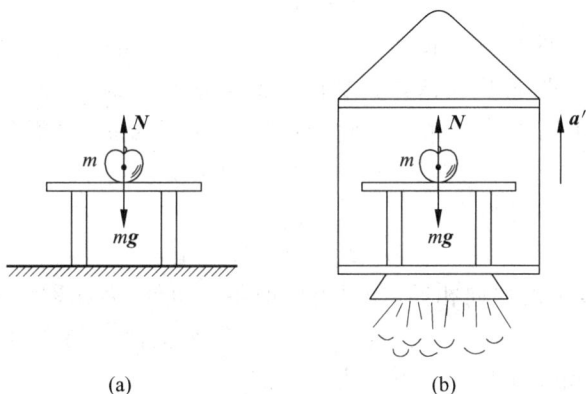

图 2.12 等效原理
(a) 在地面上观察,物体受到引力(重力)mg 的作用;
(b) 在太空船内观察,也可认为物体受到引力 mg 的作用

例 2.8 加速车厢。在水平轨道上有一节车厢以加速度 a_0 行驶,在车厢中看到有一质量为 m 的小球静止地悬挂在天花板上,试以车厢为参考系,求出悬线与竖直方向的夹角。

解 在车厢参考系内观察小球是静止的,即 $a' = 0$。它受的力除重力和线的拉力外,还有一惯性力 $F_i = -ma_0$,如图 2.13 所示。

相对于车厢参考系,对小球用牛顿第二定律,则有

x' 轴方向: $\qquad T\sin\theta - F_i = ma'_{x'} = 0$

y' 轴方向: $\qquad T\cos\theta - mg = ma'_{y'} = 0$

由于 $F_i = ma_0$,在上两式中消去 T,即可得

$$\theta = \arctan(a/g)$$

读者可以相对于地面参考系(惯性系)再解一次这个问题,并与上面的解法相比较。

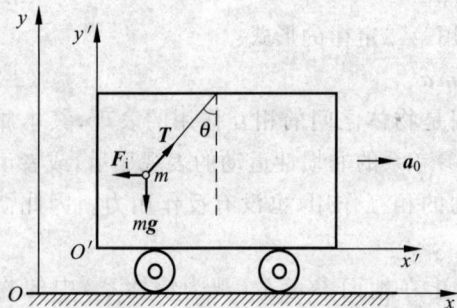

图 2.13　例 2.8 用图

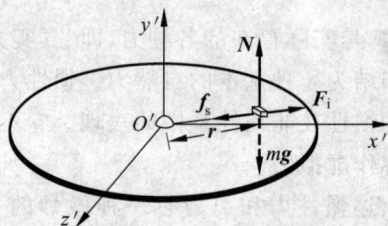

图 2.14　在转盘参考系上观察

下面我们再讨论转动参考系。一种简单的情况是物体相对于转动参考系静止。仍用例 2.5，一个小铁块静止在一个转盘上，如图 2.14 所示。对于铁块相对于地面参考系的运动，牛顿第二定律给出

$$f_s = ma_n = -m\omega^2 r$$

式中，r 为由圆心沿半径向外的位矢，此式也可以写成

$$f_s + m\omega^2 r = 0 \tag{2.25}$$

站在圆盘上观察，即相对于转动的圆盘参考系，铁块是静止的，加速度 $a' = 0$。如果还要套用牛顿第二定律，则必须认为铁块除受到静摩擦力这个"真实的"力以外，还受到一个惯性力或虚拟力 F_i 和它平衡。这样，相对于圆盘参考系，应该有

$$f_s + F_i = 0$$

将此式和式(2.25)对比，可得

$$F_i = m\omega^2 r \tag{2.26}$$

这个惯性力的方向与 r 的方向相同，即沿着圆的半径向外，因此称为**惯性离心力**。这是在转动参考系中观察到的一种惯性力。实际上当我们乘坐汽车拐弯时，我们体验到的被甩向弯道外侧的"力"，就是这种惯性离心力。

由于惯性离心力和在惯性系中观察到的向心力大小相等，方向相反，所以常常有人（特别是那些把惯性离心力简称为离心力的人们）认为惯性离心力是向心力的反作用力，这是一种误解。首先，向心力作用在运动物体上使之产生向心加速度。惯性离心力，如上所述，也是作用在运动物体上。既然它们作用在同一物体上，当然就不是相互作用，所以谈不上作用和反作用。再者，向心力是真实力（或它们的合力）作用的表现，它可能有真实的反作用力。图 2.14 中的铁块受到的向心力（即盘面对它的静摩擦力 f_s）的反作用力就是铁块对盘面的静摩擦力。（在向心力为合力的情况下，各个分力也都有相应的真实的反作用力，但因为这些反作用力作用在不同物体上，所以向心力谈不上有一个合成的反作用力。）但惯性离心力是虚拟力，它只是运动物体的惯性在转动参考系中的表现，它没有反作用力，因此也不能说向心力和它是一对作用力和反作用力。

以上是物体静止在转动参考系中的情况。如果物体在转动参考系中是运动的，情况要复杂一些。例如，由于地球的自转，地面参考系就是一个转动参考系。空中的大气由高压向低压中心的流动会形成大范围剧烈的气旋，被称为台风（或热带风暴），就是这种地面参考系的转动所产生的效果。图 2.15 是两张台风的卫星照片。

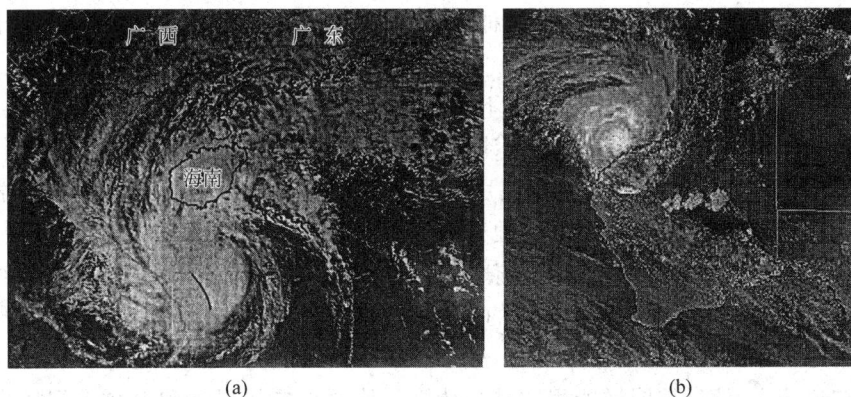

图 2.15　台风或飓风

(a) 2003 年 11 月 17 日"尼伯特"台风(左旋)登陆海南岛；
(b) 2006 年 1 月 9 日"克莱尔"飓风(右旋)登陆澳大利亚

*2.6　混沌

学习了牛顿力学后,往往会得到这样一种印象,或产生这样一种信念:在物体受力已知的情况下,给定了初始条件,物体以后的运动情况(包括各时刻的位置和速度)就完全决定了,并且可以预测了。这种认识称作**决定论的可预测性**。验证这种认识的最简单例子是抛体运动。物体受的重力是已知的,一旦初始条件(抛出点的位置和抛出时速度)给定了,物体此后任何时刻的位置和速度也就决定了(参考例 1.4)。对于这样的问题都可以解得严格的数学运动学方程,即解析解,从而使运动完全可以预测。

牛顿力学的这种决定论的可预测性,其威力曾扩及宇宙天体。1757 年哈雷彗星在预定的时间回归,1846 年海王星在预言的方位上被发现,都惊人地证明了这种认识。这样的威力曾使伟大的法国数学家拉普拉斯夸下海口:给定宇宙的初始条件,我们就能预言它的未来。当今日食和月食的准确预测,宇宙探测器的成功发射与轨道设计,可以说是在较小范围内实现了拉普拉斯的豪言壮语。牛顿力学在技术中得到了广泛的成功应用,物理教科书中利用典型的例子对牛顿力学进行了定量的严格的介绍,这些都使得人们对自然现象的决定论的可预测性深信不疑。

但是,这种传统的思想信念在 20 世纪 60 年代遇到了严重的挑战。人们发现由牛顿力学支配的系统,虽然其运动是由外力决定的,但是在一定条件下,却是完全不能预测的。原来,牛顿力学显示出的决定论的可预测性,只是那些受力和位置或速度有线性关系的系统才具有的。这样的系统叫**线性系统**。牛顿力学严格地成功地处理过的系统都是这种线性系统。对于受力较复杂的**非线性系统**,情况就不同了。虽然仍受牛顿力学的决定论支配,但后果却是不可预测的,出现了**混沌现象**。

决定论的不可预测性这种思想早在 19 世纪末就由法国的伟大数学家庞加莱在研究三体问题时提出来了。对于三个星体在相互引力作用下的运动,他列出了一组非线性的常微分方程。他研究的结论是:这种方程没有解析解。此系统的轨道非常杂乱,以至于他"甚至于连想也不想要把它们画出来"。当时的数学对此已无能为力,于是他设计了一些新的几何方法来说明这么复杂的运动。但是他这种思想,部分由于数学的奇特和艰难,长期未引起物理学家的足够关注。

由于非线性系统的决定论微分方程不可能用解析方法求解,所以混沌概念的复苏是和电子计算机的出现分不开的。借助电子计算机可以很方便地对决定论微分方程进行数值解法来研究非线性系统的运动。首先在使用计算机时发现混沌运动的是美国气象学家洛伦茨。为了研究大气对流对天气的影响,他抛掉许多次要因素,建立了一组非线性微分方程。解他的方程只能用数值解法——给定初值后一次一次地迭代。他使用的是当时的真空管计算机。1961 年冬的一天,他在某一初值的设定下已算出一系列气候演变的数据。当他再次开机想考察这一系列的更长期的演变时,为了省事,不再从头算起,他把该系列的一个中间数据当作初值输入,然后按同样的程序进行计算。他原来希望得到和上次系列后半段相同的结果。但是,出乎意料,经过短时重复后,新的计算很快就偏离了原来的结果(见图 2.16)。他很快意识到,并非计算机出了故障,问题出在他这次作为初值输入的数据上。计算机内原储存的是 6 位小数 0.506 127,但他打印出来的却是 3 位小数 0.506。他这次输入的就是这三位数字。原来以为这不到千分之一的误差无关紧要,但就是这初值的微小差别导致了结果序列的逐渐分离。凭数学的直观他感到这里出现了违背原来的经典概念的新现象,其实际重要性可能是惊人的。他的结论是:**长期的天气预报是不可能的**。他把这种天气对于初值的极端敏感反应用一个很风趣的词——"蝴蝶效应"——来表述。用畅销名著《混沌——开创一门新科学》的作者格莱克的说法,蝴蝶效应指的是"今天在北京一只蝴蝶拍动一下翅膀,可能下月在纽约引起一场暴风雨"。

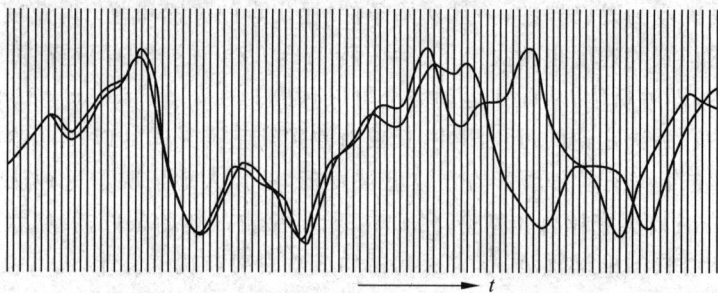

图 2.16　洛伦茨的气候演变曲线

对初值的极端敏感性是混沌运动的普遍的基本特征。两次只是初值不同的混沌运动,它们的差别随时间的推移越来越大,而且是随时间按**指数规律**增大。不同初值的混沌运动之间的差别的迅速扩大给混沌运动带来严重的后果。由于从原则上讲,初值不可能完全准确地给定(因为那需要给出无穷多位数的数字),因而在任何实际给定的初始条件下,我们对混沌运动的演变的预测就将按指数规律减小到零。这就是说,我们对稍长时间之后的混沌运动不可能预测! 就这样,决定论和可预测性之间的联系被切断了。混沌运动虽然仍是决定论的,但它同时又是不可预测的。**混沌就是决定论的混乱!**

对于牛顿力学成功地处理过的线性系统,不同初值的诸运动之间的差别只是随时间线性扩大。这种较慢的离异使得实际上的运动对初值不特别敏感因而实际上可以预测。

对决定论系统的这种认识是对传统的物理学思维习惯的一次巨大冲击。它表明在自然界中,**决定与混乱(或随机)并存**而且紧密互相联系。牛顿力学长期以来只是对理想世界(包括物理教科书中那些典型的例子)作了理想的描述,向人们灌输了力学现象普遍存在着决定论的可预测性的思想。混沌现象的发现和研究,使人们认识到这样的"理想世界"只对应于自然界中实际的力学系统的很小一部分。教科书中那些"典型的"例子,对整个自然界来说,并不典型,由它们得出的结论并不适用于更大范围的自然界。对这更大范围的自然界,必须用新的思想和方法加以重新认识和研究,以便找出适用于它们的新的规律。

对混沌现象的研究目前不但在自然科学领域受到人们的极大关注,而且已扩展到人文学科,如经济学、社会学等领域。

提 要

1. 牛顿运动定律:

第一定律   惯性和力的概念,惯性系的定义。

第二定律 $F = \dfrac{\mathrm{d}p}{\mathrm{d}t}$, $p = mv$

当 m 为常量时,$F = ma$

第三定律 $F_{12} = -F_{21}$,同时存在,分别作用,方向相反,大小相等。

力的叠加原理 $F = F_1 + F_2 + \cdots$,相加用平行四边形法则或三角形定则。

2. 常见的几种力:

重力 $W = mg$

弹性力   接触面间的压力和绳的张力

弹簧的弹力 $f = -kx$,k 为劲度系数

摩擦力   滑动摩擦力 $f_k = \mu_k N$,μ_k 为滑动摩擦系数

静摩擦力 $f_s \leqslant \mu_s N$,μ_s 为静摩擦系数

流体阻力 $f_d = kv$ 或 $f_d = \dfrac{1}{2} C\rho A v^2$,$C$ 为曳引系数

表面张力 $F = \gamma l$,γ 为表面张力系数

***3. 基本自然力**:引力、弱力、电磁力、强力(弱力和电磁力已经统一)。

4. 用牛顿定律解题"三字经":认物体,看运动,查受力(画示力图),列方程(一般用分量式)。

5. 惯性力:在非惯性系中引入的和参考系本身的加速运动相联系的力。

在平动加速参考系中 $F_i = -ma_0$

在转动参考系中   惯性离心力 $F_i = m\omega^2 r$

***6. 混沌**:非线性系统产生的现象,受牛顿力学决定论支配,但演变不可预测。混沌现象的基本特征是对初值的极端敏感性。

思 考 题

2.1   没有动力的小车通过弧形桥面(图 2.17)时受几个力的作用? 它们的反作用力作用在哪里? 若 m 为车的质量,车对桥面的压力是否等于 $mg\cos\theta$? 小车能否作匀速率运动?

2.2　有一单摆如图 2.18 所示。试在图中画出摆球到达最低点 P_1 和最高点 P_2 时所受的力。在这两个位置上,摆线中张力是否等于摆球重力或重力在摆线方向的分力?如果用一水平绳拉住摆球,使之静止在 P_2 位置上,线中张力多大?

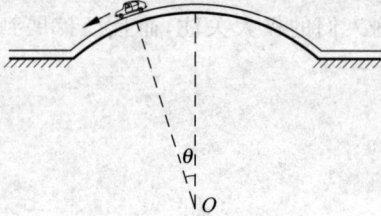

图 2.17　思考题 2.1 用图　　　　　　图 2.18　思考题 2.2 用图

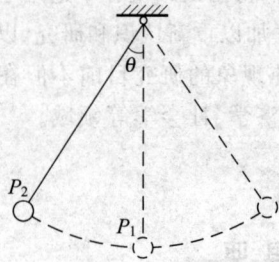

2.3　有一个弹簧,其一端连有一小铁球,你能否做一个在汽车内测量汽车加速度的"加速度计"?根据什么原理?

2.4　当歼击机由爬升转为俯冲时(图 2.19(a)),飞行员会由于脑充血而"红视"(视场变红);当飞行员由俯冲拉起时(图 2.19(b)),飞行员由于脑失血而"黑晕"(视觉模糊)。这是为什么?若飞行员穿上一种 G 套服(把身躯和四肢肌肉缠得紧紧的一种衣服),当飞行员由俯冲拉起时,他能经得住相当于 $5g$ 的力而避免黑晕,但飞行开始俯冲时,最多经得住 $-2g$ 而仍免不了红视。这又是为什么?(定性分析。)

(a)　　　　　　　　　　　　(b)

图 2.19　思考题 2.4 用图

2.5　用天平测出的物体的质量,是引力质量还是惯性质量?两汽车相撞时,其撞击力的产生是源于引力质量还是惯性质量?

*2.6　在门窗都关好的开行的汽车内,漂浮着一个氢气球,当汽车向左转弯时,氢气球在车内将向左运动还是向右运动?

*2.7　设想在地球北极装置一个单摆(图 2.20)。令其摆动后,则会发现其摆动平面,即摆线所扫过的平面,按顺时针方向旋转。摆球受到垂直于这平面的作用力了吗?为什么这平面会旋转?试用惯性系和非惯性系概念解释这个现象。

2.8　小心缓慢地持续向玻璃杯内倒水,可以使水面鼓出杯口一定高度而不溢流。为什么可能这样?

2.9　不太严格地说,一物体所受重力就是地球对它的引力。据此,联立式(2.7)和式(2.17)导出以引力常量 G、地球质量 M 和地球半径 R 表示的重力加速度 g 的表示式。

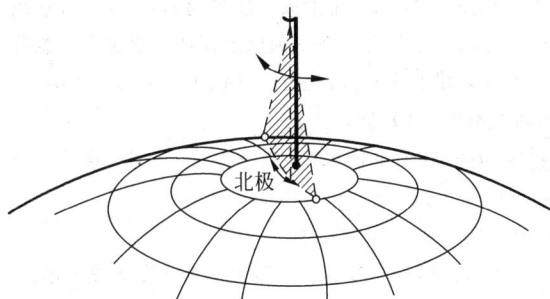

图 2.20　思考题 2.7 用图

习题

2.1　用力 **F** 推水平地面上一质量为 *M* 的木箱(图 2.21)。设力 **F** 与水平面的夹角为 θ，木箱与地面间的滑动摩擦系数和静摩擦系数分别为 μ_k 和 μ_s。

(1) 要推动木箱，*F* 至少应多大？此后维持木箱匀速前进，*F* 应需多大？

(2) 证明当 θ 大于某一值时，无论用多大的力 *F* 也不能推动木箱。此 θ 是多大？

2.2　设质量 $m = 0.50$ kg 的小球挂在倾角 $\theta = 30°$ 的光滑斜面上(图 2.22)。

(1) 当斜面以加速度 $a = 2.0$ m/s^2 沿如图所示的方向运动时，绳中的张力及小球对斜面的正压力各是多大？

(2) 当斜面的加速度至少为多大时，小球将脱离斜面？

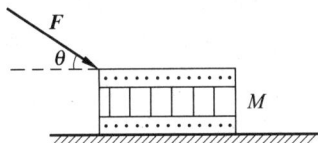

图 2.21　习题 2.1 用图

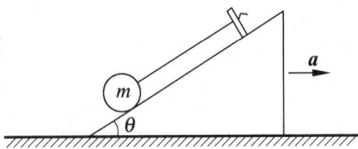

图 2.22　习题 2.2 用图

2.3　一架质量为 5000 kg 的直升机吊起一辆 1500 kg 的汽车以 0.60 m/s^2 的加速度向上升起。

(1) 空气作用在螺旋桨上的上举力多大？

(2) 吊汽车的缆绳中张力多大？

2.4　如图 2.23 所示，一个擦窗工人利用滑轮-吊桶装置上升。

(1) 要自己慢慢匀速上升，他需要用多大力拉绳？

(2) 如果他的拉力增大 10%，他的加速度将多大？设人和吊桶的总质量为 75 kg。

2.5　在一水平的直路上，一辆车速 $v = 90$ km/h 的汽车的刹车距离 $s = 35$ m。如果路面相同，只是有 1:10 的下降斜度，这辆汽车的刹车距离将变为多少？

2.6　桌上有一质量 $M = 1.50$ kg 的板，板上放一质量 $m = 2.45$ kg 的另一物体。设物体与板、板与桌面之间的摩擦系数均为 $\mu = 0.25$。要将板从物体下面抽出，至少需要多大的水平力？

图 2.23　习题 2.4 用图

2.7 如图 2.24 所示,在一质量为 M 的小车上放一质量为 m_1 的物块,它用细绳通过固定在小车上的滑轮与质量为 m_2 的物块相连,物块 m_2 靠在小车的前壁上而使悬线竖直。忽略所有摩擦。

(1) 当用水平力 $\boldsymbol{F}$ 推小车使之沿水平桌面加速前进时,小车的加速度多大?

(2) 如果要保持 m_2 的高度不变,力 $\boldsymbol{F}$ 应多大?

2.8 如图 2.25 所示,质量 $m=1200$ kg 的汽车,在一弯道上行驶,速率 $v=25$ m/s。弯道的水平半径 $R=400$ m,路面外高内低,倾角 $\theta=6°$。

(1) 求作用于汽车上的水平法向力与摩擦力。

(2) 如果汽车轮与轨道之间的静摩擦系数 $\mu_s=0.9$,要保证汽车无侧向滑动,汽车在此弯道上行驶的最大允许速率应是多大?

图 2.24 习题 2.7 用图

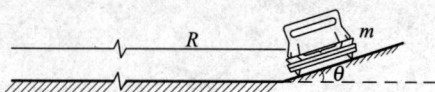

图 2.25 习题 2.8 用图

2.9 铁路经过我家后岭时有一圆弧弯道,在弯道起始处有一块路碑,上面写着"缓和长 40,半径 300,超高 40,加宽 15",其中"半径"是指圆弧半径 R(m),"超高"是指铁道外、内轨的高度差 h(mm),"加宽"是指外、内轨顶部中线间距 l(mm)比标准轨距(1435 mm)加宽的距离,"缓和长"是指铁道从直线到弧线间的过渡距离 s(m)。

为了安全行车和避免乘客不适,要求车厢在圆弧段开行时,其中乘客所受惯性离心力 f(在车厢中观察的)和他所受重力沿水平面的分力之差不能超过其重力的 4%(图 2.26)。根据这一要求和路碑上所示数据,求火车驶过弯道时的最大允许速率(km/h)。

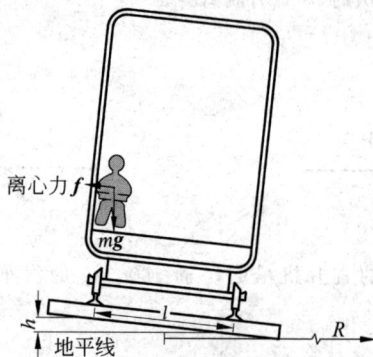

图 2.26 火车厢在圆弧轨道上开行

2.10 现已知木星有 16 个卫星,其中 4 个较大的是伽利略用他自制的望远镜在 1610 年发现的(图 2.27)。这 4 个"伽利略卫星"中最大的是木卫三,它到木星的平均距离是 $1.07×10^6$ km,绕木星运行的周期是 7.16 d。试由此求出木星的质量。忽略其他卫星的影响。

2.11 星体自转的最大转速发生在其赤道上的物质所受向心力正好全部由引力提供之时。

(1) 证明星体可能的最小自转周期为 $T_{\min}=\sqrt{3\pi/(G\rho)}$,其中 ρ 为星体的密度。

(2) 行星密度一般约为 $3.0×10^3$ kg/m³,求其可能最小自转周期。

(3) 有的中子星自转周期为 1.6 ms,若它的半径为 10 km,则该中子星的质量至少多大(以太阳质量为单位)?

2.12 设想一个三星系统:三个质量都是 M 的星球稳定地沿同一圆形轨道运动,轨道半径为 R,求此

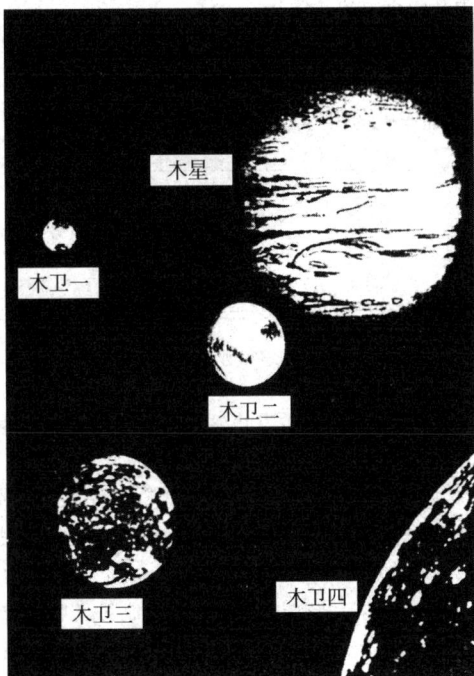

图 2.27　木星和它的最大的 4 个卫星

系统的运行周期。

2.13　光滑的水平桌面上放置一固定的圆环带,半径为 R。一物体贴着环带内侧运动(图 2.28),物体与环带间的滑动摩擦系数为 μ_k。设物体在某一时刻经 A 点时速率为 v_0,求此后 t 时刻物体的速率以及从 A 点开始所经过的路程。

2.14　一台超级离心机的转速为 5×10^4 r/min,其试管口离转轴 2.00 cm,试管底离转轴 10.0 cm (图 2.29)。

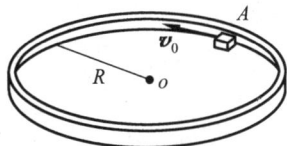

图 2.28　习题 2.13 用图

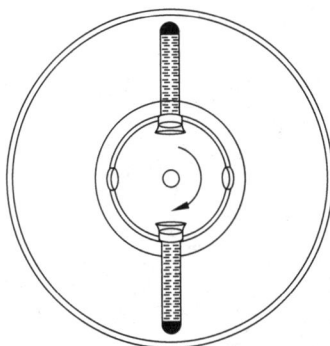

图 2.29　习题 2.14 用图

(1) 求管口和管底的向心加速度各是 g 的几倍。

(2) 如果试管装满 12.0 g 的液体样品,管底所承受的压力多大? 相当于几吨物体所受重力?

(3) 在管底一个质量为质子质量 10^5 倍的大分子受的惯性离心力多大?

2.15　直九型直升机的每片旋翼长 5.97 m。若按宽度一定、厚度均匀的薄片计算,求旋翼以 400 r/min 的转速旋转时,其根部受的拉力为其受重力的几倍?

2.16 如图 2.30 所示,一个质量为 m_1 的物体拴在长为 L_1 的轻绳上,绳的另一端固定在一个水平光滑桌面的钉子上。另一物体质量为 m_2,用长为 L_2 的绳与 m_1 连接。二者均在桌面上作匀速圆周运动,假设 m_1,m_2 的角速度为 ω,求各段绳子上的张力。

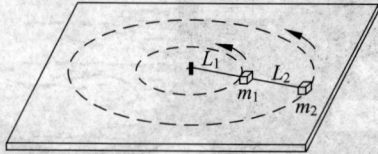

图 2.30 习题 2.16 用图

2.17 在刹车时卡车有一恒定的减速度 $a = 7.0 \text{ m/s}^2$。刹车一开始,原来停在上面的一个箱子就开始滑动,它在卡车车厢上滑动了 $l = 2 \text{ m}$ 后撞上了车厢的前帮。问此箱子撞上前帮时相对卡车的速率为多大?设箱子与车厢底板之间的滑动摩擦系数 $\mu_k = 0.50$。请试用车厢参考系列式求解。

*2.18 **平流层信息平台**是目前正在研制的一种多用途通信装置。它是在 $20 \sim 40 \text{ km}$ 高空的平流层内放置的充氦飞艇,其上装有信息转发器可进行各种信息传递。由于平流层内有比较稳定的东向或西向气流,所以要固定这种飞艇的位置需要在其上装推进器以平衡气流对飞艇的推力。一种飞艇的设计直径为 50 m,预定放置处的空气密度为 0.062 kg/m^3,风速取 40 m/s,空气阻力系数取 0.016,求固定该飞艇所需要的推进器的推力。如果该推进器的推力效率为 10 mN/W,则该推进器所需的功率多大?(能源可以是太阳能。)

2.19 一种简单的测量水的表面张力系数的方法如下。在一弹簧秤下端吊一只细圆环,先放下圆环使之浸没于水中,然后慢慢提升弹簧秤。待圆环被拉出水面一定高度时,可见接在圆环下面形成了一段环形水膜。这时弹簧秤显示出一定的向上的拉力(图 2.31)。以 r 表示细圆环的半径,以 m 表示其质量,以 F 表示弹簧秤显示的拉力的大小。试证明水的表面张力系数可利用下式求出:

$$\gamma = \frac{F - mg}{4\pi r}$$

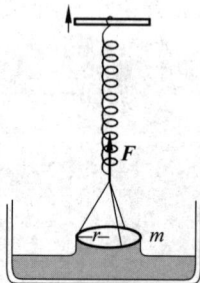

图 2.31 习题 2.19 用图

第 3 章

动 量 与 角 动 量

第 2章介绍了牛顿第二定律,主要是用加速度表示的式(2.3)的形式。该式表示了力和受力物体的加速度的关系,那是一个**瞬时关系**,即与力作用的同时物体所获得的加速度和此力的关系。实际上,力对物体的作用总要延续一段或长或短的时间。在很多问题中,在这段时间内,力的变化复杂,难于细究,而我们又往往只关心在这段时间内力的作用的总效果。这时我们将直接利用式(2.2)表示的牛顿第二定律形式,而把它改写为微分形式并称之为动量定理。本章首先介绍动量定理,通过把这一定理应用于质点系,导出了一条重要的守恒定律——动量守恒定律。然后对于质点系,引入了**质心**的概念,并说明了外力和质心运动的关系。后面几节介绍了和动量概念相联系的描述物体转动特征的重要物理量——角动量,在牛顿第二定律的基础上导出了角动量变化率和外力矩的关系——角动量定理,并进一步导出了另一条重要的守恒定律——角动量守恒定律。

3.1 冲量与动量定理

把牛顿第二定律式(2.2)写成微分形式,即

$$\boldsymbol{F}\mathrm{d}t=\mathrm{d}\boldsymbol{p} \tag{3.1}$$

式中,乘积 $\boldsymbol{F}\mathrm{d}t$ 叫作在 $\mathrm{d}t$ 时间内质点所受合外力的**冲量**。此式表明,在 $\mathrm{d}t$ 时间内质点所受合外力的冲量等于在同一时间内质点的动量的增量。这一表示在一段时间内,外力作用的总效果的关系式叫作**动量定理**。

如果将式(3.1)对 t_0 到 t' 这段有限时间积分,则有

$$\int_{t_0}^{t'}\boldsymbol{F}\mathrm{d}t=\int_{p_0}^{p'}\mathrm{d}\boldsymbol{p}=\boldsymbol{p}'-\boldsymbol{p}_0 \tag{3.2}$$

左侧积分表示在 t_0 到 t' 这段时间内合外力的冲量,以 $\boldsymbol{I}$ 表示此冲量,即

$$\boldsymbol{I}=\int_{t_0}^{t'}\boldsymbol{F}\mathrm{d}t$$

则式(3.2)可写成

$$\boldsymbol{I}=\boldsymbol{p}'-\boldsymbol{p}_0 \tag{3.3}$$

式(3.2)和式(3.3)是动量定理的积分形式,它表明,质点在 t_0 到 t' 这段时间内所受的合外力的冲量等于质点在同一时间内的动量的增量。值得注意的是,要产生同样的动量增量,

3-1

3-2

力大力小都可以：力大，时间可短些；力小，时间需长些。只要外力的冲量一样，就产生同样的动量增量。

动量定理常用于碰撞过程，碰撞一般泛指物体间相互作用时间很短的过程。在这一过程中，相互作用力往往很大而且随时间改变。这种力通常叫**冲力**。例如，球拍反击乒乓球的力，两汽车相撞时的相互撞击的力都是冲力。图 3.1 是清华大学汽车碰撞实验室做汽车撞击固定壁的实验照片与相应的冲力大小随时间的变化曲线。

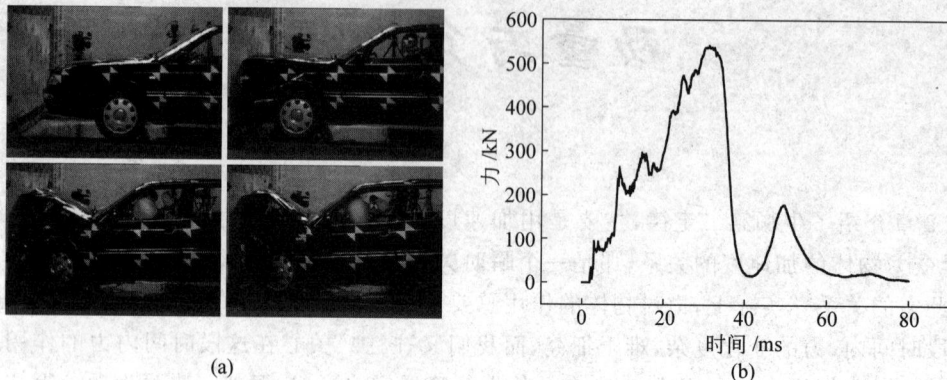

图 3.1 汽车撞击固定壁实验中汽车受壁的冲力

(a) 实验照片；(b) 冲力-时间曲线

对于短时间 Δt 内冲力的作用，常常把式(3.2)改写成

$$\overline{\boldsymbol{F}} \Delta t = \Delta \boldsymbol{p} \tag{3.4}$$

式中，$\overline{\boldsymbol{F}}$ 是**平均冲力**，即冲力对时间的平均值。平均冲力只是根据物体动量的变化计算出的平均值，它和实际的冲力的极大值可能有较大的差别，因此它不足以完全说明碰撞所可能引起的破坏性。

例 3.1 汽车碰撞实验。 在一次碰撞实验中，一质量为 1200 kg 的汽车垂直冲向一固定壁，碰撞前速率为 15.0 m/s，碰撞后以 1.50 m/s 的速率退回，碰撞时间为 0.120 s。试求：(1)汽车受壁的冲量；(2)汽车受壁的平均冲力。

解 以汽车碰撞前的速度方向为正方向，则碰撞前汽车的速度 $v=15.0$ m/s，碰撞后汽车的速度 $v'=-1.50$ m/s，而汽车质量 $m=1200$ kg。

(1)由动量定理知汽车受壁的冲量为

$$
\begin{aligned}
I &= p' - p = mv' - mv = (1200 \times (-1.50) - 1200 \times 15.0) \text{N} \cdot \text{s} \\
&= -1.98 \times 10^4 \text{N} \cdot \text{s}
\end{aligned}
$$

(2)由于碰撞时间 $\Delta t = 0.120$ s，所以汽车受壁的平均冲力为

$$\overline{F} = \frac{I}{\Delta t} = \frac{-1.98 \times 10^4}{0.120} \text{kN} = -165 \text{kN}$$

上两个结果的负号表明，汽车所受壁的冲量和平均冲力的方向都和汽车碰前的速度方向相反。

平均冲力的大小为 165 kN，约为汽车本身质量的 14 倍，瞬时最大冲力还要比这大得多。

例 3.2 棒击垒球。 一个质量 $m=140$ g 的垒球以 $v=40$ m/s 的速率沿水平方向飞向击球手，被击后它以相同速率沿 $\theta=60°$ 的仰角飞出，求垒球受棒的平均打击力。设球和棒的接触时间 $\Delta t = 1.2$ ms。

解 本题可用式(3.4)求解。由于该式是矢量式,所以可以用分量式求解,也可直接用矢量关系求解。下面分别给出两种解法。

(1)用分量式求解。已知 $v_1 = v_2 = v$,选如图 3.2 所示的坐标系,利用式(3.4)的分量式,由于 $v_{1x} = -v, v_{2x} = v\cos\theta$,可得垒球受棒的平均打击力的 x 轴方向分量为

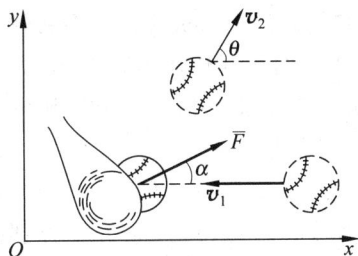
图 3.2 例 3.2 解法(1)图示

$$\overline{F}_x = \frac{\Delta p_x}{\Delta t} = \frac{mv_{2x} - mv_{1x}}{\Delta t} = \frac{mv\cos\theta - m(-v)}{\Delta t}$$

$$= \frac{0.14 \times 40 \times (\cos 60° + 1)}{1.2 \times 10^{-3}} \text{ N} = 7.0 \times 10^3 \text{ N}$$

又由于 $v_{1y} = 0, v_{2y} = v\sin\theta$,可得此平均打击力的 y 轴方向分量为

$$\overline{F}_y = \frac{\Delta p_y}{\Delta t} = \frac{mv_{2y} - mv_{1y}}{\Delta t} = \frac{mv\sin\theta}{\Delta t}$$

$$= \frac{0.14 \times 40 \times 0.866}{1.2 \times 10^{-3}} \text{ N} = 4.0 \times 10^3 \text{ N}$$

球受棒的平均打击力的大小为

$$\overline{F} = \sqrt{\overline{F}_x^2 + \overline{F}_y^2} = 10^3 \times \sqrt{7.0^2 + 4.0^2} \text{ N} = 8.1 \times 10^3 \text{ N}$$

以 α 表示此力与水平方向的夹角,则

$$\tan\alpha = \frac{\overline{F}_y}{\overline{F}_x} = \frac{4.0 \times 10^3}{7.0 \times 10^3} = 0.57$$

由此得

$$\alpha = 30°$$

(2)直接用矢量公式(3.4)求解。按式(3.4) $m\boldsymbol{v}_2, m\boldsymbol{v}_1$ 以及 $\overline{F}\Delta t$ 形成如图 3.3 中的矢量三角形,其中 $mv_2 = mv_1 = mv$。由等腰三角形可知,$\overline{F}$ 与水平面的夹角 $\alpha = \theta/2 = 30°$,且 $\overline{F}\Delta t = 2mv\cos\alpha$,于是

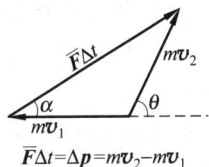
图 3.3 例 3.2 解法(2)图示

$$\overline{F} = \frac{2mv\cos\alpha}{\Delta t} = \frac{2 \times 0.14 \times 40 \times \cos\alpha}{1.2 \times 10^{-3}} \text{ N} = 8.1 \times 10^3 \text{ N}$$

注意,此打击力约为垒球自重的 5900 倍!

例 3.3 火车运煤。 一辆装煤车以 $v = 3$ m/s 的速率从煤斗下面通过(图 3.4),每秒钟落入车厢的煤为 $\Delta m = 500$ kg。如果使车厢的速率保持不变,应用多大的牵引力拉车厢?(车厢与钢轨间的摩擦忽略不计。)

解 先考虑煤落入车厢后运动状态的改变。如图 3.4 所示,以 dm 表示在 dt 时间内落入车厢的煤的质量。它在车厢对它的力 $\boldsymbol{f}$ 带动下在 dt 时间内沿 x 轴方向的速率由零增加到与车厢速率 v 相同,而动量由零增加到 $dm \cdot v$。由动量定理式(3.1)得,对 dm 在 x 轴方向,应有

$$f dt = dp = dm \cdot v \tag{3.5}$$

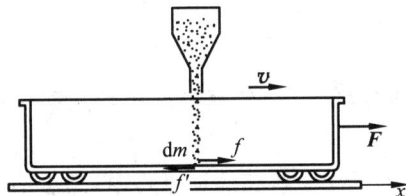
图 3.4 煤 dm 落入车厢被带走

对于车厢,在此 dt 时间内,它受到水平拉力 $\boldsymbol{F}$ 和煤 dm 对它的反作用力 $\boldsymbol{f}'$ 的作用。此二力的合力沿 x 轴方向,为 $\boldsymbol{F} - \boldsymbol{f}'$。由于车厢速度不变,所以动量也不变,式(3.1)给出

$$(F - f')dt = 0 \tag{3.6}$$

由牛顿第三定律

$$f' = f \tag{3.7}$$

联立解式(3.5)、式(3.6)和式(3.7)可得

$$F = \frac{dm}{dt} \cdot v$$

以 $dm/dt = 500$ kg/s,$v = 3$ m/s 代入得

$$F = 500 \times 3 \text{ N} = 1.5 \times 10^3 \text{ N}$$

3.2 动量守恒定律

3-3

在一个问题中,如果我们考虑的对象包括几个物体,则它们总体上常被称为一个**物体系统**或简称**系统**。系统外的其他物体统称**外界**。系统内各物体间的相互作用力称为**内力**,外界物体对系统内任意一物体的作用力称为**外力**。例如,把地球与月球看作一个系统,则它们之间的相互作用力称为内力,而系统外的物体如太阳以及其他行星对地球或月球的引力都是外力。本节讨论一个系统的动量变化的规律。

先讨论由两个质点组成的系统。设这两个质点的质量分别为 m_1, m_2。它们除分别受到相互作用力(内力)f 和 f' 外,还受到系统外其他物体的作用力(外力)F_1, F_2,如图 3.5 所示。分别对两质点写出动量定理式(3.1),得

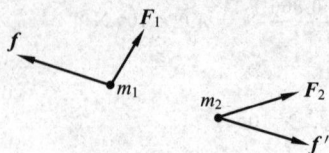

$$(F_1 + f)\mathrm{d}t = \mathrm{d}p_1, \quad (F_2 + f')\mathrm{d}t = \mathrm{d}p_2$$

图 3.5 两个质点的系统

将这二式相加,可以得

$$(F_1 + F_2 + f + f')\mathrm{d}t = \mathrm{d}p_1 + \mathrm{d}p_2$$

由于系统内力是一对作用力和反作用力,根据牛顿第三定律,得 $f = -f'$ 或 $f + f' = 0$,因此上式给出

$$(F_1 + F_2)\mathrm{d}t = \mathrm{d}(p_1 + p_2)$$

如果系统包含两个以上质点,可仿照上述步骤对各个质点(第 i 个质点)写出牛顿运动定律公式,再相加。由于系统的各个内力总是以作用力和反作用力的形式成对出现的,所以它们的矢量总和等于零。因此,一般地又可得到

$$\left(\sum_i F_i \right) \mathrm{d}t = \mathrm{d}\left(\sum_i p_i \right) \tag{3.8}$$

其中,$\sum\limits_i F_i$ 为系统受的合外力,$\sum\limits_i p_i$ 为系统的总动量。式(3.8)表明,系统的**总动量**随时间的变化率等于该系统所受的**合外力**。内力能使系统内各质点的动量发生变化,但它们对系统的总动量没有影响。(注意:"合外力"和"总动量"都是**矢量和**!)

如果在式(3.8)中,$\sum\limits_i F_i = 0$,立即可以得到 $\mathrm{d}\left(\sum\limits_i p_i \right) = 0$,或

$$\sum_i p_i = \sum_i m_i v_i = 常矢量, \quad \sum_i F_i = 0 \tag{3.9}$$

这就是说当一个质点系不受外力或所受的合外力为零时,这一质点系的总动量就保持不变。这一结论叫作**动量守恒定律**。

一个不受外界影响的系统,常被称为**孤立系统**。一个孤立系统在运动过程中,其总动量一定保持不变。这也是动量守恒定律的一种表述形式。

应用动量守恒定律分析解决问题时,应该注意以下几点。

(1) 系统动量守恒的条件是合外力为零,即 $\sum\limits_i F_i = 0$。但在外力比内力小得多的情况下,外力对质点系的总动量变化影响甚小,这时可以认为近似满足守恒条件,也就可以近似地应用动量守恒定律。例如两物体的碰撞过程,由于相互撞击的内力往往很大,所以此时即使有摩擦力或重力等外力,也常可忽略它们,而认为系统的总动量守恒。又如爆炸过程也属

于内力远大于外力的过程,也可以认为在此过程中系统的总动量守恒。

(2) 动量守恒表示式(3.9)是矢量关系式。在实际问题中,常应用其分量式,即如果系统沿某一方向所受的合外力为零,则该系统沿此方向的总动量的分量守恒。例如,一个物体在空中爆炸后碎裂成几块,在忽略空气阻力的情况下,这些碎块受到的外力只有竖直向下的重力,因此它们的总动量在水平方向的分量是守恒的。

(3) 由于我们是用牛顿定律导出动量守恒定律的,所以它只适用于惯性系。

以上我们从牛顿定律出发导出了以式(3.9)表示的动量守恒定律。应该指出,更普遍的动量守恒定律并不依靠牛顿定律。动量概念不仅适用于以速度v运动的质点或粒子,而且也适用于电磁场,只是对于后者,其动量不再能用mv这样的形式表示。考虑包括电磁场在内的系统所发生的过程时,其总动量必须也把电磁场的动量计算在内。不但对可以用作用力和反作用力描述其相互作用的质点系所发生的过程,动量守恒定律成立;而且,大量实验表明,对其内部的相互作用不能用力的概念描述的系统所发生的过程,如光子和电子的碰撞,光子转化为电子,电子转化为光子等过程,只要系统不受外界影响,它们的动量都是守恒的。动量守恒定律实际上是关于自然界的一切物理过程的一条最基本的定律。

例 3.4　冲击摆。如图 3.6 所示,一质量为 M 的物体被静止悬挂着,今有一质量为 m 的子弹沿水平方向以速度 v 射中物体并停留在其中。求子弹刚停在物体内时物体的速度。

解　由于子弹从射入物体到停在其中所经历的时间很短,所以在此过程中物体基本上未动而停在原来的平衡位置。于是对子弹和物体这一系统,在子弹射入这一短暂过程中,它们所受的水平方向的外力为零,因此水平方向的动量守恒。设子弹刚停在物体中时物体的速度为 V,则此系统此时的水平总动量为 $(m+M)V$。由于子弹射入前此系统的水平总动量为 mv,所以有

$$mv = (m+M)V$$

由此得

$$V = \frac{m}{m+M}v$$

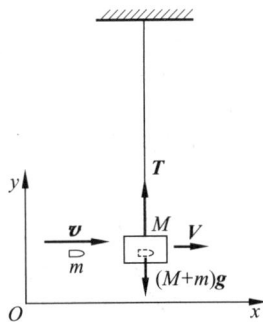

图 3.6　例 3.4 用图

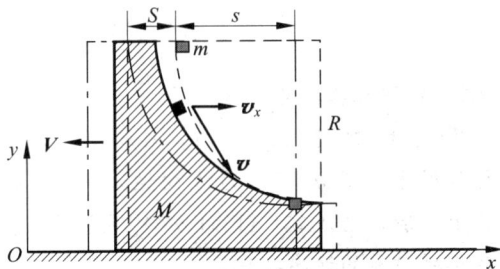

图 3.7　例 3.5 用图

例 3.5　反向滑动。如图 3.7 所示,一个有 1/4 圆弧滑槽的大物体的质量为 M,停在光滑的水平面上,另一质量为 m 的小物体自圆弧顶点由静止下滑。求当小物体 m 滑到底时,大物体 M 在水平面上移动的距离。

解　选如图 3.7 所示的坐标系,取 m 和 M 为系统。在 m 下滑过程中,在水平方向上,系统所受的合外力为零,因此水平方向上的动量守恒。由于系统的初动量为零,所以,如果以 v 和 V 分别表示下滑过程

中任一时刻 m 和 M 的速度,则应该有

$$0 = mv_x + M(-V)$$

因此对任一时刻都应该有

$$mv_x = MV$$

就整个下落的时间 t 对此式积分,有

$$m\int_0^t v_x \mathrm{d}t = M\int_0^t V\mathrm{d}t$$

以 s 和 S 分别表示 m 和 M 在水平方向移动的距离,则有

$$s = \int_0^t v_x \mathrm{d}t, \quad S = \int_0^t V\mathrm{d}t$$

因而有

$$ms = MS$$

又因为位移的相对性,有 $s = R - S$,将此关系代入上式,即可得

$$S = \frac{m}{m+M}R$$

值得注意的是,此距离值与弧形槽面是否光滑无关,只要 M 下面的水平面光滑就行了。

例 3.6　放射性衰变。原子核 ^{147}Sm 是一种放射性核,它衰变时放出一 α 粒子,自身变成 ^{143}Nd 核。已测得一静止的 ^{147}Sm 核放出的 α 粒子的速率是 1.04×10^7 m/s,求 ^{143}Nd 核的反冲速率。

解　以 M_0 和 $V_0(V_0=0)$ 分别表示 ^{147}Sm 核的质量和速率,以 M 和 V 分别表示 ^{143}Nd 核的质量和速率,以 m 和 v 分别表示 α 粒子的质量和速率,V 和 v 的方向如图 3.8 所示,以 ^{147}Sm 核为系统。由于衰变只是 ^{147}Sm 核内部的现象,所以动量守恒。结合图 3.8 所示坐标的方向,应有 V 和 v 方向相反,其大小之间的

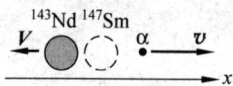

图 3.8　^{147}Sm 衰变

关系为

$$M_0 V_0 = M(-V) + mv$$

由此解得 ^{143}Nd 核的反冲速率应为

$$V = \frac{mv - M_0 V_0}{M} = \frac{(M_0 - M)v - M_0 V_0}{M}$$

代入数值得

$$V = \frac{(147-143) \times 1.04 \times 10^7 - 147 \times 0}{143} \text{ m/s} = 2.91 \times 10^5 \text{ m/s}$$

例 3.7　粒子碰撞。在一次 α 粒子散射过程中,α 粒子(质量为 m)和静止的氧原子核(质量为 M)发生"碰撞"(图 3.9)。实验测出碰撞后 α 粒子沿与入射方向成 $\theta = 72°$ 的方向运动,而氧原子核沿与 α 粒子入射方向成 $\beta = 41°$ 的方向"反冲"。求 α 粒子碰撞后与碰撞前的速率之比。

解　粒子的这种"碰撞"过程,实际上是它们在运动中相互靠近,继而由于相互斥力的作用又相互分离的过程。考虑由 α 粒子和氧原子核组成的系统。由于整个过程中仅有内力作用,所以系统的动量守恒。设 α 粒子碰撞前、后速度分别为 v_1、v_2,氧核碰撞后速度为 V。选如图 3.9 所示坐标系,令 x 轴平行于 α 粒子的入射方向。根据动量守恒的分量式,有

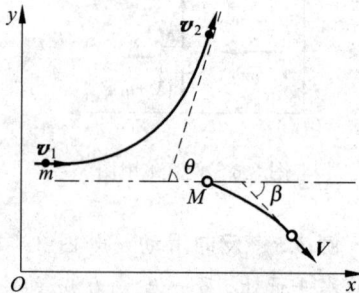

图 3.9　例 3.7 用图

x 向

$$m v_2 \cos \theta + M V \cos \beta = m v_1$$

y 向

$$m v_2 \sin \theta - M V \sin \beta = 0$$

两式联立可解出

$$v_1 = v_2 \cos \theta + \frac{v_2 \sin \theta}{\sin \beta} \cos \beta = \frac{v_2}{\sin \beta} \sin(\theta + \beta)$$

$$\frac{v_2}{v_1} = \frac{\sin \beta}{\sin(\theta + \beta)} = \frac{\sin 41°}{\sin(72° + 41°)} = 0.71$$

即 α 粒子碰撞后的速率约为碰撞前速率的 71%。

3.3 火箭飞行原理

火箭是一种利用燃料燃烧后喷出的气体产生的反冲推力的发动机。它自带燃料与助燃剂，因而可以在空间任何地方发动。火箭技术在近代有很大的发展，火箭炮以及各种各样的导弹都利用火箭发动机作动力，空间技术的发展更以火箭技术为基础。各式各样的人造地球卫星、飞船和空间探测器都是靠火箭发动机发射并控制航向的。

火箭飞行原理分析如下。为简单起见，设火箭在自由空间飞行，即它不受引力或空气阻力等任何外力的影响。如图 3.10 所示，把某时刻 t 的火箭(包括火箭体和其中尚存的燃料)作为研究的系统，其总质量为 M，以 v 表示此时刻火箭的速率，则此时刻系统的总动量为 Mv(沿空间坐标 x 轴正向)。此后经过 dt 时间，火箭喷出质量为 dm 的气体，其喷出速率相对于火箭体为定值 u。在 $t+dt$ 时刻，火箭体的速率增为 $v+dv$。在此时刻系统的总动量为

$$dm \cdot (v - u) + (M - dm)(v + dv)$$

由于喷出气体的质量 dm 等于火箭质量的减小，即 $-dM$，所以上式可写为

$$-dM \cdot (v - u) + (M + dM)(v + dv)$$

由动量守恒定律可得

$$-dM \cdot (v - u) + (M + dM)(v + dv) = Mv$$

展开此等式，略去二阶无穷小量 $dM \cdot dv$，可得

$$u \, dM + M \, dv = 0$$

或者

$$dv = -u \frac{dM}{M}$$

设火箭点火时质量为 M_i，初速为 v_i，燃料烧完后火箭质量为 M_f，达到的末速度为 v_f，对上式积分则有

$$\int_{v_i}^{v_f} dv = -u \int_{M_i}^{M_f} \frac{dM}{M}$$

由此得

$$v_f - v_i = u \ln \frac{M_i}{M_f} \tag{3.10}$$

此式表明，火箭在燃料燃烧后所增加的速率和喷气速率成正比，也与火箭的始末质量比(以下简称**质量比**)的自然对数成正比。

如果只以火箭本身作为研究的系统，以 F 表示在时间间隔 t 到 $t+dt$ 内喷出气体对火箭体(质量为 $(M-dm)$)的推力，则根据动量定理，应有

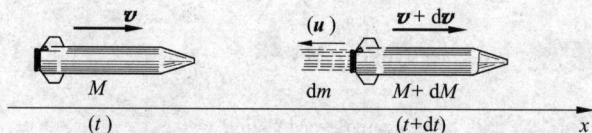

图 3.10　火箭飞行原理说明图

$$Fdt = (M - dm)[(v + dv) - v] = Mdv$$

将上面已求得的结果 $Mdv = -udM = udm$ 代入，可得

$$F = u\frac{dm}{dt} \tag{3.11}$$

此式表明，火箭发动机的推力与燃料燃烧速率 $\dfrac{dm}{dt}$ 以及喷出气体的相对速率 u 成正比。例如，一种火箭的发动机的燃烧速率为 1.38×10^4 kg/s，喷出气体的相对速率为 2.94×10^3 m/s，理论上它所产生的推力为

$$F = 2.94 \times 10^3 \times 1.38 \times 10^4 \text{ N} = 4.06 \times 10^7 \text{ N}$$

这相当于 4000 t 海轮所受的浮力！

　　为了提高火箭的末速度以满足发射地球人造卫星或其他航天器的要求，人们制造了若干单级火箭串联形成的多级火箭（通常是三级火箭）。

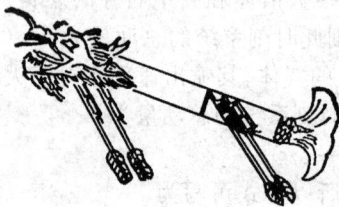

图 3.11　"火龙出水"火箭

　　火箭最早是中国发明的。我国南宋时出现了作烟火玩物的"起火"，其后就出现了利用起火推动的翎箭。明代茅元仪著的《武备志》(1621 年)中记有利用火药发动的"多箭头"(10~100 支)的火箭，以及用于水战的叫作"火龙出水"的二级火箭(图 3.11，第二级藏在龙体内)。我国现在的火箭技术也已达到世界先进水平。例如长征三号火箭是三级大型运载火箭，全长 43.25 m，最大直径 3.35 m，起飞质量约 202 t，起飞推力为 2.8×10^3 kN。2003 年我们发射了自己的载人宇宙飞船"神舟五号"，以后我们还要登月。

3.4　质心

3-5

　　在讨论一个质点系的运动时，我们常常引入**质量中心**（简称**质心**）的概念。设一个质点系由 N 个质点组成，以 $m_1, m_2, \cdots, m_i, \cdots, m_N$ 分别表示各质点的质量，以 $r_1, r_2, \cdots, r_i, \cdots, r_N$ 分别表示各质点对某一坐标原点的位矢（图 3.12）。我们用公式

$$\boldsymbol{r}_C = \frac{\sum_i m_i \boldsymbol{r}_i}{\sum_i m_i} = \frac{\sum_i m_i \boldsymbol{r}_i}{m} \tag{3.12}$$

定义这一质点系的质心的位矢，式中 $m = \sum_i m_i$ 是质点系的总质量。作为位置矢量，质心位矢与坐标系的选

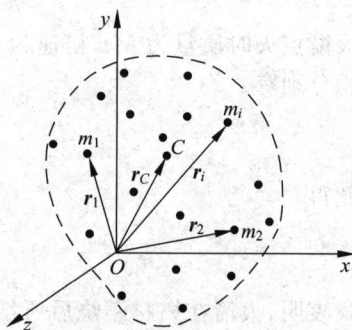

图 3.12　质心的位置矢量

择有关。但可以证明,质心相对于质点系内各质点的相对位置是不会随坐标系的选择而变化的,即质心是相对于质点系本身的一个特定位置。

利用位矢沿直角坐标系各坐标轴的分量,由式(3.12)可以得到质心坐标表示式如下:

$$\left.\begin{array}{l} x_C = \dfrac{\sum\limits_i m_i x_i}{m} \\[3mm] y_C = \dfrac{\sum\limits_i m_i y_i}{m} \\[3mm] z_C = \dfrac{\sum\limits_i m_i z_i}{m} \end{array}\right\} \tag{3.13}$$

一个大的连续物体,可以认为是由许多质点(或质元)组成的,以 $\mathrm{d}m$ 表示其中任一质元的质量,以 r 表示其位矢,则大物体的质心位置可用积分法求得,即有

$$\boldsymbol{r}_C = \frac{\int \boldsymbol{r}\,\mathrm{d}m}{\int \mathrm{d}m} = \frac{\int \boldsymbol{r}\,\mathrm{d}m}{m} \tag{3.14}$$

它的三个直角坐标分量式分别为

$$\left.\begin{array}{l} x_C = \displaystyle\int \dfrac{x\,\mathrm{d}m}{m} \\[3mm] y_C = \displaystyle\int \dfrac{y\,\mathrm{d}m}{m} \\[3mm] z_C = \displaystyle\int \dfrac{z\,\mathrm{d}m}{m} \end{array}\right\} \tag{3.15}$$

利用上述公式,可求得均匀直棒、均匀圆环、均匀圆盘、均匀球体等形体的质心就在它们的几何对称中心上。

力学上还常应用重心的概念。重心是一个物体各部分所受重力的合力作用点。可以证明,尺寸不十分大的物体,质心和重心的位置重合。

例 3.8 **地月质心**。地球质量 $M_E = 5.98 \times 10^{24}$ kg,月球质量 $M_M = 7.35 \times 10^{22}$ kg,它们的中心的距离 $l = 3.84 \times 10^5$ km(图 3.13)。求地-月系统的质心位置。

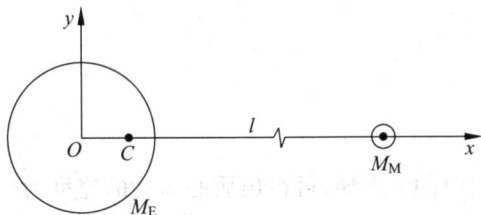

图 3.13 例 3.8 用图

解 把地球和月球都看作均匀球体,它们的质心就都在各自的球心处。这样就可以把地-月系统看作地球与月球质量分别集中在各自的球心的两个质点。选择地球中心为原点,x 轴沿着地球中心与月球中心的连线,则系统的质心坐标

$$x_C = \frac{M_E \cdot 0 + M_M \cdot l}{M_E + M_M} \approx \frac{M_M l}{M_E}$$

$$= \frac{7.35 \times 10^{22}}{5.98 \times 10^{24}} \times 3.84 \times 10^5 \ \mathrm{km} = 4.72 \times 10^3 \ \mathrm{km}$$

这就是地-月系统的质心到地球中心的距离。这一距离约为地球半径(6.37×10^3 km)的 70%,约为地球到月球距离的 1.2%。

例 3.9　半圆质心。一段均匀铁丝弯成半圆形,其半径为 R,求此半圆形铁丝的质心。

解　选如图 3.14 所示的坐标系,坐标原点为圆心。由于半圆对 y 轴对称,所以质心应该在 y 轴上。任取一小段铁丝,其长度为 $\mathrm{d}l$,质量为 $\mathrm{d}m$。以 ρ_l 表示铁丝的线密度(即单位长度铁丝的质量),则有

$$\mathrm{d}m = \rho_l \mathrm{d}l$$

根据式(3.15)可得

$$y_C = \frac{\int y \rho_l \mathrm{d}l}{m}$$

由于 $y = R\sin\theta$,$\mathrm{d}l = R\mathrm{d}\theta$,所以

$$y_C = \frac{\int_0^\pi R\sin\theta \cdot \rho_l \cdot R\mathrm{d}\theta}{m} = \frac{2\rho_l R^2}{m}$$

铁丝的总质量

$$m = \pi R \rho_l$$

代入上式就可得

$$y_C = \frac{2}{\pi}R$$

即质心在 y 轴上离圆心 $2R/\pi$ 处。注意,这一弯曲铁丝的质心**并不在铁丝上**,但它相对于铁丝的位置是确定的。

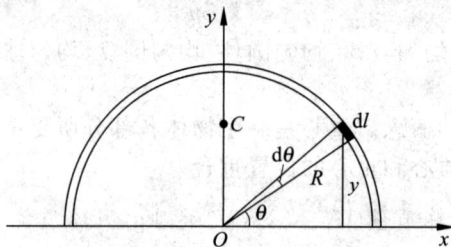

图 3.14　例 3.9 用图

3.5　质心运动定理

将式(3.12)中的 $\boldsymbol{r}_C$ 对时间 t 求导,可得出质心运动的速度为

$$\boldsymbol{v}_C = \frac{\mathrm{d}\boldsymbol{r}_C}{\mathrm{d}t} = \frac{\sum_i m_i \dfrac{\mathrm{d}\boldsymbol{r}_i}{\mathrm{d}t}}{m} = \frac{\sum_i m_i \boldsymbol{v}_i}{m} \tag{3.16}$$

由此可得

$$m\boldsymbol{v}_C = \sum_i m_i \boldsymbol{v}_i$$

上式等号右边就是质点系的总动量 $\boldsymbol{p}$,所以有

$$p = m\, v_C \tag{3.17}$$

即质点系的总动量 p 等于它的总质量与它的质心的运动速度的乘积,此乘积也称为质心的动量 p_C。这一总动量的变化率为

$$\frac{\mathrm{d}p}{\mathrm{d}t} = m\,\frac{\mathrm{d}v_C}{\mathrm{d}t} = m\,a_C$$

式中,a_C 是质心运动的加速度。由式(3.8)又可得一个质点系的质心的运动和该质点系所受的合外力 F 的关系为

$$F = \frac{\mathrm{d}p}{\mathrm{d}t} = m\,a_C \tag{3.18}$$

3-6

这一公式叫作**质心运动定理**。它表明一个质点系的质心的运动,就如同这样一个质点的运动,该质点质量等于整个质点系的质量并且集中在质心,而此质点所受的力是质点系所受的所有外力之和(实际上可能在质心位置处既无质量,又未受力)。

质心运动定理表明了"质心"这一概念的重要性。这一定理告诉我们,一个质点系内各个质点由于内力和外力的作用,它们的运动情况可能很复杂。但相对于此质点系有一个特殊的点,即质心,它的运动可能相当简单,只由质点系所受的合外力决定。例如,一颗手榴弹可以看作一个质点系。投掷手榴弹时,将看到它一边翻转,一边前进,其中各点的运动情况相当复杂。但由于它受的外力只有重力(忽略空气阻力的作用),它的质心在空中的运动却和一个质点被抛出后的运动一样,其轨迹是一个抛物线。又如高台跳水运动员离开跳台后,他的身体可以做各种优美的翻滚伸缩动作,但是他的质心却只能沿着一条抛物线运动(图 3.15)。

此外我们知道,当质点系所受的合外力为零时,该质点系的总动量保持不变。由式(3.18)可知,该质点系的质心的速度也将保持不变。因此系统的动量守恒定律也可以说成是:当一质点系所受的合外力等于零时,其质心速度保持不变。

需要指出的是,在这以前我们常常用"物体"一词来代替"质点"。在某些问题中,物体并不太小,因而不能当成质点看待,但我们还是用了牛顿定律来分析研究它们的运动。严格地说,我们是对物体用了式(3.18)那样的质心运动定理,而所分析的运动实际上是物体的质心的运动。在物体作平动的条件下,因为物体中各质点的运动相同,所以完全可以用质心的运动来代表整个物体的运动而加以研究。

图 3.15 跳水运动员的运动

例 3.10 人走船动。一质量 $m_1 = 50$ kg 的人站在一条质量 $m_2 = 200$ kg,长度 $l = 4$ m 的船的船头上。开始时船静止,试求当人走到船尾时船移动的距离。(假定水的阻力不计。)

解 对船和人这一系统,在水平方向上不受外力,因而在水平方向的质心速度不变。又因为原来质心静止,所以在人走动过程中质心始终静止,因而质心的坐标值不变。选如图 3.16 所示的坐标系,图中,C_b 表示船本身的质心,即它的中点。当人站在船的左端时,人和船这个系统的质心坐标

$$x_C = \frac{m_1 x_1 + m_2 x_2}{m_1 + m_2}$$

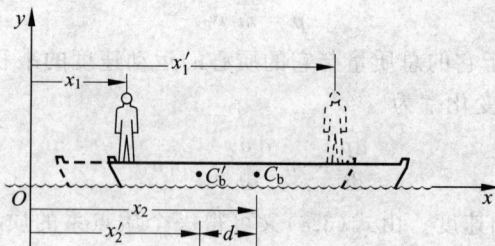

图 3.16　例 3.10 用图

当人移到船的右端时,船的质心如图 3.16 中 C_b' 所示,它向左移动的距离为 d。这时系统的质心为

$$x'_C = \frac{m_1 x_1' + m_2 x_2'}{m_1 + m_2}$$

由 $x_C = x_C'$ 可得

即

$$m_1 x_1 + m_2 x_2 = m_1 x_1' + m_2 x_2'$$

$$m_2 (x_2 - x_2') = m_1 (x_1' - x_1)$$

由图 3.16 可知

$$x_2 - x_2' = d, \quad x_1' - x_1 = l - d$$

代入上式,可解得船移动的距离为

$$d = \frac{m_1}{m_1 + m_2} l = \frac{50}{50 + 200} \times 4 \text{ m} = 0.8 \text{ m}$$

例 3.11　空中炸裂。一枚炮弹发射的初速度为 v_0,发射角为 θ,在它飞行的最高点炸裂成质量均为 m 的两部分。一部分在炸裂后竖直下落,另一部分则继续向前飞行。求这两部分的着地点以及质心的着地点。(忽略空气阻力。)

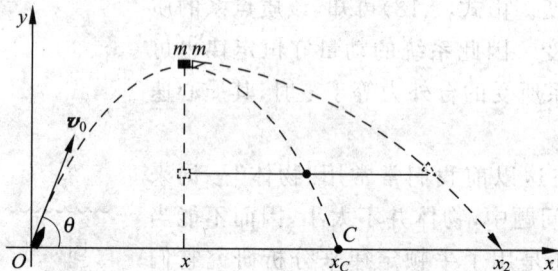

图 3.17　例 3.11 用图

解　选取如图 3.17 所示的坐标系。如果炮弹没有炸裂,则它的着地点的横坐标就应该等于它的射程,即

$$X = \frac{v_0^2 \sin 2\theta}{g}$$

最高点的 x 坐标为 $X/2$。由于第一部分在最高点竖直下落,所以着地点应为

$$x_1 = \frac{v_0^2 \sin 2\theta}{2g}$$

炮弹炸裂时,内力使两部分分开,但因外力是重力,始终保持不变,所以质心的运动仍将和未炸裂的炮弹一样,它的着地点的横坐标仍是 X,即

$$x_C = \frac{v_0^2 \sin 2\theta}{g}$$

第二部分的着地点 x_2 又可根据质心的定义,由同一时刻第一部分和质心的坐标求出。由于第二部分与第一部分同时着地,所以着地时,

$$x_C = \frac{mx_1 + mx_2}{2m} = \frac{x_1 + x_2}{2}$$

由此得

$$x_2 = 2x_C - x_1 = \frac{3}{2}\frac{v_0^2 \sin 2\theta}{g}$$

例 3.12 **拉纸球动**。如图 3.18 所示,水平桌面上铺一张纸,纸上放一个均匀球,球的质量为 $M=0.5$ kg。将纸向右拉时会有 $f=0.1$ N 的摩擦力作用在球上。求该球的球心加速度 a_C 以及在从静止开始的 2 s 内,球心相对桌面移动的距离 s_C。

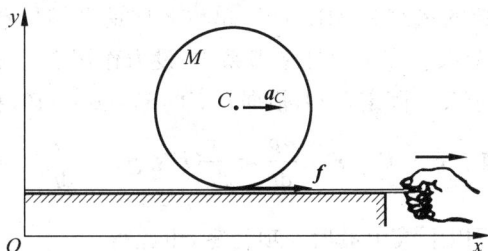

图 3.18 例 3.12 用图

解 如大家熟知的,当拉动纸时,球体除平动外还会转动。它的运动比一个质点的运动复杂。但它的质心的运动比较简单,可以用质心运动定理求解。均匀球体的质心就是它的球心。把整个球体看作一个系统,它在水平方向只受到一个外力,即摩擦力 f。选取如图 3.18 所示的坐标系,对球用质心运动定理,可得水平方向的分量式为

$$f = Ma_C$$

由此得球心的加速度为

$$a_C = \frac{f}{M} = \frac{0.1}{0.5} \text{ m/s}^2 = 0.2 \text{ m/s}^2$$

从静止开始 2 s 内球心运动的距离为

$$s_C = \frac{1}{2}a_C t^2 = \frac{1}{2} \times 0.2 \times 2^2 \text{ m} = 0.4 \text{ m}$$

注意,本题中摩擦力的方向和球心位移的方向都和拉纸的方向相同,读者可自己通过实验证实这一点。

3.6 质点的角动量和角动量定理

物体的圆周运动自古以来就受到很多人的关注,这可以上溯到纪元前人们对行星及其他天体运动的观察。现在实用技术和生活中的圆周运动或转动比比皆是,例如各种机器中轮子的转动。为了研究力对物体转动的作用效果,在牛顿力学中,引入了力矩这一概念。力矩是相对于一个参考点定义的。力 $\boldsymbol{F}$ 对参考点 O 的**力矩 $\boldsymbol{M}$** 定义为从参考点 O 到力的作用点 P 的径矢 $\boldsymbol{r}$ 和该力的矢量积,即

$$\boldsymbol{M} = \boldsymbol{r} \times \boldsymbol{F} \tag{3.19}$$

由此定义可知,力矩是一个矢量。如图 3.19 所示,力矩的大小为

$$M = rF\sin\alpha = r_{\perp}F \qquad (3.20)$$

它的方向垂直于径矢 r 和力 F 所决定的平面,而指向用右手螺旋定则确定:使右手四指从 r 跨越小于 π 的角度转向 F,这时拇指的指向就是 M 的方向。(注意定义式(3.19)中 r 在前,F 在后。)

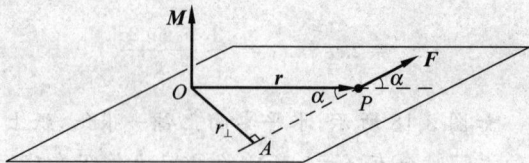

图 3.19 力矩的定义

在国际单位制中,力矩的量纲为 ML^2T^{-2},单位名称是牛[顿]米,符号是 N·m。

现在说明力矩的作用效果。在一惯性参考系中,设力作用在一个质量为 m 的质点上,此时质点的速度为 v。相对于某一固定点 O,根据力矩的定义式(3.19)和牛顿第二定律,应有

$$M = r \times F = r \times \frac{\mathrm{d}p}{\mathrm{d}t} = \frac{\mathrm{d}}{\mathrm{d}t}(r \times p) - \frac{\mathrm{d}r}{\mathrm{d}t} \times p$$

由于 $\dfrac{\mathrm{d}r}{\mathrm{d}t} = v$,而 $p = mv$,所以上式中最后一项为零,由此得

$$M = \frac{\mathrm{d}}{\mathrm{d}t}(r \times p) \qquad (3.21)$$

定义 $r \times p$ 为质点相对于固定点 O 的**角动量**,它是一个矢量,并以 L 表示此矢量,即

$$L = r \times p \qquad (3.22)$$

则上式就可以写成

$$M = \frac{\mathrm{d}L}{\mathrm{d}t} \qquad (3.23)$$

这一等式的意义是:**质点所受的合外力矩等于它的角动量对时间的变化率**(力矩和角动量都是对于惯性系中同一固定点说的)。这个结论叫质点的**角动量定理**。它说明力对物体转动作用的效果:力矩使物体的角动量发生改变,而力矩就等于物体的角动量对时间的变化率[①]。

角动量的定义式(3.22)可用图 3.20 表示。质点 m 对 O 点的角动量的大小为

$$L = rp\sin\varphi = mrv\sin\varphi \qquad (3.24)$$

其方向垂直于 r 和 p 所决定的平面,指向由右手螺旋定则确定:使右手四指从 r 跨越小于 π 的角度转向 p,这时拇指的指向就是 L 的方向。

[①] 式(3.23)也可写成微分形式,如

$$M\mathrm{d}t = \mathrm{d}L$$

两边积分,可得

$$\int_0^{t'} M\mathrm{d}t = L' - L_0$$

上述两式具有与式(3.1)和式(3.2)相同的形式,也是角动量定理的表达形式,式中 $M\mathrm{d}t$ 和 $\int_0^{t'} M\mathrm{d}t$ 称为**冲量矩**。

作匀速圆周运动的质点 m 对其圆心的角动量的大小为

$$L = mrv$$

方向如图 3.21 所示。

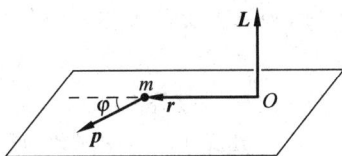

图 3.20 质点的角动量

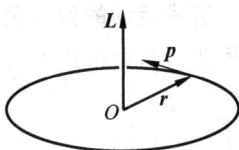

图 3.21 圆周运动对圆心的角动量

在国际单位制中,角动量的量纲为 ML^2T^{-1},单位名称是千克二次方米每秒,符号是 $kg \cdot m^2/s$,也可写作 $J \cdot s$。

例 3.13 地球的角动量。地球绕太阳的运动可以近似地看作匀速圆周运动,求地球对太阳中心的角动量。

解 已知从太阳中心到地球的距离 $r=1.5 \times 10^{11}$ m,地球的公转速度 $v=3.0 \times 10^4$ m/s,而地球的质量为 $m=6.0 \times 10^{24}$ kg。代入式(3.21),即可得地球对于太阳中心的角动量的大小为

$$L = mrv\sin\varphi = 6.0 \times 10^{24} \times 1.5 \times 10^{11} \times 3.0 \times 10^4 \times \sin\frac{\pi}{2} \text{ kg} \cdot \text{m}^2/\text{s}$$

$$= 2.7 \times 10^{40} \text{ kg} \cdot \text{m}^2/\text{s}$$

例 3.14 电子的角动量。根据玻尔假设,氢原子内电子绕核运动的角动量只可能是 $h/2\pi$ 的整数倍,其中 h 是普朗克常量,它的大小为 6.63×10^{-34} kg $\cdot$ m^2/s。已知电子圆形轨道的最小半径为 $r=0.529 \times 10^{-10}$ m,求在此轨道上电子运动的频率 ν。

解 由于是最小半径,所以有

$$L = mrv = 2\pi mr^2\nu = \frac{h}{2\pi}$$

于是

$$\nu = \frac{h}{4\pi^2 mr^2} = \frac{6.63 \times 10^{-34}}{4\pi^2 \times 9.1 \times 10^{-31} \times (0.529 \times 10^{-10})^2} \text{ Hz} = 6.59 \times 10^{15} \text{ Hz}$$

角动量只能取某些分立的值,这种现象叫**角动量的量子化**。它是原子系统的基本特征之一。根据量子理论,原子中的电子绕核运动的角动量 L 由式

$$L^2 = \hbar^2 l(l+1)$$

给出,式中 $\hbar = h/2\pi$,l 是正整数$(0,1,2,\cdots)$。本题中玻尔关于角动量的假设还不是量子力学的正确结果。

3.7 角动量守恒定律

根据式(3.23),如果 $M=0$,则 $dL/dt=0$,因而

$$L = 常矢量 \quad (M=0) \tag{3.25}$$

这就是说,**如果对于某一固定点,质点不受外力矩或所受的合外力矩为零,则此质点对该固定点的角动量(矢量)保持不变**。这一结论叫作**角动量守恒定律**。

角动量守恒定律和动量守恒定律一样,也是自然界的一条最基本的定律,并且在更广泛情况下,它也不依赖牛顿定律。

3-8

关于外力矩为零这一条件,应该指出的是,由于力矩 $\boldsymbol{M} = \boldsymbol{r} \times \boldsymbol{F}$,所以它既可能是质点所受的外力为零,也可能是外力并不为零,但是在任意时刻外力总是与质点对于固定点的径矢平行或反平行。下面我们分别就这两种情况各举一个例子。

例 3.15　直线运动的角动量。证明:一个质点运动时,如果不受外力作用,则它对于任一固定点的角动量矢量保持不变。

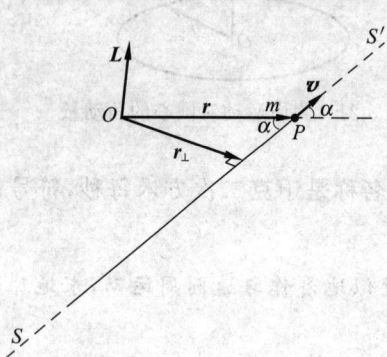

图 3.22　例 3.15 用图

解　根据牛顿第一定律,不受外力作用时,质点将作匀速直线运动。以 v 表示这一速度,以 m 表示质点的质量,则质点的线动量为 $m\boldsymbol{v}$。如图 3.22 所示,以 SS' 表示质点运动的轨迹直线,质点运动经过任一点 P 时,它对于任一固定点 O 的角动量为

$$\boldsymbol{L} = \boldsymbol{r} \times m\boldsymbol{v}$$

这一矢量的方向垂直于 $\boldsymbol{r}$ 和 $\boldsymbol{v}$ 所决定的平面,也就是固定点 O 与轨迹直线 SS' 所决定的平面。质点沿 SS' 直线运动时,它对于 O 点的角动量在任一时刻总垂直于这同一平面,所以它的角动量的方向不变。这一角动量的大小为

$$L = rmv\sin\alpha = r_{\perp}mv$$

其中 $r_{\perp}$ 是从固定点到轨迹直线 SS' 的垂直距离,它只有一个值,与质点在运动中的具体位置无关。因此,不管质点运动到何处,角动量的大小也是不变的。

角动量的方向和大小都保持不变,也就是角动量矢量保持不变。

例 3.16　开普勒第二定律。证明关于行星运动的开普勒第二定律:行星对太阳的径矢在相等的时间内扫过相等的面积。

解　行星是在太阳的引力作用下沿着椭圆轨道运动的。由于引力的方向在任何时刻总与行星对于太阳的径矢方向反平行,所以行星受到的引力对太阳的力矩等于零。因此,行星在运动过程中,对太阳的角动量将保持不变。我们来看这个不变意味着什么。

首先,由于角动量 $\boldsymbol{L}$ 的方向不变,表明 $\boldsymbol{r}$ 和 $\boldsymbol{v}$ 所决定的平面的方位不变。这就是说,行星总在一个平面内运动,它的轨道是一个平面轨道(图 3.23),而 $\boldsymbol{L}$ 就垂直于这个平面。

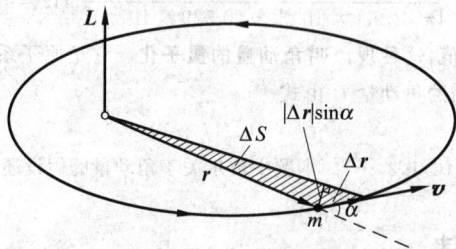

图 3.23　例 3.16 用图

其次,行星对太阳的角动量的大小为

$$L = mrv\sin\alpha = mr\left|\frac{\mathrm{d}\boldsymbol{r}}{\mathrm{d}t}\right|\sin\alpha = m\lim_{\Delta t \to 0}\frac{r\,|\Delta\boldsymbol{r}|\,\sin\alpha}{\Delta t}$$

由图 3.23 可知,乘积 $r\,|\Delta\boldsymbol{r}|\,\sin\alpha$ 等于阴影三角形的面积(忽略其中的小角面积)的两倍,以 ΔS 表示这一面积,就有

$$r\,|\Delta\boldsymbol{r}|\,\sin\alpha = 2\Delta S$$

将此式代入上式可得

$$L = 2m \lim_{\Delta t \to 0} \frac{\Delta S}{\Delta t} = 2m \frac{\mathrm{d}S}{\mathrm{d}t}$$

此处 $\frac{\mathrm{d}S}{\mathrm{d}t}$ 为行星对太阳的径矢在单位时间内扫过的面积,叫作行星运动的**掠面速度**。行星运动的角动量守恒又意味着这一掠面速度保持不变。由此,我们可以直接得出行星对太阳的径矢在相等的时间内扫过相等的面积的结论。

例 3.17 **α 粒子散射**。一 α 粒子在远处以速度 $\boldsymbol{v}_0$ 射向一重原子核,瞄准距离(重原子核到 $\boldsymbol{v}_0$ 直线的距离)为 b(图 3.24)。重原子核所带电荷量为 Ze。求 α 粒子被散射的角度(即它离开重原子核时的速度 $\boldsymbol{v}'$ 的方向偏离 $\boldsymbol{v}_0$ 的角度)。

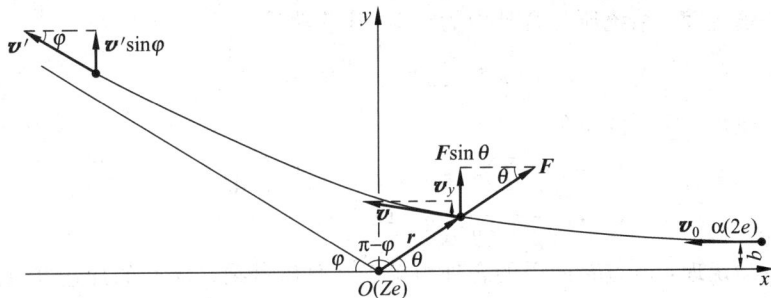

图 3.24 α 粒子被重核 Ze 散射分析图

解 由于重原子核的质量比 α 粒子的质量 m 大得多,所以可以认为重原子核在整个过程中静止。以原子核所在处为原点,可设如图 3.24 的坐标进行分析。在整个散射过程中 α 粒子受到核的库仑力的作用,力的大小为

$$F = \frac{kZe \cdot 2e}{r^2} = \frac{2kZe^2}{r^2}$$

由于此力总沿着 α 粒子的位矢 $\boldsymbol{r}$ 作用,所以此力对原点的力矩为零。于是 α 粒子对原点的角动量守恒。

α 粒子在入射时的角动量为 mbv_0,在其后任一时刻的角动量为 $mr^2\omega = mr^2\frac{\mathrm{d}\theta}{\mathrm{d}t}$。角动量守恒给出

$$mr^2\frac{\mathrm{d}\theta}{\mathrm{d}t} = mv_0 b$$

为了得到另一个 θ 随时间改变的关系式,沿 y 方向对 α 粒子应用牛顿第二定律,于是有

$$m\frac{\mathrm{d}v_y}{\mathrm{d}t} = F_y = F\sin\theta = \frac{2kZe^2}{r^2}\sin\theta$$

在以上两式中消去 r^2,得

$$\frac{\mathrm{d}v_y}{\mathrm{d}t} = \frac{2kZe^2}{mv_0 b}\sin\theta\frac{\mathrm{d}\theta}{\mathrm{d}t}$$

对此式从 α 粒子入射到离开积分,由于入射时 $v_y=0$,离开时 $v_y'=v'\sin\varphi=v_0\sin\varphi$(α 粒子离开重核到远处时,速率恢复到 v_0),而且 $\theta=\pi-\varphi$,所以有

$$\int_0^{v_0\sin\varphi} \mathrm{d}v_y = \frac{2kZe^2}{mv_0 b}\int_0^{\pi-\varphi}\sin\theta\,\mathrm{d}\theta$$

积分可得

$$v_0\sin\varphi = \frac{2kZe^2}{mv_0 b}(1+\cos\varphi)$$

此式可进一步化成较简洁的形式,即

$$\cot \frac{1}{2}\varphi = \frac{mv_0^2 b}{2kZe^2}$$

1911 年卢瑟福就是利用此式对他的 α 散射实验的结果进行分析,从而建立了他的原子的核式模型。

提 要

1. 动量定理:合外力的冲量等于质点动量($\boldsymbol{p} = m\boldsymbol{v}$)的增量,即

$$\boldsymbol{F}\mathrm{d}t = \mathrm{d}\boldsymbol{p}$$

2. 动量守恒定律:系统所受合外力为零时,其总动量

$$\boldsymbol{p} = \sum_i \boldsymbol{p}_i = 常矢量$$

3. 质心的概念:质心的位矢

$$\boldsymbol{r}_C = \frac{\sum_i m_i \boldsymbol{r}_i}{m} \quad 或 \quad \boldsymbol{r}_C = \frac{\int \boldsymbol{r}\,\mathrm{d}m}{m}$$

4. 质心运动定理:质点系所受的合外力等于其总质量乘以质心的加速度,即

$$\boldsymbol{F} = m\boldsymbol{a}_C$$

5. 质点的角动量定理:对于惯性系中某一定点,

力 $\boldsymbol{F}$ 的力矩 $\qquad \boldsymbol{M} = \boldsymbol{r} \times \boldsymbol{F}$

质点的角动量 $\qquad \boldsymbol{L} = \boldsymbol{r} \times \boldsymbol{p} = m\boldsymbol{r} \times \boldsymbol{v}$

角动量定理 $\qquad \boldsymbol{M} = \dfrac{\mathrm{d}\boldsymbol{L}}{\mathrm{d}t}$

其中,$\boldsymbol{M}$ 为合外力矩,它和 $\boldsymbol{L}$ 都是对同一定点说的。

6. 角动量守恒定律:对某定点,质点受的合力矩为零时,则它对于同一定点的 $\boldsymbol{L}$＝常矢量。

思 考 题

3.1　小力作用在一个静止的物体上,只能使它产生小的速度吗?大力作用在一个静止的物体上,一定能使它产生大的速度吗?

3.2　一人躺在地上,身上压一块重石板,另一人用重锤猛击石板,但见石板碎裂,而下面的人毫无损伤。何故?

3.3　如图 3.25 所示,一重球的上下两面系同样的两根线,今用其中一根线将球吊起,而用手向下拉另一根线,如果向下猛一拖,则下面的线断而球未动。如果用力慢慢拉线,则上面的线断开,为什么?

3.4　汽车发动机内气体对活塞的推力以及各种传动部件之间的作用力能使汽车前进吗?使汽车前进的力是什么力?

3.5　我国东汉时学者王充在他所著《论衡》一书中记有:"羿(ào)、育,古之多力者,身能负荷千钧,手能决角伸钩,使之自举,不能离地。"说的是古代大力士自己不能把自己举离地面。这个说法正确吗?为什么?

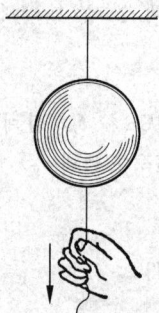

图 3.25　思考题 3.3 用图

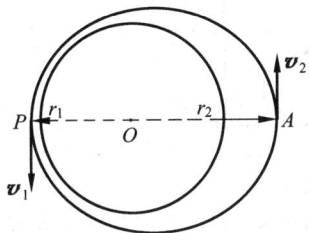

3.6　你自己身体的质心是固定在身体内某一点吗？你能把你的身体的质心移到身体外面吗？

3.7　天安门前放烟花时,一朵五彩缤纷的烟花的质心的运动轨迹如何？（忽略空气阻力与风力。）为什么在空中烟花总是以球形逐渐扩大？

3.8　人造地球卫星是沿着一个椭圆轨道运行的,地心 O 是这一轨道的一个焦点（图 3.26）。卫星经过近地点 P 和远地点 A 时的速率一样吗？它们和地心到 P 的距离 r_1 以及地心到 A 的距离 r_2 有什么关系？

3.9　一个 α 粒子飞过一金原子核而被散射,金核基本上未动（图 3.27）。在这一过程中,对金核中心来说,α 粒子的角动量是否守恒？为什么？α 粒子的动量是否守恒？

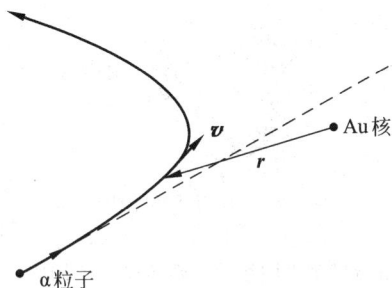

图 3.26　思考题 3.8 用图　　　　图 3.27　思考题 3.9 用图

习题

3.1　一小球在弹簧的作用下振动（图 3.28）,弹力 $F=-kx$,而位移 $x=A\cos\omega t$,其中,k、A、ω 都是常量。求在 $t=0$ 到 $t=\pi/2\omega$ 的时间间隔内弹力施于小球的冲量。

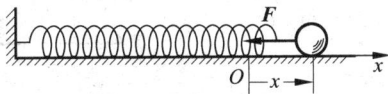

图 3.28　习题 3.1 用图

3.2　一个质量 $m=50$ g,以速率 $v=20$ m/s 作匀速圆周运动的小球,在 1/4 周期内向心力加给它的冲量是多大？

3.3　一跳水练习者一次从 10 m 跳台上跳下时失控,以致肚皮平拍在水面上。如果她起跳时跃起的高度是 1.2 m,触水面后 0.80 s 末瞬时停止,她的身体受到的水的平均拍力多大？设她的体重是 420 N。

3.4　自动步枪连发时每分钟射出 120 发子弹,每发子弹的质量为 $m=7.90$ g,出口速率为 735 m/s。求射击时（以分钟计）枪托对肩部的平均压力。

3.5　水管有一段弯曲成 90°。已知管中水的流量为 3×10^3 kg/s,流速为 10 m/s。求水流对此弯管的压力的大小和方向。

3.6　一个原来静止的原子核,放射性衰变时放出一个动量为 $p_1=9.22\times10^{-21}$ kg·m/s 的电子,同时还在垂直于此电子运动的方向上放出一个动量为 $p_2=5.33\times10^{-21}$ kg·m/s 的中微子。求衰变后原子核的动量的大小和方向。

*3.7　运载火箭的最后一级以 $v_0=7600$ m/s 的速率飞行。这一级由一个质量为 $m_1=290.0$ kg 的火箭壳和一个质量为 $m_2=150.0$ kg 的仪器舱扣在一起。当扣松开后,二者间的压缩弹簧使二者分离,这时二者的相对速率为 $u=910.0$ m/s。设所有速度都在同一直线上,求两部分分开后各自的速度。

3.8　两辆质量相同的汽车在十字路口垂直相撞,撞后二者扣在一起又沿直线滑动了 $s=25$ m 才停下来。设滑动时地面与车轮之间的滑动摩擦系数为 $\mu_k=0.80$。撞后两个司机都声明在撞车前自己的车速未超限制（14 m/s）,他们的话都可信吗？

3.9　一空间探测器质量为 6090 kg,正相对于太阳以 105 m/s 的速率向木星运动。当它的火箭发动机相对于它 253 m/s 的速率向后喷出 80.0 kg 废气后,它对太阳的速率变为多少？

3.10 在太空静止的一单级火箭,点火后,其质量的减少与初质量之比为多大时,它喷出的废气将是静止的?

3.11 水分子的结构如图 3.29 所示。两个氢原子与氧原子的中心距离都是 0.0958 nm,它们与氧原子中心的连线的夹角约为 105°。求水分子的质心。

3.12 求半圆形均匀薄板的质心。

3.13 有一正立方体铜块,边长为 a。今在其下半部中央挖去一截面半径为 $a/4$ 的圆柱形洞(图 3.30)。求剩余铜块的质心位置。

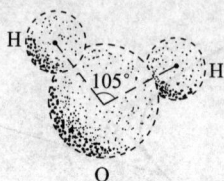

图 3.29 习题 3.11 用图

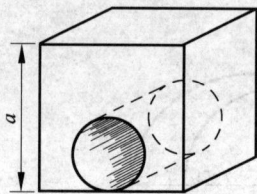

图 3.30 习题 3.13 用图

3.14 哈雷彗星绕太阳运动的轨道是一个椭圆。它离太阳最近的距离是 $r_1 = 8.75 \times 10^{10}$ m,此时它的速率是 $v_1 = 5.46 \times 10^4$ m/s。它离太阳最远时的速率是 $v_2 = 9.08 \times 10^2$ m/s,这时它离太阳的距离 r_2 是多少?

3.15 用绳系一小方块使之在光滑水平面上作圆周运动(图 3.31),圆半径为 r_0,速率为 v_0。今缓慢地拉下绳的另一端,使圆半径逐渐减小。求圆半径缩短至 r 时,小球的速率 v 是多大。

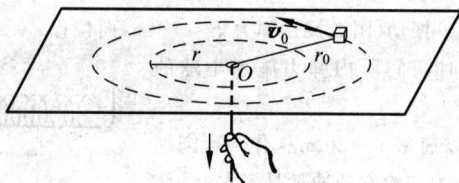

图 3.31 习题 3.15 用图

第 4 章

功 和 能

如今能量已经成为非常大众化的概念了。例如,人们就常常谈论能源。作为科学的物理概念,大家在中学物理课程中也已学过一些有关能量以及和它紧密联系的功的意义和计算。例如,已学过动能、重力势能以及机械能守恒定律。本章将对这些概念进行复习并加以扩充,将引入弹簧的弹性势能、引力势能的表示式并更全面地讨论能量守恒定律。本章最后综合动量和动能概念讨论碰撞的规律。能量概念的应用是一种很巧妙而简练地处理物理问题的方法,本章举了不少例题以帮助大家提高这方面的认识与能力。

4.1 功

功和能是一对紧密相连的物理量。一质点在力 $\boldsymbol{F}$ 的作用下,发生一无限小的元位移 $\mathrm{d}\boldsymbol{r}$ 时(图 4.1),力对质点做的**功 $\mathrm{d}A$ 定义为力 $\boldsymbol{F}$ 和位移 $\mathrm{d}\boldsymbol{r}$ 的标量积**,即元功

$$\mathrm{d}A = \boldsymbol{F} \cdot \mathrm{d}\boldsymbol{r} = F \mid \mathrm{d}\boldsymbol{r} \mid \cos \varphi = F_{\mathrm{t}} \mid \mathrm{d}\boldsymbol{r} \mid \qquad (4.1)$$

式中,φ 是力 $\boldsymbol{F}$ 与元位移 $\mathrm{d}\boldsymbol{r}$ 之间的夹角,而 $F_{\mathrm{t}} = F\cos\varphi$ 为力 $\boldsymbol{F}$ 在元位移 $\mathrm{d}\boldsymbol{r}$ 方向上的分力。

图 4.1 功的定义

按式(4.1)定义的功是标量。它没有方向,但有正负。当 $0 \leqslant \varphi < \pi/2$ 时,$\mathrm{d}A > 0$,力对质点做正功;当 $\varphi = \pi/2$ 时,$\mathrm{d}A = 0$,力对质点不做功;当 $\pi/2 < \varphi \leqslant \pi$ 时,$\mathrm{d}A < 0$,力对质点做负功。对于最后一种情况,我们也常说成是质点在运动中克服力 $\boldsymbol{F}$ 做了功。

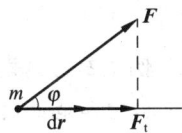

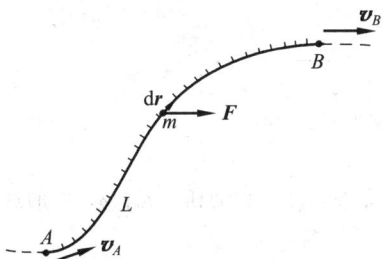

图 4.2 力沿一段曲线做的功

一般地说,质点可以是沿曲线 L 运动,而且所受的力随质点的位置发生变化(图 4.2)。在这种情况下,质点沿路径 L 从 A 点到 B 点力 $\boldsymbol{F}$ 对它做的功 A_{AB} 等于经过各段无限小元位移时力所做的功的总和,可表示为

$$A_{AB} = {}_{L}\!\!\int_{(A)}^{(B)} \mathrm{d}A = {}_{L}\!\!\int_{(A)}^{(B)} \boldsymbol{F} \cdot \mathrm{d}\boldsymbol{r} \qquad (4.2)$$

这一积分在数学上叫作力 $\boldsymbol{F}$ 沿路径 L 从 A 到 B 的**线积分**。

比较简单的情况是,质点沿直线运动受着与速度方向成 φ 角的恒力作用。这种情况下,式(4.2)给出

$$A_{AB} = \int_{(A)}^{(B)} F \mid \mathrm{d}\boldsymbol{r} \mid \cos\varphi = F \int_{(A)}^{(B)} \mid \mathrm{d}\boldsymbol{r} \mid \cos\varphi$$
$$= F s_{AB} \cos\varphi \qquad\qquad (4.3)$$

式中,s_{AB} 是质点从 A 到 B 经过的位移的大小。式(4.3)是大家在中学已学过的公式。

在国际单位制中,功的量纲是 ML^2T^{-2},单位名称是焦[耳],符号为 J,

$$1\,\mathrm{J} = 1\,\mathrm{N} \cdot \mathrm{m}$$

其他常见的功的非 SI 单位有尔格(erg)、电子伏(eV),

$$1\,\mathrm{erg} = 10^{-7}\,\mathrm{J}$$
$$1\,\mathrm{eV} = 1.6 \times 10^{-19}\,\mathrm{J}$$

例 4.1 推力做功。一超市营业员用 60 N 的力把一箱饮料在地板上沿直线匀速地推动了 25 m,他的推力始终与地面保持 30°。求:(1)营业员推箱子做的功;(2)地板对箱子的摩擦力做的功。

解 (1) 如图 4.3 所示,$F = 60\,\mathrm{N}$,$s = 25\,\mathrm{m}$,$\varphi = 30°$。由式(4.3)可得营业员推箱子做的功为

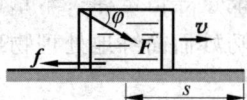

图 4.3 用力推箱

$$A_F = Fs\cos\varphi = 60 \times 25 \times \cos 30°\,\mathrm{J} = 1.30 \times 10^3\,\mathrm{J}$$

(2) 箱子还受着地面摩擦力 $\boldsymbol{f}$,所以水平方向上它受的合力为 $\boldsymbol{F}_{\mathrm{net}} = \boldsymbol{F} + \boldsymbol{f}$。由于箱子作匀速运动,所以 $\boldsymbol{F}_{\mathrm{net}} = 0$,而此合力做的功为

$$A_{\mathrm{net}} = \int \boldsymbol{F}_{\mathrm{net}} \cdot \mathrm{d}\boldsymbol{r} = \int \boldsymbol{F} \cdot \mathrm{d}\boldsymbol{r} + \int \boldsymbol{f} \cdot \mathrm{d}\boldsymbol{r} = A_F + A_f = 0$$

由此可得摩擦力对箱子做的功为

$$A_f = -A_F = -1.30 \times 10^3\,\mathrm{J}$$

例 4.2 摩擦力做功。马拉爬犁在水平雪地上沿一弯曲道路行走(图 4.4)。爬犁总质量为 3 t,它和地面的滑动摩擦系数 $\mu_k = 0.12$。求马拉爬犁行走 2 km 的过程中,路面摩擦力对爬犁做的功。

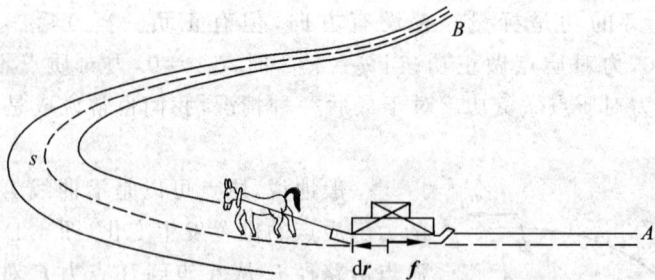

图 4.4 马拉爬犁在雪地上行进

解 这是一个物体沿曲线运动但力的大小不变的例子。爬犁在雪地上移动任一元位移 $\mathrm{d}\boldsymbol{r}$ 的过程中,它受的滑动摩擦力的大小为

$$f = \mu_k N = \mu_k mg$$

由于滑动摩擦力的方向总与位移 $\mathrm{d}\boldsymbol{r}$ 的方向相反(图 4.4),所以相应的元功应为

$$\mathrm{d}A = \boldsymbol{f} \cdot \mathrm{d}\boldsymbol{r} = -f \mid \mathrm{d}\boldsymbol{r} \mid$$

以 $ds = |d\boldsymbol{r}|$ 表示元位移的大小,即相应的路程,则

$$dA = -fds = -\mu_k mg\,ds$$

爬犁从 A 移到 B 的过程中,摩擦力对它做的功就是

$$A_{AB} = \int_{(A)}^{(B)} \boldsymbol{f} \cdot d\boldsymbol{r} = -\int_{(A)}^{(B)} \mu_k mg\,ds = -\mu_k mg \int_{(A)}^{(B)} ds$$

上式中最后一积分为从 A 到 B 爬犁实际经过的路程 s,所以

$$A_{AB} = -\mu_k mgs = -0.12 \times 3000 \times 9.81 \times 2000\ \text{J} = -7.06 \times 10^6\ \text{J}$$

此结果中的负号表示滑动摩擦力对爬犁做了负功。此功的大小和物体经过的路径形状有关。如果爬犁是沿直线从 A 到 B 的,则滑动摩擦力做的功的数值要比上面的小。

例4.3 **重力做功**。一滑雪运动员质量为 m,沿滑雪道从 A 点滑到 B 点的过程中,重力对他做了多少功?

解 由式(4.2)可得,在运动员下降过程中,重力对他做的功为

$$A_g = \int_{(A)}^{(B)} m\boldsymbol{g} \cdot d\boldsymbol{r}$$

由图 4.5 可知,

$$\boldsymbol{g} \cdot d\boldsymbol{r} = g\,|d\boldsymbol{r}|\cos\varphi = -g\,dh$$

其中,dh 为与 $d\boldsymbol{r}$ 相应的运动员下降的高度。以 h_A 和 h_B 分别表示运动员起始和终了的高度(以滑雪道底为参考零高度),则有重力做的功为

$$A_g = \int_{(A)}^{(B)} mg\,|d\boldsymbol{r}|\cos\varphi = -m\int_{(A)}^{(B)} g\,dh = mgh_A - mgh_B \tag{4.4}$$

图 4.5 例 4.3 用图

此式表示重力的功只和运动员下滑过程的始末位置(以高度表示)有关,而和下滑过程经过的具体路径形状无关。

例4.4 **弹力做功**。有一水平放置的弹簧,其一端固定,另一端系一小球(图4.6)。求弹簧的伸长量从 x_A 变化到 x_B 的过程中,弹力对小球做的功。设弹簧的劲度系数为 k。

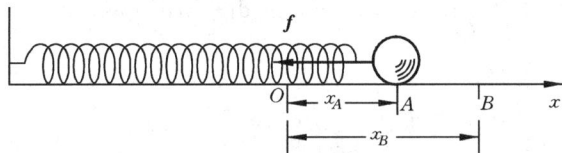

图 4.6 例 4.4 用图

解 这是一个路径为直线而力随位置改变的例子。取 x 轴与小球运动的直线平行,而原点对应于小球的平衡位置。这样,小球在任一位置 x 时,弹力就可以表示为

$$f_x = -kx$$

小球的位置由 A 移到 B 的过程,弹力做的功为

$$A_{ela} = \int_{(A)}^{(B)} \boldsymbol{f} \cdot d\boldsymbol{r} = \int_{x_A}^{x_B} f_x\,dx = \int_{x_A}^{x_B} (-kx)\,dx$$

计算此积分,可得

$$A_{ela} = \frac{1}{2}kx_A^2 - \frac{1}{2}kx_B^2 \tag{4.5}$$

这一结果说明,如果 $x_B > x_A$,即弹簧伸长时,弹力对小球做负功;如果 $x_B < x_A$,即弹簧压缩时,弹力对小球做正功。

值得注意的是,这一弹力的功只和弹簧的始末形状(以伸长量表示)有关,而和伸长或压缩的中间过程无关。

例 4.3 和例 4.4 说明了重力做的功和弹力做的功都只取决于做功过程系统的始末位置或形状,而与过程的具体形式或路径无关。**这种做功与路径无关,只取决于系统的始末位置的力称为保守力。**重力和弹簧的弹力都是保守力。例 4.2 说明摩擦力做的功直接与路径有关,所以摩擦力不是保守力,或者说它是非保守力。

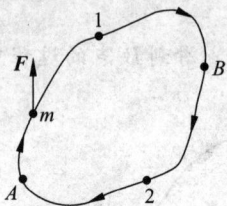

保守力有另一个等价定义:如果力作用在物体上,当物体沿闭合路径移动一周时,力做的功为零,这样的力就称为保守力。这可证明如下。如图 4.7 所示,力沿任意闭合路径 $A1B2A$ 做的功为

$$A_{A1B2A} = A_{A1B} + A_{B2A}$$

因为对同一力 $\boldsymbol{F}$,当位移方向相反时,该力做的功应改变符号,所以 $A_{B2A} = -A_{A2B}$,这样就有

$$A_{A1B2A} = A_{A1B} - A_{A2B}$$

如果 $A_{A1B2A} = 0$,则 $A_{A1B} = A_{A2B}$。这说明,物体由 A 点到 B 点沿任意两条路径力做的功都相等。这符合前述定义,所以这力是保守力。

图 4.7　保守力沿闭合路径做功

4.2　动能定理

将牛顿第二定律公式代入功的定义式(4.1),可得

$$dA = \boldsymbol{F} \cdot d\boldsymbol{r} = F_t |d\boldsymbol{r}| = m a_t |d\boldsymbol{r}|$$

由于

$$a_t = \frac{dv}{dt}, \quad |d\boldsymbol{r}| = v\,dt$$

所以

$$dA = mv\,dv = d\left(\frac{1}{2}mv^2\right) \tag{4.6}$$

定义

$$E_k = \frac{1}{2}mv^2 = \frac{p^2}{2m} \tag{4.7}$$

为质点在速度为 v 时的**动能**,则

$$dA = dE_k \tag{4.8}$$

将式(4.6)和式(4.8)沿从 A 到 B 的路径(参看图 4.2)积分,

$$\int_{(A)}^{(B)} dA = \int_{v_A}^{v_B} d\left(\frac{1}{2}mv^2\right)$$

可得

$$A_{AB} = \frac{1}{2}mv_B^2 - \frac{1}{2}mv_A^2$$

或

$$A_{AB} = E_{kB} - E_{kA} \tag{4.9}$$

式中,v_A 和 v_B 分别是质点经过 A 和 B 时的速率,E_{kA} 和 E_{kB} 分别是相应时刻质点的动能。

式(4.8)和式(4.9)说明:合外力对质点做的功要改变质点的动能,而功的数值等于质点动能的增量,或者说力对质点做的功是质点动能改变的量度。这一表示力在一段路程上作用的效果的结论叫作用于质点的**动能定理**(或**功-动能定理**)。它也是牛顿定律的直接推论。

由式(4.9)可知,动能和功的量纲和单位都相同,分别即 ML^2T^{-2} 和 J。

例 4.5　冰面上滑动。以 $3\,\text{m/s}$ 的速率将一石块扔到一结冰的湖面上,它能向前滑行多远? 设石块与冰面间的滑动摩擦系数为 $\mu_k = 0.05$。

解　以 m 表示石块的质量,则它在冰面上滑行时受到的摩擦力为 $f = \mu_k mg$。以 s 表示石块能滑行的距离,则滑行时摩擦力对它做的总功为 $A = \boldsymbol{f} \cdot \boldsymbol{s} = -fs = -\mu_k mgs$。已知石块的初速率为 $v_A = 3\,\text{m/s}$,而末速率为 $v_B = 0$,而且在石块滑动时只有摩擦力对它做功,所以根据动能定理(式(4.9))可得

$$-\mu_k mgs = 0 - \frac{1}{2}mv_A^2$$

由此得

$$s = \frac{v_A^2}{2\mu_k g} = \frac{3^2}{2 \times 0.05 \times 9.8}\,\text{m} = 9.18\,\text{m}$$

此题也可以直接用牛顿第二定律和运动学公式求解,但用动能定理解答更简便些。基本定律虽然一样,但引入新概念往往可以使解决问题更为简便。

例 4.6　珠子下落又解。利用动能定理重解例 2.3,求线摆下 θ 角时珠子的速率。

解　如图 4.8 所示,珠子从 A 落到 B 的过程中,合外力
$(\boldsymbol{T} + m\boldsymbol{g})$ 对它做的功为(注意 $\boldsymbol{T}$ 总垂直于 $\text{d}\boldsymbol{r}$)
$$A_{AB} = \int_{(A)}^{(B)} (\boldsymbol{T} + m\boldsymbol{g}) \cdot \text{d}\boldsymbol{r} = \int_{(A)}^{(B)} m\boldsymbol{g} \cdot \text{d}\boldsymbol{r} = \int_{(A)}^{(B)} mg\,|\text{d}\boldsymbol{r}|\cos\alpha$$
由于 $|\text{d}\boldsymbol{r}| = l\,\text{d}\alpha$,所以

$$A_{AB} = \int_0^\theta mg\cos\alpha\, l\,\text{d}\alpha = mgl\sin\theta$$

对珠子,用动能定理,由于 $v_A = 0$,$v_B = v_\theta$,得

$$mgl\sin\theta = \frac{1}{2}mv_\theta^2$$

由此得

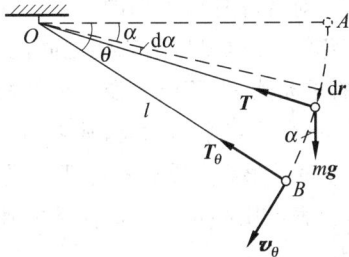

图 4.8　例 4.6 用图

$$v_\theta = \sqrt{2gl\sin\theta}$$

这和例 2.2 所得结果相同。2.4 节中的解法是应用牛顿第二定律进行单纯的数学运算。这里的解法应用了两个新概念:功和动能。在 2.4 节中,我们对牛顿第二定律公式的两侧都进行了积分。在这里,用动能定理,只需对力的一侧进行积分求功。等号的另一侧,即运动一侧就可以直接写动能之差而不需进行积分了。这就简化了解题过程。

现在考虑由两个有相互作用的质点组成的质点系的动能变化和它们受的力所做的功的关系。

如图 4.9 所示,以 m_1、m_2 分别表示两质点的质量,以 $\boldsymbol{f}_1$、$\boldsymbol{f}_2$ 和 $\boldsymbol{F}_1$、$\boldsymbol{F}_2$ 分别表示它们受的内力和外力,以 $\boldsymbol{v}_{1A}$、$\boldsymbol{v}_{2A}$ 和 $\boldsymbol{v}_{1B}$、$\boldsymbol{v}_{2B}$ 分别表示它们在起始状态和终了状态的速度。

由动能定理式(4.9),可得各自受的合外力做的功如下:

对 m_1:

$$\int_{(A_1)}^{(B_1)} (\boldsymbol{F}_1 + \boldsymbol{f}_1) \cdot \text{d}\boldsymbol{r}_1 = \int_{(A_1)}^{(B_1)} \boldsymbol{F}_1 \cdot \text{d}\boldsymbol{r}_1 + \int_{(A_1)}^{(B_1)} \boldsymbol{f}_1 \cdot \text{d}\boldsymbol{r}_1 = \frac{1}{2}m_1 v_{1B}^2 - \frac{1}{2}m_1 v_{1A}^2$$

对 m_2:

$$\int_{(A_2)}^{(B_2)} (\boldsymbol{F}_2 + \boldsymbol{f}_2) \cdot \text{d}\boldsymbol{r}_2 = \int_{(A_2)}^{(B_2)} \boldsymbol{F}_2 \cdot \text{d}\boldsymbol{r}_2 + \int_{(A_2)}^{(B_2)} \boldsymbol{f}_2 \cdot \text{d}\boldsymbol{r}_2 = \frac{1}{2}m_2 v_{2B}^2 - \frac{1}{2}m_2 v_{2A}^2$$

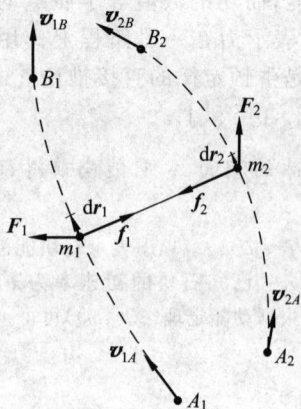

图 4.9　质点系的动能定理

两式相加可得

$$\int_{(A_1)}^{(B_1)} \boldsymbol{F}_1 \cdot \mathrm{d}\boldsymbol{r}_1 + \int_{(A_2)}^{(B_2)} \boldsymbol{F}_2 \cdot \mathrm{d}\boldsymbol{r}_2 + \int_{(A_1)}^{(B_1)} \boldsymbol{f}_1 \cdot \mathrm{d}\boldsymbol{r}_1 + \int_{(A_2)}^{(B_2)} \boldsymbol{f}_2 \cdot \mathrm{d}\boldsymbol{r}_2$$

$$= \frac{1}{2} m_1 v_{1B}^2 + \frac{1}{2} m_2 v_{2B}^2 - \left(\frac{1}{2} m_1 v_{1A}^2 + \frac{1}{2} m_2 v_{2A}^2 \right)$$

此式中等号左侧前两项是外力对质点系所做功之和,用 A_{ext} 表示。左侧后两项是质点系内力所做功之和,用 A_{int} 表示。等号右侧是质点系**总动能**的增量,可写为 $E_{kB} - E_{kA}$。这样就有

$$A_{\text{ext}} + A_{\text{int}} = E_{kB} - E_{kA} \tag{4.10}$$

这就是说,**所有外力对质点系做的功和内力对质点系做的功之和等于质点系总动能的增量**。这一结论很明显地可以推广到由任意多个质点组成的质点系,它就是用于质点系的动能定理。

　　这里应该注意的是,系统内力的功之和可以不为零,因而可以改变系统的总动能。例如,地雷爆炸后,弹片四向飞散,它们的总动能显然比爆炸前增加了。这就是内力(火药的爆炸力)对各弹片做正功的结果。又例如,两个都带正电荷的粒子,在运动中相互靠近时总动能会减少。这是因为它们之间的内力(相互的斥力)对粒子都做负功的结果。**内力能改变系统的总动能,但不能改变系统的总动量**,这是需要特别注意加以区别的。

　　一个质点系的动能,常常相对于其**质心参考系**(即质心在其中静止的参考系)进行计算。以 v_i 表示第 i 个质点相对某一惯性系的速度,以 v_i' 表示该质点相对于质心参考系的速度,以 v_C 表示质心相对于惯性系的速度,由于 $v_i = v_i' + v_C$,故相对于惯性系,质点系的总动能应为

$$E_k = \sum \frac{1}{2} m_i v_i^2 = \sum \frac{1}{2} m_i (v_C + v_i')^2$$

$$= \frac{1}{2} m v_C^2 + v_C \sum m_i v_i' + \sum \frac{1}{2} m_i v_i'^2$$

式中,第三个等号右侧第一项表示质量等于质点系总质量的一个质点以质心速度运动时的动能,叫质点系的**轨道动能**(或说其质心的动能),以 E_{kC} 表示;第二项中 $\sum m_i v_i' = \dfrac{\mathrm{d}}{\mathrm{d}t} \sum m_i \boldsymbol{r}_i' = m \dfrac{\mathrm{d}\boldsymbol{r}_C'}{\mathrm{d}t}$。由于 $\boldsymbol{r}_C'$ 是质心在质心参考系中的位矢,它并不随时间变化,所以 $\dfrac{\mathrm{d}\boldsymbol{r}_C'}{\mathrm{d}t} = 0$,而这第二项也就等于零;第三项是质点系相对于其质心参考系的总动能,叫质点系的**内动能**,以 $E_{k,\text{int}}$ 表示。这样,上式就可写成

$$E_k = E_{kC} + E_{k,\text{int}} \tag{4.11}$$

此式说明,一个质点系相对于某一惯性系的总动能等于该质点系的轨道动能和内动能之和。这一关系叫**柯尼希定理**。实例之一是,一个篮球在空中运动时,其内部气体相对于地面的总动能等于其中气体分子的轨道动能和它们相对于这气体随篮球运动的质心的动能——内动能——之和。这气体的内动能也就是它的所有分子无规则运动的动能之和。

4-3

4.3 势能

本节先介绍**重力势能**。在中学物理课程中,除动能外,大家还学习了势能。质量为 m 的物体在高度 h 处的重力势能为

$$E_p = mgh \tag{4.12}$$

对于这一概念,应明确以下几点。

(1) 只是因为重力是保守力,所以才能有重力势能的概念。重力是保守力,表现为式(4.4),即

$$A_g = mgh_A - mgh_B$$

此式说明重力做的功只取决于物体的位置(以高度表示),而正是因为这样,才能定义一个由物体位置决定的物理量——重力势能。重力势能是由其差按下式规定的:

$$A_g = -\Delta E_p = E_{pA} - E_{pB} \tag{4.13}$$

式中,A 和 B 分别代表重力做功的起点和终点。此式表明,重力做的功等于物体重力势能的减少。

对比式(4.13)和式(4.4),即可得重力势能表示式(4.12)。

(2) 重力势能表示式(4.12)要具有具体的数值,要求预先选定参考高度或称重力势能零点,在该高度时物体的重力势能为零,式(4.12)中的 h 是从该高度向上计算的。

(3) 由于重力是地球和物体之间的引力,所以重力势能应属于物体和地球组成的系统,"物体的重力势能"只是一种简略的说法。

(4) 由于式(4.12)中的 h 是地球和物体之间的相对距离的一种表示,所以重力势能的值相对于所选用的任一参考系都是一样的。

下面再介绍**弹簧的弹性势能**。弹簧的弹力也是保守力,这由式(4.5)可看出:

$$A_{ela} = \frac{1}{2}kx_A^2 - \frac{1}{2}kx_B^2$$

因此,可以定义一个由弹簧的伸长量 x 所决定的物理量——弹性势能。这一势能的差按下式规定:

$$A_{ela} = -\Delta E_p = E_{pA} - E_{pB} \tag{4.14}$$

此式表明,弹簧的弹力做的功等于弹簧的弹性势能的减少。

对比式(4.14)和式(4.5),可得弹簧的弹性势能表示式为

$$E_p = \frac{1}{2}kx^2 \tag{4.15}$$

当 $x=0$ 时,式(4.15)给出 $E_p=0$,由此可知由式(4.15)得出的弹性势能的"零点"对应于弹簧的伸长为零,即它处于原长的形状。

弹簧的弹性势能当然属于弹簧的整体,而且由于其伸长 x 是弹簧的长度相对于自身原长的变化,所以它的弹性势能也和选用的参考系无关。表示势能随位形变化的曲线叫作**势能曲线**,弹簧的弹性势能曲线如图 4.10 所示,是一条抛物线。

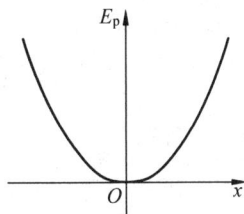

图 4.10 弹簧的弹性势能曲线

由以上关于两种势能的说明，可知关于势能的概念我们一般应了解以下几点。

（1）只有对保守力才能引入势能概念，而且规定保守力做的功等于系统势能的减少，即

$$A_{AB} = -\Delta E_p = E_{pA} - E_{pB} \tag{4.16}$$

（2）势能的具体数值要求预先选定系统的某一位形为势能零点。

（3）势能属于有保守力相互作用的系统整体。

（4）系统的势能与参考系无关。

对于非保守力，例如摩擦力，不能引入势能概念。

例 4.7   砝码压弹簧。一轻弹簧的劲度系数 $k = 200 \text{ N/m}$，竖直静止在桌面上（图 4.11）。

今在其上端轻轻地放置一质量为 $m = 2.0 \text{ kg}$ 的砝码后松手。

（1）求此后砝码下降的最大距离 y_{max}；

（2）求砝码下降 $\dfrac{1}{2} y_{max}$ 时的速度 v。

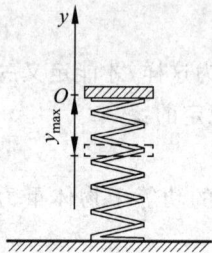
图 4.11   例 4.7 用图

解   （1）以弹簧静止时其上端为势能零点，则由式（4.13）和式（4.12）得砝码下降过程中重力做的功为

$$A_g = 0 - mg(-y_{max}) = mgy_{max}$$

由式（4.14）和式（4.15）得，弹簧弹力做的功为

$$A_{ela} = 0 - \frac{1}{2}k(-y_{max})^2 = -\frac{1}{2}ky_{max}^2$$

对砝码用动能定理，有

$$A_g + A_{ela} = \frac{1}{2}mv_2^2 - \frac{1}{2}mv_1^2$$

由于砝码在 O 处时的速度 $v_1 = 0$，下降到最低点时速度 v_2 也等于 0，所以

$$A_g + A_{ela} = mgy_{max} - \frac{1}{2}ky_{max}^2 = 0$$

解此方程，得

$$y_{max,1} = 0, \quad y_{max,2} = 2mg/k$$

解 $y_{max,1}$ 表示砝码在 O 处，舍去，取第二解为

$$y_{max} = \frac{2mg}{k} = \frac{2 \times 2 \times 9.8}{200} \text{ m} = 0.20 \text{ m}$$

（2）在砝码下降 $y_{max}/2$ 的过程中，重力做功为

$$A_g' = 0 - mg\left(-\frac{y_{max}}{2}\right) = \frac{1}{2}mgy_{max}$$

弹力做功为

$$A_{ela}' = 0 - \frac{1}{2}k\left(-\frac{y_{max}}{2}\right)^2 = -\frac{1}{8}ky_{max}^2$$

对砝码用动能定理，有

$$A_g' + A_{ela}' = \frac{1}{2}mgy_{max} - \frac{1}{8}ky_{max}^2 = \frac{1}{2}mv^2 - 0$$

解此方程，可得

$$v = \left(gy_{max} - \frac{k}{4m}y_{max}^2\right)^{1/2}$$

$$= \left(9.8 \times 0.20 - \frac{200}{4 \times 2} \times 0.20^2\right)^{1/2} \text{ m/s}$$

$$= 0.98 \text{ m/s}$$

本例题在计算重力和弹力的功时都应用了势能概念,因此就可以只计算代数差而不必用积分了。这里要注意弄清楚系统最初和终了时各处于什么状态。

4.4 引力势能

让我们先来证明万有引力是保守力。

根据牛顿的引力定律,质量分别为 m_1 和 m_2 的两质点相距 r 时相互间引力的大小为

$$f = \frac{G m_1 m_2}{r^2}$$

方向沿着两质点的连线。如图 4.12 所示,以 m_1 所在处为原点,当 m_2 由 A 点沿任意路径 L 移动到 B 点时,引力做的功为

$$A_{AB} = \int_{(A)}^{(B)} \boldsymbol{f} \cdot \mathrm{d}\boldsymbol{r} = \int_{(A)}^{(B)} \frac{G m_1 m_2}{r^2} |\mathrm{d}\boldsymbol{r}| \cos \varphi$$

在图 4.12 中,径矢 OB' 和 OA' 长度之差为 $B'C' = \mathrm{d}r$。由于 $|\mathrm{d}\boldsymbol{r}|$ 为微小长度,所以 OB' 和 OA' 可视为平行,因而 $A'C' \perp B'C'$,于是 $|\mathrm{d}\boldsymbol{r}| \cos \varphi = -|\mathrm{d}\boldsymbol{r}| \cos \varphi' = -\mathrm{d}r$。将此关系代入上式可得

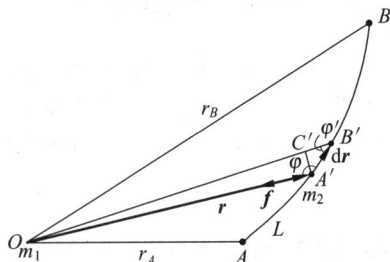

图 4.12 引力势能公式的推导

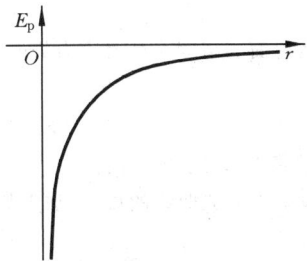

$$A_{AB} = -\int_{r_A}^{r_B} \frac{G m_1 m_2}{r^2} \mathrm{d}r = \frac{G m_1 m_2}{r_B} - \frac{G m_1 m_2}{r_A} \tag{4.17}$$

这一结果说明,引力的功只取决于两质点间的始末距离而和 m_2 移动的路径无关。所以,引力是保守力。

由于引力是保守力,所以可以引入势能概念。将式(4.17)和势能差的定义公式(4.16) $(A_{AB} = E_{pA} - E_{pB})$ 相比较,可得两质点相距 r 时的引力势能公式为

$$E_p = -\frac{G m_1 m_2}{r} \tag{4.18}$$

在式(4.18)中,当 $r \to \infty$ 时,$E_p = 0$。由此可知与式(4.18)相应的引力势能的"零点"参考位形为两质点相距为无限远时。

由于 m_1、m_2 都是正数,所以式(4.18)中的负号表示:两质点从相距 r 的位形改变到势能零点的过程中,引力总做负功。根据这一公式画出的引力势能曲线如图 4.13 所示。

图 4.13 引力势能曲线

由式(4.18)可明显地看出,引力势能属于 m_1 和 m_2 两质点系统。由于 r 是两质点间的距离,所以引力势能也就和参考系无关。

例 4.8 陨石坠地。 一颗重 5 t 的陨石从天外落到地球上,它和地球间的引力做功多少?已知地球质量为 6×10^{21} t,半径为 6.4×10^6 m。

解 "天外"可当作陨石和地球相距无限远。利用保守力的功和势能变化的关系可得

$$A_{AB} = E_{pA} - E_{pB}$$

再利用式(4.20)可得

$$A_{AB} = -\frac{GmM}{r_A} - \left(-\frac{GmM}{r_B}\right)$$

以 $m = 5 \times 10^3$ kg, $M = 6.0 \times 10^{24}$ kg, $G = 6.67 \times 10^{-11}$ N·m²/kg², $r_A \to \infty$, $r_B = 6.4 \times 10^6$ m 代入上式, 可得

$$A_{AB} = \frac{GmM}{r_B} = \frac{6.67 \times 10^{-11} \times 5 \times 10^3 \times 6.0 \times 10^{24}}{6.4 \times 10^6} \text{ J}$$
$$= 3.1 \times 10^{11} \text{ J}$$

这一例子说明, 在已知势能公式的条件下, 求保守力的功时, 可以不管路径如何, 也就可以不作积分运算, 这当然简化了计算过程。

* 重力势能和引力势能的关系

由于重力是引力的一个特例, 所以重力势能公式就应该是引力势能公式的一个特例。这可证明如下。

让我们求质量为 m 的物体在地面上某一不大的高度 h 时, 它和地球系统的引力势能。如图 4.14 所示, 以 M 表示地球的质量, 以 r 表示物体到地心的距离, 由式(4.17)可得

$$E_{pA} - E_{pB} = \frac{GmM}{r_B} - \frac{GmM}{r_A}$$

以物体在地球表面上时为势能零点, 即规定 $r_B = R$ (地球半径)时, $E_{pB} = 0$, 则由上式可得物体在地面以上其他高度时的势能为

$$E_{pA} = \frac{GmM}{R} - \frac{GmM}{r_A}$$

物体在地面以上的高度为 h 时, $r_A = R + h$, 这时

$$E_{pA} = \frac{GmM}{R} - \frac{GmM}{R+h} = GmM\left(\frac{1}{R} - \frac{1}{R+h}\right)$$
$$= GmM\frac{h}{R(R+h)}$$

设 $h \ll R$, 则 $R(R+h) \approx R^2$, 因而有

$$E_{pA} = \frac{GmMh}{R^2}$$

由于在地面附近, 重力加速度 $g = f/m = GM/R^2$, 所以最后得到物体在地面上高度 h 处时重力势能为(去掉下标 A)

$$E_p = mgh$$

这正是大家熟知的公式(4.12)。请注意它和引力势能公式(4.18)在势能零点选择上的不同。

重力势能的势能曲线如图 4.15 所示, 它实际上是图 4.13 中一小段引力势能曲线的放大(加上势能零点的改变)。

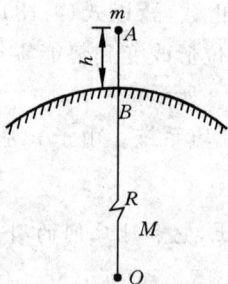

图 4.14　重力势能的推导用图

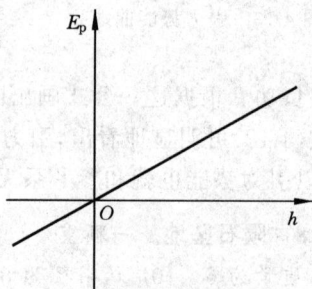

图 4.15　重力势能曲线

*4.5　由势能求保守力

在 4.3 节中用保守力的功定义了势能。从数学上说,是用保守力对路径的线积分定义了势能。反过来,我们也应该能从势能函数对路径的导数求出保守力。下面就来说明这一点。

如图 4.16 所示,以 dl 表示质点在保守力 $\boldsymbol{F}$ 作用下沿某一给定的 l 方向从 A 到 B 的元位移。以 dE_p 表示从 A 到 B 的势能增量。根据势能定义公式(4.16),有

图 4.16　由势能求保守力

$$-\mathrm{d}E_p = A_{AB} = \boldsymbol{F} \cdot \mathrm{d}\boldsymbol{l} = F\cos\varphi\,\mathrm{d}l$$

由于 $F\cos\varphi = F_l$ 为力 $\boldsymbol{F}$ 在 l 方向的分量,所以上式可写作

$$-\mathrm{d}E_p = F_l\,\mathrm{d}l$$

由此可得

$$F_l = -\frac{\mathrm{d}E_p}{\mathrm{d}l} \tag{4.19}$$

此式说明:**保守力沿某一给定的 l 方向的分量等于与此保守力相应的势能函数沿 l 方向的空间变化率**(即经过单位距离时的变化)**的负值。**

可以用引力势能公式验证式(4.19)。这时取 l 方向为从此质点到另一质点的径矢 $\boldsymbol{r}$ 的方向。引力沿 r 方向的空间变化率应为

$$F_r = -\frac{\mathrm{d}}{\mathrm{d}r}\left(-\frac{Gm_1m_2}{r}\right) = -\frac{Gm_1m_2}{r^2}$$

这实际上就是引力公式。

对于弹簧的弹性势能,可取 l 方向为伸长 x 的方向。这样弹力沿伸长方向的空间变化率就是

$$F_x = -\frac{\mathrm{d}}{\mathrm{d}x}\left(\frac{1}{2}kx^2\right) = -kx$$

这正是关于弹簧弹力的胡克定律公式。

一般来讲,E_p 可以是位置坐标 (x,y,z) 的多元函数。这时式(4.19)中 l 的方向可依次取 x,y 和 z 轴的方向而得到,相应的保守力沿各轴方向的分量为

$$F_x = -\frac{\partial E_p}{\partial x}, \quad F_y = -\frac{\partial E_p}{\partial y}, \quad F_z = -\frac{\partial E_p}{\partial z}$$

式中的导数分别是 E_p 对 x,y 和 z 的偏导数。这样,保守力就可表示为

$$\boldsymbol{F} = F_x\boldsymbol{i} + F_y\boldsymbol{j} + F_z\boldsymbol{k}$$
$$= -\left(\frac{\partial E_p}{\partial x}\boldsymbol{i} + \frac{\partial E_p}{\partial y}\boldsymbol{j} + \frac{\partial E_p}{\partial z}\boldsymbol{k}\right) \tag{4.20}$$

这是在直角坐标系中由势能求保守力的最一般的公式。

式(4.20)中括号内的势能函数的空间变化率叫作势能的**梯度**,它是一个矢量。因此可以说,保守力等于相应的势能函数的梯度的负值。

式(4.20)表明保守力应等于势能曲线斜率的负值。例如,在图 4.10 所示的弹性势能曲

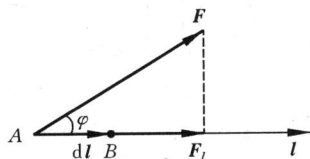

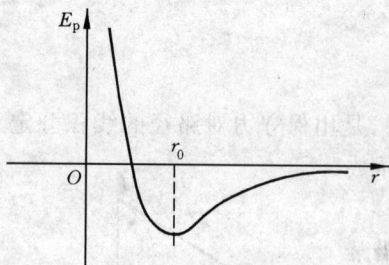

图 4.17 双原子分子的势能曲线

线图中,在 $x>0$ 的范围内,曲线的斜率为正,弹力即为负,这表示弹力与 x 正方向相反。在 $x<0$ 的范围内,曲线的斜率为负,弹力即为正,这表示弹力与 x 正方向相同。在 $x=0$ 的点,曲线斜率为零,即没有弹力。这正是弹簧处于原长的情况。

在许多实际问题中,往往能先通过实验得出系统的势能曲线。这样便可以根据势能曲线来分析受力情况。例如,图 4.17 画出了一个双原子分子的势能曲线,r 表示两原子间的距离。由图可知,当两原子间的距离等于 r_0 时,曲线的斜率为零,即两原子间没有相互作用力。这是两原子的平衡间距,在 $r>r_0$ 时,曲线斜率为正,而力为负,表示原子相吸;距离越大,吸力越小。在 $r<r_0$ 时,曲线的斜率为负而力为正,表示两原子相斥,距离越小,斥力越大。

4.6 机械能守恒定律

4-5

在 4.2 节中,我们已求出了质点系的动能定理公式(4.10),即

$$A_{\text{ext}} + A_{\text{int}} = E_{kB} - E_{kA}$$

内力中可能既有保守力,也有非保守力,因此内力的功可以写成保守内力的功 $A_{\text{int,cons}}$ 和非保守内力的功 $A_{\text{int,n-cons}}$ 之和。于是有

$$A_{\text{ext}} + A_{\text{int,cons}} + A_{\text{int,n-cons}} = E_{kB} - E_{kA} \tag{4.21}$$

在 4.3 节中我们对保守内力定义了势能(见式(4.16)),即有

$$A_{\text{int,cons}} = E_{pA} - E_{pB}$$

因此式(4.21)可写作

$$A_{\text{ext}} + A_{\text{int,n-cons}} = (E_{kB} + E_{pB}) - (E_{kA} + E_{pA}) \tag{4.22}$$

系统的总动能和势能之和叫作系统的**机械能**,通常用 E 表示,即

$$E = E_k + E_p \tag{4.23}$$

以 E_A 和 E_B 分别表示系统初、末状态时的机械能,则式(4.22)又可写作

$$A_{\text{ext}} + A_{\text{int,n-cons}} = E_B - E_A \tag{4.24}$$

此式表明:**质点系在运动过程中,它所受的外力的功与系统内非保守力的功的总和等于它的机械能的增量**。这一关于功和能的关系的结论叫**功能原理**。在经典力学中,它是牛顿定律的一个推论,因此也只适用于惯性系。

一个系统,如果内力中只有保守力,这种系统称为**保守系统**。对于保守系统,式(4.24)中的 $A_{\text{int,n-cons}}$ 一项自然等于零,于是有

$$A_{\text{ext}} = E_B - E_A = \Delta E \quad \text{(保守系统)} \tag{4.25}$$

一个系统,如果在其变化过程中,没有任何外力对它做功(或者实际上外力对它做的功可以忽略),这样的系统称为**封闭系统**(或孤立系统)。对于一个封闭的保守系统,式(4.25)中的 $A_{\text{ext}} = 0$,于是有 $\Delta E = 0$,即

$$E_A = E_B \quad \text{(封闭的保守系统,}A_{\text{ext}} = 0\text{)} \tag{4.26}$$

即其机械能保持不变。这一陈述也常被称为机械能守恒定律。大家已熟悉的自由落体或抛

体运动就服从这一机械能守恒定律。

如果一个封闭系统状态发生变化时,有非保守内力做功,根据式(4.24),它的机械能当然就不守恒了。例如地雷爆炸时它(变成了碎片)的机械能会增加,两汽车相撞时它们的机械能要减少。但在这种情况下对更广泛的物理现象,包括电磁现象、热现象、化学反应以及原子内部的变化等的研究表明,如果引入更广泛的能量概念,例如电磁能、内能、化学能或原子核能等,则有大量实验证明:**一个封闭系统经历任何变化时,该系统的所有能量的总和是不改变的**,它只能从一种形式变化为另一种形式或从系统内的此一物体传给彼一物体。这就是**普遍的能量守恒定律**。它是自然界的一条普遍的最基本的定律,其意义远远超出了机械能守恒定律的范围,后者只不过是前者的一个特例。

为了对能量有个量的概念,表 4.1 列出了一些典型的能量值。

表 4.1　一些典型的能量值　　　　　　　　　　　　　　　　　　　　J

1987A 超新星爆发	约 1×10^{46}
太阳的总核能	约 1×10^{45}
地球上矿物燃料总储能	约 2×10^{23}
1994 年彗木相撞释放总能量	约 1.8×10^{23}
2004 年我国全年发电量	7.3×10^{18}
1976 年唐山大地震	约 1×10^{18}
1 kg 物质-反物质湮灭	9.0×10^{16}
百万吨级氢弹爆炸	4.4×10^{15}
1 kg 铀裂变	8.2×10^{13}
一次闪电	约 1×10^{9}
1 L 汽油燃烧	3.4×10^{7}
1 人每日需要	约 1.3×10^{7}
1 kg TNT 爆炸	4.6×10^{6}
1 个馒头提供	2×10^{6}
地球表面每平方米每秒接受太阳能	1×10^{3}
一次俯卧撑	约 3×10^{2}
一个电子的静止能量	8.2×10^{-14}
一个氢原子的电离能	2.2×10^{-18}
一个黄色光子	3.4×10^{-19}
HCl 分子的振动能	2.9×10^{-20}

例 4.9　珠子下落再解。利用机械能守恒定律再解例 2.3,求线摆下 θ 角时珠子的速率。

解　如图 4.18 所示,取珠子和地球作为被研究的系统。以线的悬点 O 所在高度为重力势能零点并相对于地面参考系(或实验室参考系)来描述珠子的运动。在珠子下落过程中,绳拉珠子的外力 T 总垂直于珠子的速度 v,所以此外力不做功。因此所讨论的系统是一个封闭的保守系统,所以它的机械能守恒,此系统初态的机械能为

$$E_A = mgh_A + \frac{1}{2}mv_A^2 = 0$$

线摆下 θ 角时系统的机械能为

$$E_B = mgh_B + \frac{1}{2}mv_B^2$$

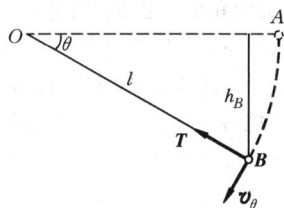

图 4.18　例 4.9 用图

由于 $h_B = -l\sin\theta$，$v_B = v_\theta$，所以

$$E_B = -mgl\sin\theta + \frac{1}{2}mv_\theta^2$$

由机械能守恒 $E_B = E_A$ 得出

$$-mgl\sin\theta + \frac{1}{2}mv_\theta^2 = 0$$

由此得

$$v_\theta = \sqrt{2gl\sin\theta}$$

与以前得出的结果相同。

读者可能已经注意到，我们已经用了三种不同的方法来解例 2.2。现在可以清楚地比较三种解法的不同。在第一种解法中，我们直接应用牛顿第二定律本身，牛顿第二定律公式的两侧，"力侧"和"运动侧"，都用纯数学方法进行积分运算。在第二种解法中，我们应用了功和动能的概念，这时还需要对力侧进行积分来求功，但是运动侧已简化为只需要计算动能增量了。这一简化是由于对运动侧用积分进行了预处理的结果。现在，我们用了第三种解法，没有用任何积分，只是进行代数的运算，因而计算又大大简化了。这是因为我们又用积分预处理了力侧，也就是引入了势能的概念，并用计算势能差来代替用线积分去计算功的结果。大家可以看到，即使基本定律还是一个，但是引入新概念和建立新的定律形式，也能使我们在解决实际问题时获得很大的益处。以牛顿定律为基础的整个牛顿力学理论体系的大厦可以说都是在这种思想的指导下建立的。

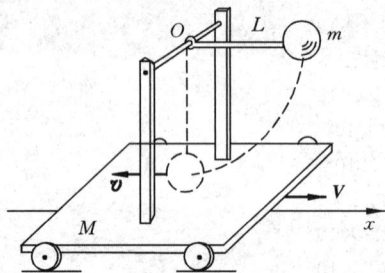

图 4.19 例 4.10 用图

例 4.10 球车互动。如图 4.19，一辆实验小车可在光滑水平桌面上自由运动。车的质量为 M，车上装有长度为 L 的细杆（质量不计），杆的一端可绕固定于车架上的光滑轴 O 在竖直面内摆动，杆的另一端固定一钢球，球质量为 m。把钢球托起使杆处于水平位置，这时车保持静止，然后放手，使球无初速地下摆。求当杆摆至竖直位置时，钢球及小车的运动速度。

解 设当杆摆至竖直位置时钢球与小车相对于桌面的速度分别为 v 与 V（如图 4.19 所示）。因为这两个速度都是未知的，所以必须找到两个方程式才能求解。

先看功能关系。把钢球、小车、地球看作一个系统。此系统所受外力为光滑水平桌面对小车的作用力，此力和小车运动方向垂直，所以不做功。有一个内力为杆与小车在光滑轴 O 处的相互作用力。由于这一对作用力与反作用力在同一处作用，位移相同而方向相反，所以它们做功之和为零。钢球、小车可以看作一个封闭的保守系统，所以系统的机械能应守恒。以球的最低位置为重力势能的势能零点，则钢球的最初势能为 mgL。由于小车始终在水平桌面上运动，所以它的重力势能不变，因而可不考虑。这样，系统的机械能守恒就给出

$$\frac{1}{2}mv^2 + \frac{1}{2}MV^2 = mgL$$

再看动量关系。这时取钢球和小车为系统，因桌面光滑，此系统所受的水平合外力为零，因此系统在水平方向的动量守恒。列出沿图示水平 x 轴的分量式，可得

$$MV - mv = 0$$

以上两个方程式联立,可解得

$$v = \sqrt{\frac{M}{M+m}2gL}$$

$$V = \frac{m}{M}v = \sqrt{\frac{m^2}{M(M+m)}2gL}$$

上述结果均为正值,这表明所设的速度方向是正确的。

例 4.11 弹簧-泥球-盘。 用一个轻弹簧把一个金属盘悬挂起来(图 4.20),这时弹簧伸长了 $l_1 = 10$ cm。一个质量和盘相同的泥球,从高于盘 $h = 30$ cm 处由静止下落到盘上。求此盘向下运动的最大距离 l_2。

解 本题可分为三个过程进行分析。

首先是泥球自由下落过程。它落到盘上时的速度为

$$v = \sqrt{2gh}$$

其次是泥球和盘的碰撞过程。把盘和泥球看作一个系统,因二者之间的冲力远大于它们所受的外力(包括弹簧的拉力和重力),而且作用时间很短,所以可以认为系统的动量守恒。设泥球与盘的质量都是 m,它们碰撞后刚黏合在一起时的共同速度为 V,按图 4.20 写出沿 y 轴方向的动量守恒的分量式,可得

$$mv = (m+m)V$$

由此得

$$V = \frac{v}{2} = \sqrt{gh/2}$$

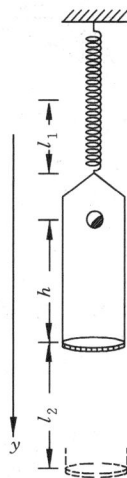

图 4.20 例 4.11 用图

最后是泥球和盘共同下降的过程。选弹簧、泥球和盘以及地球为系统,以泥球和盘开始共同运动时为系统的初态,二者到达最低点时为末态。在此过程中系统是一封闭的保守系统,所以系统的机械能守恒。以弹簧的自然伸长为它的弹性势能的零点,以盘的最低位置为重力势能零点,则系统的机械能守恒表示为

$$\frac{1}{2}(2m)V^2 + (2m)gl_2 + \frac{1}{2}kl_1^2 = \frac{1}{2}k(l_1+l_2)^2$$

此式中弹簧的劲度系数可以通过最初盘的平衡状态求出,结果是

$$k = mg/l_1$$

将此值以及 $V^2 = gh/2$ 和 $l_1 = 10$ cm 代入上式,化简后可得

$$l_2^2 - 20l_2 - 300 = 0$$

解此方程得

$$l_2 = 30 \text{ cm} \quad \text{或} \quad l_2 = -10 \text{ cm}$$

取前一正数解,即得盘向下运动的最大距离为 $l_2 = 30$ cm。

例 4.12 逃逸速率。 求物体从地面出发的**逃逸速率**,即逃脱地球引力所需要的从地面出发的最小速率。地球半径取 $R = 6.4 \times 10^6$ m。

解 选地球和物体作为被研究的系统,它是封闭的保守系统。当物体离开地球飞去时,这一系统的机械能守恒。以 v 表示物体离开地面时的速度,以 v_∞ 表示物体远离地球时的速度(相对于地面参考系)。由于将物体和地球分离无穷远时当作引力势能的零点,所以机械能守恒定律给出

$$\frac{1}{2}mv^2 + \left(-\frac{GMm}{R}\right) = \frac{1}{2}mv_\infty^2 + 0$$

逃逸速度应为 v 的最小值,这和在无穷远时物体的速度 $v_\infty = 0$ 相对应,由上式可得逃逸速率

$$v_{\mathrm{e}} = \sqrt{\dfrac{2GM}{R}}$$

由于在地面上 $\dfrac{GM}{R^2} = g$，所以

$$v_{\mathrm{e}} = \sqrt{2Rg}$$

代入已知数据可得

$$v_{\mathrm{e}} = \sqrt{2 \times 6.4 \times 10^6 \times 9.8} \ \mathrm{m/s} = 1.12 \times 10^4 \ \mathrm{m/s}$$

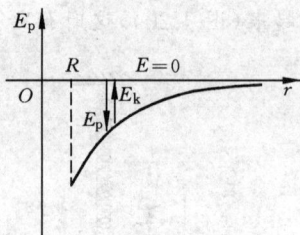

图 4.21　例 4.12 用图

在物体以 v_{e} 的速度离开地球表面到无穷远处的过程中，它的动能逐渐减小到零，它的势能（负值）大小也逐渐减小到零，在任意时刻机械能总等于零。这些都显示在图 4.21 中。

以上计算出的 v_{e} 又叫作**第二宇宙速率**。第一宇宙速率是使物体可以环绕地球表面运行所需的最小速率，可以用牛顿第二定律直接求得，其值为 $7.90 \times 10^3 \ \mathrm{m/s}$。**第三宇宙速率**则是使物体脱离太阳系所需在地面的最小发射速率，稍复杂的计算给出其数值为 $1.67 \times 10^4 \ \mathrm{m/s}$（相对于地球）。

例 4.13　水星运行。水星绕太阳运行轨道的近日点到太阳的距离为 $r_1 = 4.59 \times 10^7 \ \mathrm{km}$，远日点到太阳的距离为 $r_2 = 6.98 \times 10^7 \ \mathrm{km}$。求水星越过近日点和远日点时的速率 v_1 和 v_2。

解　分别以 M 和 m 表示太阳和水星的质量，由于在近日点和远日点处水星的速度方向与它对太阳的径矢方向垂直，所以它对太阳的角动量分别为 mr_1v_1 和 mr_2v_2。由角动量守恒定律可得

$$mr_1v_1 = mr_2v_2$$

又由机械能守恒定律可得

$$\frac{1}{2}mv_1^2 - \frac{GMm}{r_1} = \frac{1}{2}mv_2^2 - \frac{GMm}{r_2}$$

联立解上面两个方程可得

$$
\begin{aligned}
v_1 &= \left[2GM \frac{r_2}{r_1(r_1 + r_2)} \right]^{1/2} \\
&= \left[2 \times 6.67 \times 10^{-11} \times 1.99 \times 10^{30} \times \frac{6.98}{4.59 \times (4.59 + 6.98) \times 10^{10}} \right]^{1/2} \ \mathrm{m/s} \\
&= 5.91 \times 10^4 \ \mathrm{m/s}
\end{aligned}
$$

$$v_2 = v_1 \frac{r_1}{r_2} = 5.91 \times 10^4 \times \frac{4.59}{6.98} \ \mathrm{m/s} = 3.88 \times 10^4 \ \mathrm{m/s}$$

4.7　守恒定律的意义

我们已介绍了动量守恒定律、角动量守恒定律和能量守恒定律。自然界中还存在着其他的守恒定律，例如质量守恒定律，电磁现象中的电荷守恒定律，粒子反应中的重子数、轻子数、奇异数、宇称的守恒定律等。守恒定律都是关于变化过程的规律，它们说的都是只要过程满足一定的整体条件，就可以不必考虑过程的细节而对系统的初、末状态的某些特征下结论。**不究过程细节而能对系统的状态下结论，这是各个守恒定律的特点和优点**。在物理学中分析问题时常常用到守恒定律。对于一个待研究的物理过程，物理学家通常首先从已知的守恒定律出发来研究其特点，而先不涉及其细节，这是因为很多过程的细节有时不知道，

有时因太复杂而难以处理。只是在守恒定律都用过之后，还未能得到所要求的结果时，才对过程的细节进行细致而复杂的分析。这就是守恒定律在方法论上的意义。

正是由于守恒定律的这一重要意义，所以物理学家们总是想方设法在所研究的现象中找出哪些量是守恒的。一旦发现了某种守恒现象，他们就首先用以整理过去的经验并总结出定律。尔后，在新的事例或现象中对它进行检验，并且借助于它作出有把握的预见。如果在新的现象中发现某一守恒定律不对，人们就会更精确地或更全面地对现象进行观察研究，以便寻找那些被忽视了的因素，从而再认定该守恒定律的正确性。在有些看来守恒定律失效的情况下，人们还千方百计地寻求"补救"的方法，比如扩大守恒量的概念，引进新的形式，从而使守恒定律更加普遍化。但这也并非都是可能的。曾经有物理学家看到有的守恒定律无法"补救"时，便大胆地宣布了这些守恒定律不是普遍成立的，认定它们是有缺陷的守恒律。无论是上述哪种情况，都能使人们对自然界的认识进入一个新的更深入的阶段。事实上，每一守恒定律的发现、推广和修正，在科学史上的确都曾对人类认识自然的过程起过巨大的推动作用。

在前面我们都是从牛顿定律出发来导出动量、角动量和机械能守恒定律的，也曾指出这些守恒定律都有更广泛的适用范围。的确，在牛顿定律已不适用的物理现象中，这些守恒定律仍然保持正确，这说明这些守恒定律有更普遍更深刻的根基。现代物理学已确定地认识到这些守恒定律是和自然界的更为普遍的属性——时空对称性——相联系着的。任一给定的物理实验（或物理现象）的发展过程和该实验所在的空间位置无关，即换一个地方做，该实验进展的过程完全一样。这个事实叫**空间平移对称性**，也叫**空间的均匀性**。动量守恒定律就是这种对称性的表现。任一给定的物理实验的发展过程和该实验装置在空间的取向无关，即把实验装置转一个方向，该实验进展的过程完全一样。这个事实叫**空间转动对称性**，也叫**空间的各向同性**。角动量守恒定律就是这种对称性的表现。任一给定的物理实验的进展过程和该实验开始的时间无关，例如，迟三天开始做实验，或现在就开始做，该实验的进展过程完全一样。这个事实叫**时间平移对称性**，也叫**时间的均匀性**。能量守恒定律就是时间的这种对称性的表现。在现代物理理论中，可以由上述对称性导出相应的守恒定律，而且可进一步导出牛顿定律来。这种推导过程已超出本书的范围。但可以进一步指出的是，除上述三种对称性外，自然界还存在着一些其他的对称性。而且，相应于每一种对称性，都存在着一个守恒定律。多么美妙的自然规律啊！

4.8 碰撞

碰撞，一般是指两个物体在运动中相互靠近，或发生接触时，在相对较短的时间内发生强烈相互作用的过程。碰撞会使两个物体或其中的一个物体的运动状态发生明显的变化。例如网球和球拍的碰撞（图 4.22），两个台球的碰撞（图 4.23），两个质子的碰撞（图 4.24），探测器与彗星的相撞（图 4.25），两个星系的相撞（图 4.26）等。

碰撞过程一般都非常复杂，难于对过程进行仔细分析。但由于我们通常只需要了解物体在碰撞前后运动状态的变化，而对发生碰撞的物体系来说，外力的作用又往往可以忽略，因而我们就可以利用动量、角动量以及能量守恒定律对有关问题求解。前面已经举过几个利用守恒定律求解碰撞问题的例子（如例 3.4、例 3.7、例 4.11 等题），下面再举几个例子。

奇妙的
对称

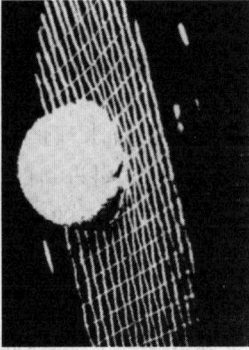

图 4.22　网球和球拍的碰撞

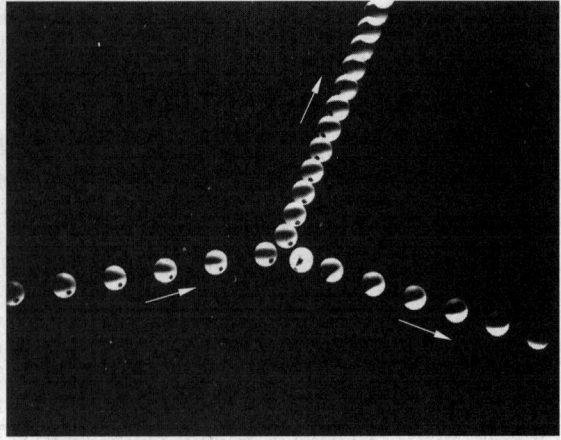

图 4.23　一个运动的台球和一个静止的台球的碰撞

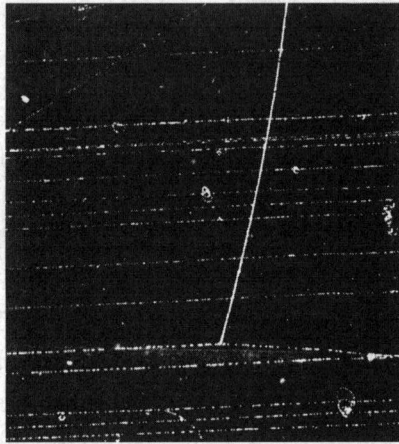

图 4.24　气泡室内一个运动的质子和一个静止的质子碰撞前后的径迹

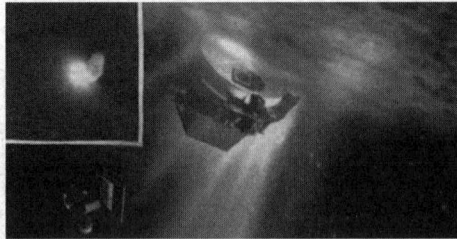

图 4.25　2005 年 7 月 4 日"深度撞击"探测器行经 $4.31×10^8$ km 后
在距地球 $1.3×10^8$ km 处释放的 372 kg 的撞击器准确地撞
上坦普尔 1 号彗星。小图为探测器发回的撞击时的照片

图 4.26　螺旋星系 NGC5194(10^{41} kg)和年轻星系 NGC5195
（右，质量小到约为前者的 1/3）的碰撞

例 4.14　完全非弹性碰撞。两个物体碰撞后如果不再分开，这样的碰撞叫完全非弹性碰撞。设有两个物体，它们的质量分别为 m_1 和 m_2，碰撞前二者速度分别为 v_1 和 v_2，碰撞后合在一起，求由于碰撞而损失的动能。

解　对于这样的两物体系统，由于无外力作用，所以总动量守恒。以 V 表示碰后二者的共同速度，则由动量守恒定律可得

$$m_1 v_1 + m_2 v_2 = (m_1 + m_2)V$$

由此求得

$$V = \frac{m_1 v_1 + m_2 v_2}{m_1 + m_2}$$

由于 m_1 和 m_2 的质心位矢为 $r_C = (m_1 r_1 + m_2 r_2)/(m_1 + m_2)$，而 $V = \mathrm{d}r_C/\mathrm{d}t = v_C$，所以这共同速度 V 也就是碰撞前后质心的速度 v_C。

由于此完全非弹性碰撞而损失的动能为碰撞前两物体动能之和减去碰撞后的动能，即

$$E_{\text{loss}} = \frac{1}{2}m_1 v_1^2 + \frac{1}{2}m_2 v_2^2 - \frac{1}{2}(m_1 + m_2)V^2 \tag{4.27}$$

又由柯尼希定理公式(4.11)可知，碰前两物体的总动能等于其内动能 $E_{\text{k,int}}$ 和轨道动能 $\frac{1}{2}(m_1 + m_2)v_C^2$ 之和，所以上式给出

$$E_{\text{loss}} = E_{\text{k,int}} \tag{4.28}$$

即完全非弹性碰撞中物体系损失的动能等于该物体系的内动能，即相对于其质心系的动能，而轨道动能保持不变。

例 4.15　弹性碰撞。碰撞前后两物体总动能没有损失的碰撞叫作弹性碰撞。两个台球的碰撞近似于这种碰撞。两个分子或两个粒子的碰撞，如果没有引起内部的变化，也都是弹性碰撞。设想两个球的质量分别为 m_1 和 m_2，沿一条直线分别以速度 v_{10} 和 v_{20} 运动，碰撞后仍沿同一直线运动。这样的碰撞叫**对心碰撞**（图 4.27）。求两球发生弹性的对心碰撞后的速度各如何。

解　以 v_1 和 v_2 分别表示两球碰撞后的速度。由于碰撞后二者还沿着原来的直线运动，根据动量守恒定律可得

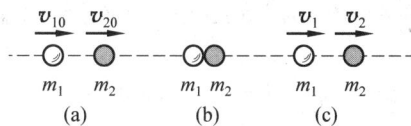

图 4.27　两个球的对心碰撞
（a）碰撞前；（b）碰撞时；（c）碰撞后

$$m_1 v_{10} + m_2 v_{20} = m_1 v_1 + m_2 v_2 \tag{4.29}$$

由于是弹性的碰撞,总动能应保持不变,即

$$\frac{1}{2} m_1 v_{10}^2 + \frac{1}{2} m_2 v_{20}^2 = \frac{1}{2} m_1 v_1^2 + \frac{1}{2} m_2 v_2^2 \tag{4.30}$$

联立解这两个方程式可得

$$v_1 = \frac{m_1 - m_2}{m_1 + m_2} v_{10} + \frac{2 m_2}{m_1 + m_2} v_{20} \tag{4.31}$$

$$v_2 = \frac{m_2 - m_1}{m_1 + m_2} v_{20} + \frac{2 m_1}{m_1 + m_2} v_{10} \tag{4.32}$$

为了明确这一结果的意义,我们举两个特例。

特例 1:两个球的质量相等,即 $m_1 = m_2$。这时以上两式给出

$$v_1 = v_{20}, \quad v_2 = v_{10}$$

即碰撞结果是两个球互相交换速度。如果原来一个球是静止的,则碰撞后它将接替原来运动的那个球继续运动。打台球或打克朗棋时常常会看到这种情况,同种气体分子的相撞也常设想为这种情况。

特例 2:一球的质量远大于另一球,如 $m_2 \gg m_1$,而且大球的初速为零,即 $v_{20} = 0$。这时,式(4.31)和式(4.32)给出

$$v_1 = -v_{10}, \quad v_2 \approx 0$$

即碰撞后大球几乎不动而小球以原来的速率返回。乒乓球碰铅球,网球碰墙壁(这时大球是墙壁固定于其上的地球),拍皮球时球与地面的相碰都是这种情形;气体分子与容器壁的垂直碰撞,反应堆中中子与重核的完全弹性对心碰撞也是这样的实例。

例 4.16 **弹弓效应**。如图 4.28 所示,土星的质量为 5.67×10^{26} kg,以相对于太阳的轨道速率 9.6 km/s 运行;一空间探测器质量为 150 kg,以相对于太阳 10.4 km/s 的速率迎向土星飞行。由于土星的引力,探测器绕过土星沿和原来速度相反的方向离去。求它离开土星后的速度。

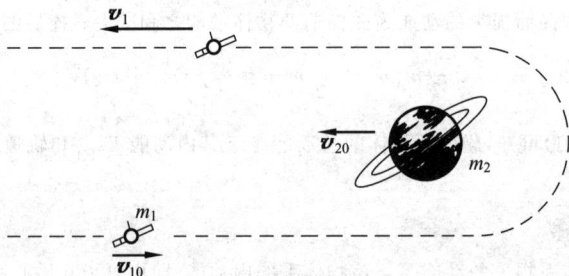

图 4.28 弹弓效应

解 如图 4.28 所示,探测器从土星旁飞过的过程可视为一种无接触的"碰撞"过程。它们遵守守恒定律的情况和例 4.15 两球的弹性碰撞相同,因而速度的变化可用式(4.31)求得。由于土星质量 m_2 远大于探测器的质量 m_1,在式(4.31)中可忽略 m_1 而得出探测器离开土星后的速度为

$$v_1 = -v_{10} + 2 v_{20}$$

如图 4.28 所示,以 v_{10} 的方向为正,$v_{10} = 10.4$ km/s,$v_{20} = -9.6$ km/s,因而

$$v_1 = -10.4 \text{ km/s} - 2 \times 9.6 \text{ km/s} = -29.6 \text{ km/s}$$

这说明探测器从土星旁绕过后由于引力的作用而速率增大了。这种现象叫作弹弓效应。本例是一种最有利于速率增大的情况。实际上探测器飞近的速度不一定和行星的速度正好反向,但由于引力它绕过行星后的速率还是要增大的。

弹弓效应是航天技术中增大宇宙探测器速率的一种有效办法,又被称为引力助推。1989 年 10 月发射的伽利略木星探测器(它已于 1995 年 12 月按时到达木星(图 4.29(a))并用了两年时间探测木星大气和它的主要的卫星)就曾利用了这种助推技术。它的轨道设计成一次从金星旁绕过,两次从地球旁绕过(图 4.29(b)),都因为这种助推技术而增加了速率。这种设计有效地减少了它从航天飞机上发射时所需要的能量。另一种设计只需要两年半的时间就可达到木星。但这需要用液氢和液氧作燃料的强大推进器,而这对航天飞机来说是比较昂贵而且危险的。

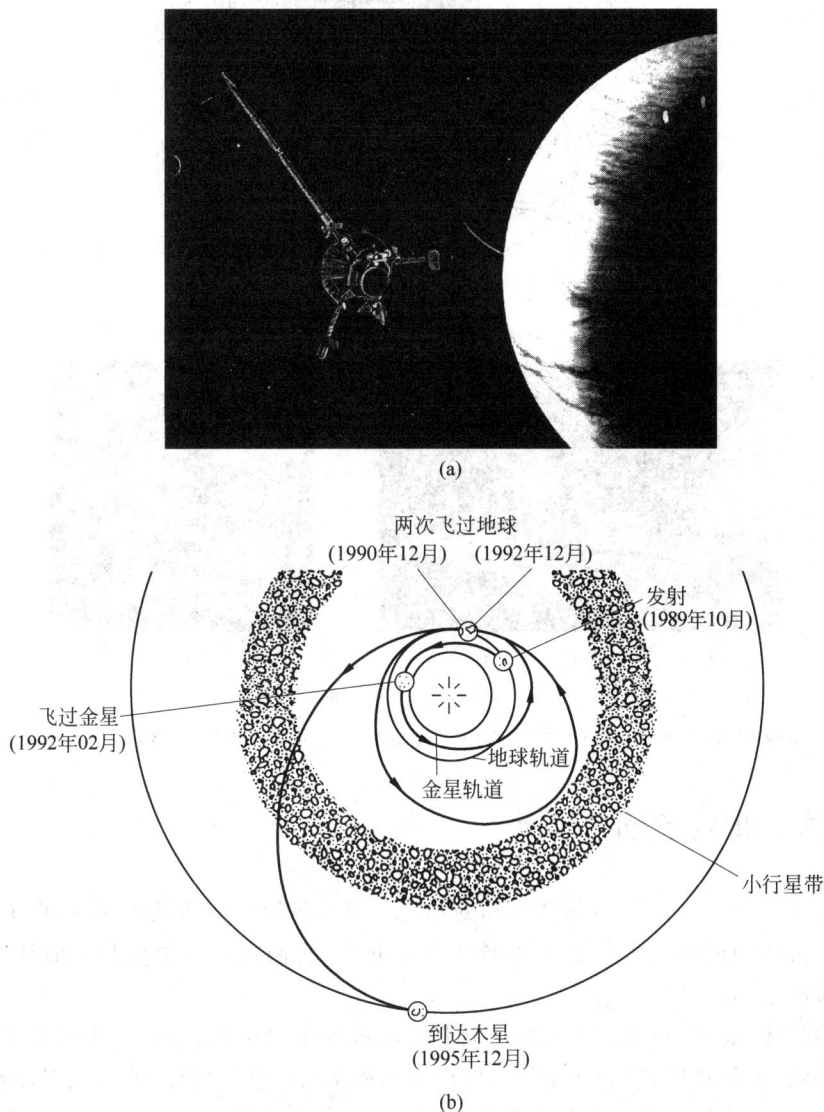

(a)

(b)

图 4.29 伽利略木星探测器
(a)飞临木星;(b)飞行轨道

美国宇航局 1997 年 10 月 15 日发射了一颗探测土星的核动力航天器——重 5.67 t 的"卡西尼"号。它航行了 7 年,行程 3.5×10^9 km(图 4.30)。该航天器两次掠过金星,

1999 年 8 月在 900 km 上空掠过地球,然后掠过木星。在掠过这些行星时都利用了引力助推技术来加速并改变航行方向,因而节省了 77 t 燃料。最后于 2004 年 7 月 1 日准时进入了土星轨道,开始对土星的光环系统和它的卫星进行为时 4 年的考察。它所携带的"惠更斯"号探测器于 2004 年 12 月离开它奔向土星最大的卫星——土卫六,以考察这颗和地球早期(45 亿年前)极其相似的天体。20 天后,"惠更斯"号飞临土卫六上空,打开降落伞下降并进行拍照和大气监测,随后在土卫六的表面着陆,继续工作约 90 分钟后就永远留在了那里。

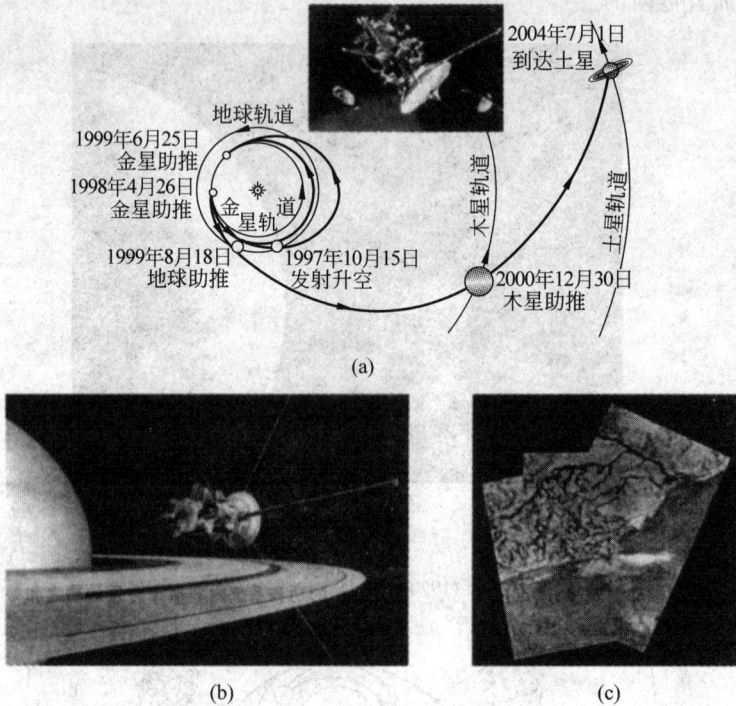

图 4.30　土星探测

(a)"卡西尼"号运行轨道;(b)"卡西尼"号越过土星光环;(c)"惠更斯"号拍摄的土卫六表面照片

4.9　流体的稳定流动

　　本节与 4.10 节将介绍一些流体运动的知识。流体包括气体和液体,我们将主要讨论液体。实际的流体的运动是非常复杂的,作为初步介绍,我们将只讨论最简单最基本的情况,即**理想流体**的运动。

　　实际的液体,如水,只是在很大的压强下才能被少量地压缩。因此,我们假定理想流体是**不可压缩的**,也就是说,它们在压强的作用下体积不会改变。实际的液体、气体也一样,都具有黏性,即液体中相邻的部分相互曳拉从而阻止它们的相对运动。例如,蜂蜜是非常黏滞的,油甚至水乃至气体都有一定的黏性。为简单起见,我们还假定理想流体是**无黏性**的,即理想流体的各部分都自由地流动,相互之间以及流体和管道壁之间都没有相互曳拉的作用力。

　　实际的流体流动时,特别是越过障碍物时,其运动是非常复杂的,因为**湍流**可能出现。

为简单起见我们只讨论流体的**稳定流动**或**稳流**(图4.31)。在这种流动中,在整个流道中,流过各点的流体元的速度不随时间改变。例如缓慢流过渠道的水流或流过水管的水流的中部就接近稳流,血管中血液的流动也近似稳流。稳流中流体元速度的分布常用**流线**描绘,图4.32就显示了这种流线图。各条流线都是连续的而且不会相交,流线密的地方流速大,稀疏的地方流速小。

图 4.31　稳流和湍流

新疆喀纳斯河卧龙湾,近处湾面宽广,水流缓慢,各处水流速度不随时间改变,水面平静稳定,一如镜面。此处水流为稳流。远处水流通道截面缩小,水流速度变大而且各处水流速度不断随时间改变,形成湍流。

图 4.32　用染色示踪剂显示的流体流过一圆筒的稳流流线图

　　总之,下面我们将只讨论理想流体(不可压缩而且无黏性)的稳定流动。

　　首先,我们给出流速与流体截面的关系。你一定看到过小河中流水的速率随河道宽窄而变的景象:河道越窄,流动越快;河道越宽,流动越慢。为了求出定量的关系,考虑如图4.33所示的水在粗细有变化的管道中流动的情形。以 v_1 和 v_2 分别表示水流过管道截面 S_1 较粗处和流过截面 S_2 较细处的速率。在时间间隔 Δt

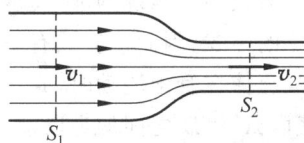

图 4.33　流体在管道中流动

内流过两截面处的水的体积分别为 $S_1v_1\Delta t$ 和 $S_2v_2\Delta t$。由于已假定水是理想流体而且是稳流，水就不可能在 S_1 和 S_2 之间发生积累或短缺，于是流进 S_1 的水的体积必定等于同一时间内从 S_2 流出的水的体积。这样就有

$$S_1v_1\Delta t = S_2v_2\Delta t$$

或

$$S_1v_1 = S_2v_2 \tag{4.33}$$

这一关系式称为稳流的**连续性方程**，它说明管中的流速和管子的横截面积成反比。用橡皮管给花草洒水时，要想流出的水出口速率大一些就把管口用手指封住一些就是这个道理。

4.10 伯努利方程

4-6

　　4.9 节讲过，随着流体流动时横截面积的变化会引起速度的变化，由牛顿第二定律，其速度的变化是和流体内各部分的相互作用力或压强相联系的。再者，随着流动时的高度变化，重力也会引起速度的变化，把流体作为质点系看待来直接应用牛顿定律分析其运动是非常复杂而繁难的工作。于是我们将回到守恒定律，现在是用机械能守恒定律来求出理想流体稳定流动的运动和力的关系。

　　设想一理想流体沿着一横截面变化的管道流动，而且管道各处的高度不同，如图 4.34 所示。把管道中在时刻 t 的两截面 A 和 B 之间的一段水作为我们研究的系统。经过时间 Δt，由于向前流动，系统的后方和前方分别达到截面 A' 和 B'。在 Δt 内它的后方和前

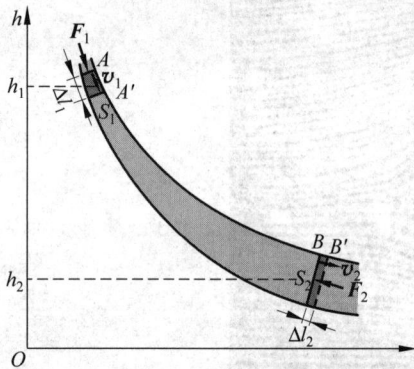

图 4.34　推导伯努利方程用图

方的截面面积分别是 S_1 和 S_2，速率分别是 v_1 和 v_2，而通过的距离分别是 Δl_1 和 Δl_2。截面 A **后方**的流体以力 $\boldsymbol{F}_1$ 把这段流体由 AB 位置推向 $A'B'$ 位置。这力对这段流体做的功是

$$\Delta W_1 = F_1\Delta l_1 = p_1S_1\Delta l_1$$
$$= p_1\Delta V_1 \tag{4.34}$$

其中，p_1 是作用在截面积 S_1 上的压强，而 $\Delta V_1 = S_1\Delta l_1$ 是在 Δt 内被推过截面 A 的流体的体积。在同一时间内，在截面 B 前方的流体对 AB 段流体的作用力 $\boldsymbol{F}_2$ 对该段流体做功，其值应为

$$\Delta W_2 = -F_2\Delta l_2 = -p_2S_2\Delta l_2$$
$$= -p_2\Delta V_2 \tag{4.35}$$

其中，p_2 是作用在截面积 S_2 上的压强，而 $\Delta V_2 = S_2\Delta l_2$ 是在 Δt 内流出截面积 B 的流体的体积。对被当作系统的那一段流体来说，根据连续性方程，AB 间的流体体积应等于 $A'B'$ 间流体的体积，因而也应该有 $\Delta V_1 = \Delta V_2$，以 ΔV 记之。

　　当流体在管中流动时，其动能和势能都随时间改变。但是由于是稳定流动，在时间 Δt 内，截面 A' 和 B 之间的那段流体的状态没有发生变化。整段流体系统的机械能的变化也就等于 ΔV_1 内的流体移动到 ΔV_2 时机械能的变化。令 ρ 表示流体的密度，由于流体的不可压缩性，ρ 到处相同，而 ΔV_1 和 ΔV_2 的流体的质量就都是 $\Delta m = \rho\Delta V$。在 Δt 内系统的机械能的变化为

$$\Delta E = \frac{1}{2}\Delta m \cdot v_2^2 + \Delta m \cdot gh_2 - \left(\frac{1}{2}\Delta m \cdot v_1^2 + \Delta m \cdot gh_1\right)$$

$$= \left[\frac{1}{2}\rho v_2^2 + \rho gh_2 - \left(\frac{1}{2}\rho v_1^2 + \rho gh_1\right)\right]\Delta V \tag{4.36}$$

其中，h_1 和 h_2 分别为 ΔV_1 和 ΔV_2 所在的高度。

由于假设流体是理想的即无黏性的，流体各部分之间以及流体和管壁之间无摩擦力作用。根据功能原理

$$\Delta W_1 + \Delta W_2 = \Delta E$$

代入上面各相应的表示式，可得

$$p_1 - p_2 = \frac{1}{2}\rho v_2^2 + \rho gh_2 - \frac{1}{2}\rho v_1^2 - \rho gh_1$$

或

$$p_1 + \frac{1}{2}\rho v_1^2 + \rho gh_1 = p_2 + \frac{1}{2}\rho v_2^2 + \rho gh_2 \tag{4.37}$$

或

$$p + \frac{1}{2}\rho v^2 + \rho gh = 常量 \tag{4.38}$$

为纪念 18 世纪流体运动的研究者伯努利，式(4.37)或式(4.38)称为**伯努利方程**。它实际上是用于理想流体流动的机械能守恒定律的特殊形式。

对于式(4.37)中 $v_1 = v_2 = 0$ 的特殊情况，如图 4.35 所示的在一大容器中的水，

$$p_1 + \rho gh_1 = p_2 + \rho gh_2$$

用液体深度 D 代替高度 h，由于 $D = H - h$，所以又可得

$$p_2 - p_1 = \rho g(D_2 - D_1) \tag{4.39}$$

此式表明静止的流体内两点的压强差与它们的深度差成正比。这就是大家在中学物理课程中学过的流体静压强的公式。

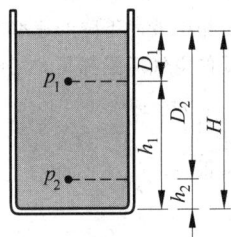

图 4.35　静止流体的压强

如果式(4.37)中 $h_1 = h_2$，则得

$$p_1 + \frac{1}{2}\rho v_1^2 = p_2 + \frac{1}{2}\rho v_2^2 \tag{4.40}$$

此式表明在水平管道内流动的流体在流速大处其压强小而在流速小处其压强大。

用式(4.40)可以解释足球场的"香蕉球"为什么能沿一弯曲轨道行进。为使球的轨道弯曲，必须把球踢得在它向前飞行的同时还绕自己的轴旋转，由于球向前运动，在球上看来，球周围的空气就向后流动，如图 4.36 所示(其中球向左飞行，气流向右)。由于旋转，球表面附近的空气就被球表面曳拉得随表面旋转。图 4.36 中球按顺时针方向旋转，其外面空气也按顺时针方向旋转，速度合成的结果使得球左方(相对速度而言，在图中是在球的下方)空气的流速就小于其右方空气的流速，其流线的疏密大致如图 4.36 所示。根据式(4.40)，球左侧所受空气的压强就大于球运动前方较远处的压强，而球右侧所受空气的压强将小于球运动前方较远处的压强，但在其前方较远处的压强是一样的。所以球左侧受空气的压强就大于其右侧受空气的压强，球左侧受的力也就大于右侧受的力。正是这一压力差迫使球偏离直线轨道而转向右方作曲线运动了。

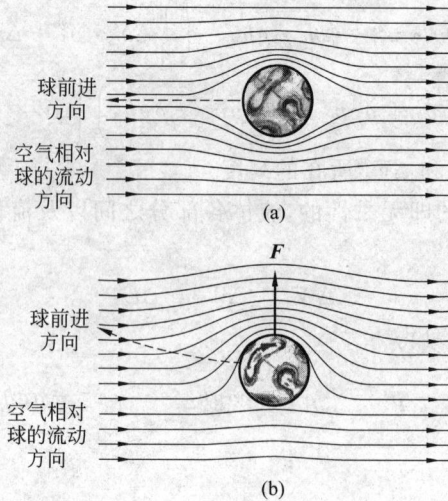

图 4.36 "香蕉球"轨道弯曲的解释

(a) 不旋转的球直进；(b) 旋转的球偏斜

乒乓球赛事中最常见的上旋、下旋、左旋或右旋球的弯曲轨道也都是根据同样的道理产生的。

例 4.17 水箱放水。一水箱底部在其内水面下深度为 D 处安有一水龙头（图 4.37）。当水龙头打开时，箱中的水以多大速率流出？

解 箱中水的流动可以认为是从一段非常粗的管子流向一段细管而从出口流出,在粗管中的流速,也就是箱中液面下降的速率非常小,可以认为式(4.37)中的 $v_1 = 0$。另外由于箱中液面和从龙头中流出的水所受的空气压强都是大气压强,所以 $p_1 = p_2 = p_{atm}$。这样式(4.37)就给出

$$\rho g h_1 = \rho g h_2 + \frac{1}{2}\rho v_2^2$$

由此可得

$$v_2 = \sqrt{2g(h_1 - h_2)} = \sqrt{2gD} \tag{4.41}$$

这一结果和水自由降落一高度 D 所获得的速率一样。你可以设想一些水从水箱中水面高度直接自由降落到出水口高度,机械能守恒将给出同样结果。

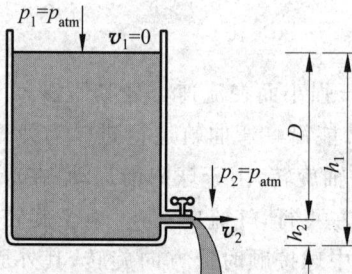

图 4.37 例 4.17 用图

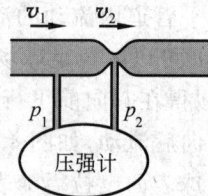

图 4.38 文丘里流速计

例 4.18 文丘里流速计。这是一个用来测定管道中流体流速或流量的仪器,它是一段具有一狭窄"喉部"的管,如图 4.38 所示。此喉部和管道分别与一压强计的两端相通,试用压强计所示的压强差表示管中流体的流速。

解 以 S_1 和 S_2 分别表示管道和喉部的横截面积,以 v_1 和 v_2 分别表示通过它们的流速。根据连续

性方程,有

$$v_2 = v_1 S_1/S_2$$

由于管子平放,所以 $h_1 = h_2$。伯努利方程给出

$$p_1 - p_2 = \frac{1}{2}\rho v_2^2 - \frac{1}{2}\rho v_1^2 = \frac{1}{2}\rho v_1^2 [(S_1/S_2)^2 - 1]$$

由此得管中流速为

$$v_1 = \sqrt{\frac{2(p_1 - p_2)}{\rho[(S_1/S_2)^2 - 1]}} \tag{4.42}$$

例 4.19 **逆风行舟**。俗话说:"好船家会使八面风",有经验的水手能够使用风力开船逆风行进,试说明其中的道理。

解 我们可以利用伯努利方程来说明这一现象。如图 4.39(a)所示,设风沿 v 的方向吹来,以 V 表示船头的指向,即船要前进的方向。AB 为帆,注意帆并不是纯平的,而是弯曲的。因此,气流经过帆时,在帆凸起的一侧,气流速率要大些,而在凹进的一侧,气流的速率要小些(图 4.39(b))。这样,根据伯努利方程(这时 $h_1 = h_2$),在帆凹进的一侧,气流的压强要大于帆凸起的一侧的气流的压强,于是对帆就产生了一个**气动压力** f,其方向垂直于帆面而偏向船头的方向。此力可按图 4.39(c)那样分解为两个分力:指向船头方向的分力 f_{f} 和指向船侧的分力 f_{s}。分力 f_{s} 被船在水中的龙骨受水的侧向阻力所平衡,使船不致侧移,船就在分力 f_{f} 的推动下向前行进了。

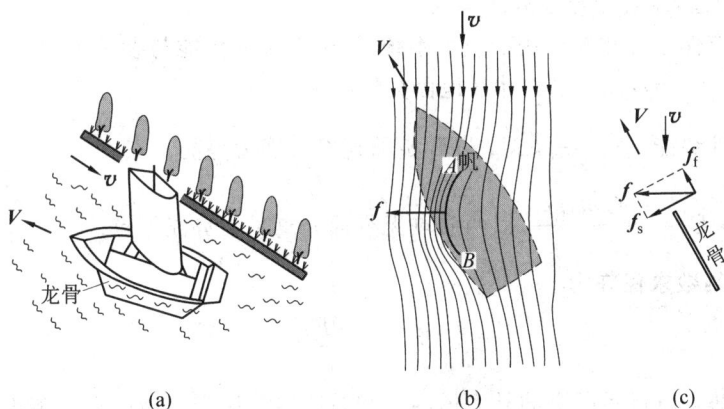

图 4.39　逆风行舟原理

(a)逆风行驶;(b)空气流线示意图;(c)推进力 f_{f} 的产生

由以上分析可知,船并不能正对着逆风前进,而是要偏一个角度。在逆风正好沿着航道吹来的情况下,船就只能沿"之"字形轨道曲折前进了,帆的形状和方向对船的"逆风"前进是有关键性的影响的。

提　要

1. 功:

$$\mathrm{d}A = \boldsymbol{F} \cdot \mathrm{d}\boldsymbol{r}, \quad A_{AB} = \int_{L(A)}^{(B)} \boldsymbol{F} \cdot \mathrm{d}\boldsymbol{r}$$

保守力: 做功与作用点路径形状无关的力,或者说,沿闭合路径一周做功为零的力。保守力做的功只由系统的初、末位形决定。

2. 动能定理：

动能

$$E_k = \frac{1}{2}mv^2$$

对于一个质点，

$$A_{AB} = E_{kB} - E_{kA}$$

对于一个质点系，

$$A_{ext} + A_{int} = E_{kB} - E_{kA}$$

柯尼希定理：对于一个质点系

$$E_k = E_{kC} + E_{k,int}$$

其中，$E_{kC} = \frac{1}{2}mv_C^2$ 为质心的动能，$E_{k,int}$ 为各质点相对于质心（即在质心参考系内）运动的动能之和。

3. 势能： 对保守力可引进势能概念。一个系统的势能 E_p 取决于系统的位形，它由势能差定义为

$$A_{AB} = -\Delta E_p = E_{pA} - E_{pB}$$

确定势能 E_p 的值，需要先选定势能零点。

势能属于有保守力相互作用的整个系统，一个系统的势能与参考系无关。

重力势能：$E_p = mgh$，以物体在地面为势能零点。

弹簧的弹性势能：$E_p = \frac{1}{2}kx^2$，以弹簧的自然长度为势能零点。

引力势能：$E_p = -\dfrac{Gm_1m_2}{r}$，以两质点无穷远分离时为势能零点。

* 4. 由势能函数求保守力：

$$F_l = -\frac{dE_p}{dl}$$

5. 功能原理： 质点系所受的外力做的功和系统内非保守力做的功之和等于该质点系机械能的增量。

外力对保守系统做的功等于该保守系统的机械能的增加。

封闭的保守系统的机械能保持不变。

6. 守恒定律的意义： 不究过程的细节而对系统的初、末状态下结论；相应于自然界的每一种对称性，都存在着一个守恒定律。

7. 碰撞： 完全非弹性碰撞：碰撞后二者合在一起；

　　　　　弹性碰撞：碰撞时系统无动能损失。

8. 理想流体的稳定运动： 理想流体是不可压缩和无黏性的。

连续性方程：

$$S_1 v_1 = S_2 v_2$$

伯努利方程：

$$p_1 + \frac{1}{2}\rho v_1^2 + \rho g h_1 = p_2 + \frac{1}{2}\rho v_2^2 + \rho g h_2$$

思考题

4.1 一辆卡车在水平直轨道上匀速开行,你在车上将一木箱向前推动一段距离。在地面上测量,木箱移动的距离与在车上测得的是否一样长?你用力推动木箱做的功在车上和在地面上测算是否一样?一个力做的功是否与参考系有关?一个物体的动能呢?动能定理呢?

4.2 你在野外高处的平台向外扔石块。一次水平扔出,一次斜向上扔出,一次斜向下扔出。如果三个石块质量一样,在下落到地面的过程中,重力对哪一个石块做的功最多?

4.3 一质点的势能随 x 变化的势能曲线如图 4.40 所示。在 $x=2,3,4,5,6,7$ 诸位置时,质点受的力各是 $+x$ 还是 $-x$ 方向?哪个位置是平衡位置?哪个位置是稳定平衡位置(质点稍微离开平衡位置时,它受的力指向平衡位置,则该位置是稳定的;如果受的力是指离平衡位置,则该位置是不稳定的)?

4.4 向上扔一石块,其机械能总是由于空气阻力不断减小。试根据这一事实说明石块上升到最高点所用的时间总比它回落到抛出点所用的时间要短些。

4.5 评价一种产品的生产效率时,"能耗"常作为一个指标,在该产品的生产过程中能量真的消耗掉了吗?

4.6 对比引力定律和库仑定律的形式,你能直接写出两个电荷(q_1,q_2)相距 r 时的电势能公式吗?这个势能可能有正值吗?

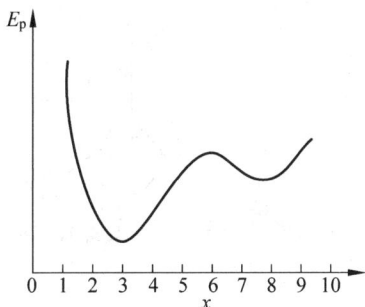

图 4.40 思考题 4.3 用图

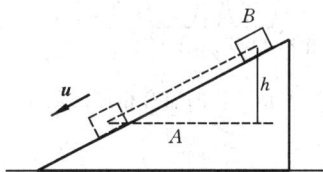

图 4.41 思考题 4.7 用图

4.7 如图 4.41 所示,物体 B(质量为 m)放在光滑斜面 A(质量为 M)上。二者最初静止于一个光滑水平面上。有人以 A 为参考系,认为 B 下落高度 h 时的速率 u 满足

$$mgh = \frac{1}{2}mu^2$$

其中,u 是 B 相对于 A 的速度。这一公式为什么错了?正确的公式应如何写?

4.8 如图 4.42 所示的两个由轻质弹簧和小球组成的系统,都放在水平光滑平面上,今拉长弹簧然后松手。在小球来回运动的过程中,对所选的参考系,两系统的动量是否都改变?两系统的动能是否都改变?两系统的机械能是否都改变?

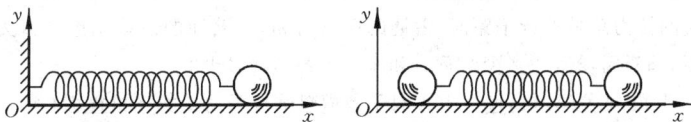

图 4.42 思考题 4.8 用图

4.9   行星绕太阳 S 运行时(图4.43),从近日点 P 向远日点 A 运行的过程中,太阳对它的引力做正功还是负功?再从远日点向近日点运行的过程中,太阳的引力对它做正功还是负功?由功判断,行星的动能以及引力势能在这两阶段的运行中各是增加还是减少?其机械能呢?

4.10   飞机机翼断面形状如图4.44所示。当飞机起飞或飞行时机翼的上下两侧的气流流线如图。试据此图说明飞机飞行时受到"升力"的原因。这和气球上升的原因有何不同?

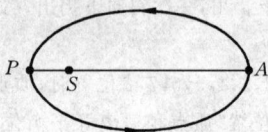

图4.43   行星的公转运行

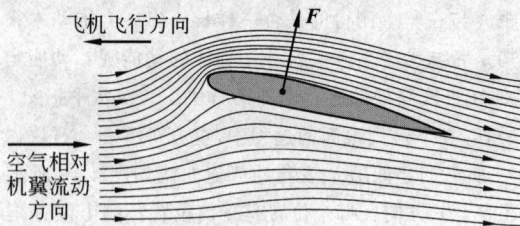

图4.44   飞机"升力"的产生

4.11   两条船并排航行时(图4.45)容易相互靠近而致相撞发生事故。这是什么原因?

4.12   在漏斗中放一乒乓球,颠倒过来,再通过漏斗管向下吹气(图4.46),则发现乒乓球不但不被吹掉,反而牢牢地留在漏斗内,这是什么原因?

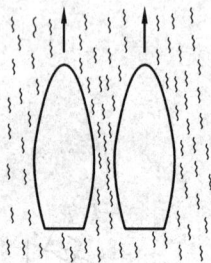

图4.45   并排开行的船有相撞的危险

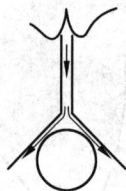

图4.46   乒乓球吹不掉

习题

4.1   电梯由一个起重间与一个配重组成。它们分别系在一根绕过定滑轮的钢缆的两端(图4.47)。起重间(包括负载)的质量 $M=1200$ kg,配重的质量 $m=1000$ kg。此电梯由和定滑轮同轴的电动机所驱动。假定起重间由低层从静止开始加速上升,加速度 $a=1.5$ m/s^2。

(1) 这时滑轮两侧钢缆中的拉力各是多少?

(2) 加速时间 $t=1.0$ s,在此时间内电动机所做功是多少?(忽略滑轮与钢缆的质量)

(3) 在加速 $t=1.0$ s 以后,起重间匀速上升。求它再上升 $\Delta h=10$ m 的过程中,电动机又做了多少功?

4.2   一匹马拉着雪橇沿着冰雪覆盖的圆弧形路面极缓慢地匀速移动。设圆弧路面的半径为 R (图4.48),马对雪橇的拉力总是平行于路面,雪橇的质量为 m,与路面的滑动摩擦系数为 μ_k。当把雪橇由底端拉上 $45°$ 圆弧时,马对雪橇做功多少?重力和摩擦力各做功多少?

4.3   2001年9月11日美国纽约世贸中心双子塔遭恐怖分子劫持的飞机撞毁(图4.49)。据美国官方发表的数据,撞击南楼的飞机是波音767客机,质量为132 t,速度为942 km/h。求该客机的动能,这一能量相当于多少 TNT 炸药的爆炸能量?

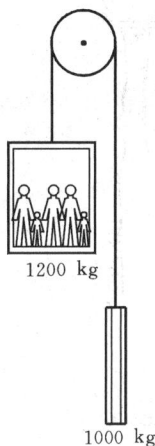

图 4.47 习题 4.1 用图   图 4.48 习题 4.2 用图   图 4.49 习题 4.3 用图

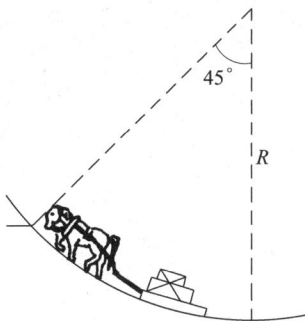

4.4 矿砂由料槽均匀落在水平运动的传送带上,落砂流量 $q = 50$ kg/s。传送带匀速移动,速率为 $v = 1.5$ m/s。求电动机拖动皮带的功率,这一功率是否等于单位时间内落砂获得的动能? 为什么?

4.5 如图 4.50 所示,A 和 B 两物体的质量 $m_A = m_B$,物体 B 与桌面间的滑动摩擦系数 $\mu_k = 0.20$,滑轮摩擦不计。试利用功能概念求物体 A 自静止落下 $h = 1.0$ m 时的速度。

4.6 如图 4.51 所示,一木块 M 静止在光滑地平面上。一子弹 m 沿水平方向以速度 v 射入木块内一段距离 s' 而停在木块内,而使木块移动了 s_1 的距离。

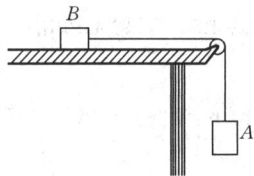

图 4.50 习题 4.5 用图

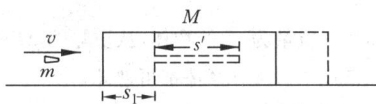

图 4.51 习题 4.6 用图

(1) 相对于地面参考系,在这一过程中子弹和木块的动能变化各是多少? 子弹和木块间的摩擦力对子弹和木块各做了多少功?

(2) 证明子弹和木块的总机械能的增量等于一对摩擦力之一沿相对位移 s' 做的功。

4.7 如图 4.52 所示,物体 A(质量 $m = 0.5$ kg)静止于光滑斜面上。它与固定在斜面底 B 端的弹簧上端 C 相距 $s = 3$ m。弹簧的劲度系数 $k = 400$ N/m,斜面倾角 $\theta = 45°$。求当物体 A 由静止下滑时,能使弹簧长度产生的最大压缩量是多大?

4.8 图 4.53 表示质量为 72 kg 的人跳蹦极。弹性蹦极带原长 20 m,劲度系数为 60 N/m。忽略空气阻力。

(1) 此人自跳台跳出后,落下多高时速度最大? 此最大速度是多少?

(2) 已知跳台高于下面的水面 60 m。此人跳下后会不会触到水面?

*4.9 如图 4.54 所示,一轻质弹簧劲度系数为 k,两端各固定一质量均为 M 的物块 A 和 B,放在水平光滑桌面上静止。今有一质量为 m 的子弹沿弹簧的轴线方向以速度 v_0 射入一物块而不复出,求此后弹簧的最大压缩长度。

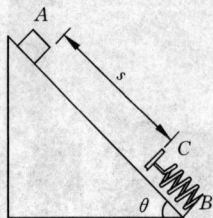

图 4.52　习题 4.7 用图

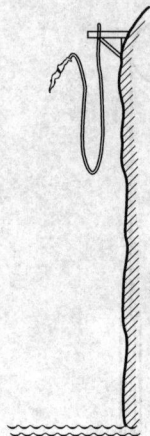

图 4.53　跳蹦极

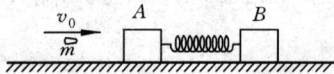

图 4.54　习题 4.9 用图

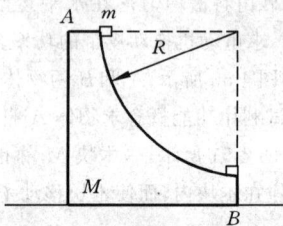

图 4.55　习题 4.10 用图

*4.10　一质量为 m 的物体,从质量为 M 的圆弧形槽顶端由静止滑下,设圆弧形槽的半径为 R,张角为 $\pi/2$(图 4.55)。如所有摩擦都可忽略,求:

(1) 物体刚离开槽底端时,物体和槽的速度各是多少?

(2) 在物体从 A 滑到 B 的过程中,物体对槽所做的功 A。

(3) 物体到达 B 时对槽的压力。

4.11　证明:一个运动的小球与另一个静止的质量相同的小球作弹性的非对心碰撞后,它们将总沿互成直角的方向离开。(参看图 4.23 和图 4.24)

4.12　一质量为 m 的人造地球卫星沿一圆形轨道运动,离开地面的高度等于地球半径的 2 倍(即 $2R$)。试以 m,R,引力恒量 G,地球质量 M 表示出:

(1) 卫星的动能;

(2) 卫星在地球引力场中的引力势能;

(3) 卫星的总机械能。

*4.13　证明:行星在轨道上运动的总能量为

$$E = -\frac{GMm}{r_1 + r_2}$$

式中,M,m 分别为太阳和行星的质量,r_1,r_2 分别为太阳到行星轨道的近日点和远日点的距离。

4.14　两颗中子星质量都是 10^{30} kg,半径都是 20 km,相距 10^{10} m。如果它们最初都是静止的,试求:

(1) 当它们的距离减小到一半时,它们的速度各是多大?

(2) 当它们就要碰上时,它们的速度又将各是多大?

4.15　一个星体的逃逸速度为光速时,亦即由于引力的作用光子也不能从该星体表面逃离时,该星体就成了一个"黑洞"。理论证明,对于这种情况,逃逸速度公式($v_e = \sqrt{2GM/R}$)仍然正确。试计算太阳要是成为黑洞,它的半径应是多大(目前半径为 $R = 7 \times 10^8$ m)? 质量密度是多大? 比原子核的平均密度(2.3×10^{17} kg/m³)大多少倍?

4.16　^{238}U 核放射性衰变时放出的 α 粒子时释放的总能量是 4.27 MeV,求一个静止的 ^{238}U 核放出的 α 粒子的动能。

*4.17　已知某双原子分子的原子间相互作用的势能函数为

$$E_p(x) = \frac{A}{x^{12}} - \frac{B}{x^6}$$

其中,A,B 为常量,x 为两原子间的距离。试求原子间作用力的函数式及原子间相互作用力为零时的距离。

*4.18　在实验室内观察到相距很远的一个质子(质量为 m_p)和一个氦核(质量 $M = 4m_p$)相向运动,速率都是 v_0。求二者能达到的最近距离。(忽略质子和氦核间的引力势能,但二者间的电势能需计入。电势能公式可根据引力势能公式猜出。)

4.19　有的黄河区段的河底高于堤外田地。为了用河水灌溉堤外田地就用虹吸管越过堤面把河水引入田中。虹吸管如图 4.56 所示,是倒 U 形,其两端分别处于河内和堤外的水渠口上。如果河水水面和堤外管口的高度差是 5.0 m,而虹吸管的半径是 0.20 m,则每小时引入田地的河水的体积是多少?

4.20　喷药车的加压罐内杀虫剂水的表面的压强是 $p_0 = 21$ atm,管道另一端的喷嘴的直径是 0.8 cm(图 4.57)。求喷药时,每分钟喷出的杀虫剂水的体积。设喷嘴和罐内液面处于同一高度。

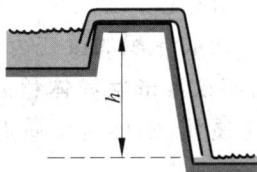

图 4.56　习题 4.19 用图

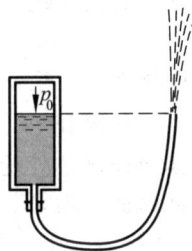

图 4.57　习题 4.20 用图

第5章

刚体的定轴转动

在学过用于质点的牛顿定律及其延伸的概念原理之后,本章介绍刚体转动的规律。这些规律大家在中学课程中没有学过。但是只要注意到一个刚体可以看作是一个质点系,其运动规律应该是牛顿定律对这种质点系的应用,本章内容并不难掌握。本章将首先应用牛顿第二定律导出力的作用对刚体转动的直接影响——转动定律,其次说明刚体的角动量及其守恒,最后再介绍功能概念对刚体转动的应用。

5.1 刚体转动的描述

刚体是固体物件的理想化模型。实际的固体在受力作用时总是要发生或大或小的形状和体积的改变。如果在讨论一个固体的运动时,这种形状或体积的改变可以忽略,我们就把这个固体当作刚体处理。这就是说,**刚体是受力时不改变形状和体积的物体**。刚体可以看成由许多质点组成,每一个质点叫作刚体的一个**质元**,刚体这个质点系的特点是,在外力作用下各质元之间的相对位置保持不变。

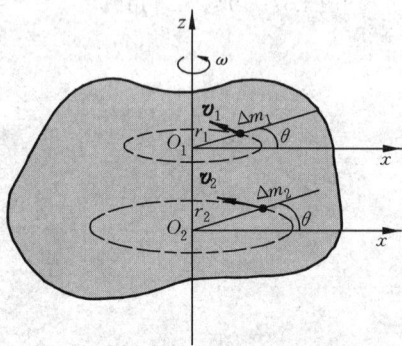

图 5.1 刚体的定轴转动

转动的最简单情况是定轴转动。在这种运动中各质元均作圆周运动,而且各圆的圆心都在一条固定不动的直线上,这条直线叫转轴。转动是刚体的基本运动形式之一。刚体的一般运动都可以认为是平动和绕某一转轴转动的结合。作为基础,本章只讨论刚体的定轴转动。

刚体绕某一固定转轴转动时,各质元的线速度、加速度一般是不同的(图 5.1)。但由于各质元的相对位置保持不变,所以描述各质元运动的角量,如角位移、角速度和角加速度都是一样的。因此描述刚体整体的运动时,用角量最为方便。如在第 1 章介绍圆周运动时所提出的,以 $d\theta$ 表示刚体在 dt 时间内转过的角位移,则刚体的角速度为

$$\omega = \frac{d\theta}{dt} \tag{5.1}$$

角速度实际上是矢量,以 $\boldsymbol{\omega}$ 表示。它的方向规定为沿轴的方向,其指向用右手螺旋定则确定(图 5.1)。在刚体定轴转动的情况下,角速度的方向只能沿轴取两个方向,相应于刚体转动的两个相反的旋转方向。这种情况下,ω 就可用代数方法处理,用正负来区别两个旋转方向。

刚体的角加速度为

$$\alpha = \frac{\mathrm{d}\omega}{\mathrm{d}t} = \frac{\mathrm{d}^2\theta}{\mathrm{d}t^2} \tag{5.2}$$

离转轴的距离为 r 的质元的线速度和刚体的角速度的关系为

$$v = r\omega \tag{5.3}$$

而其加速度与刚体的角加速度和角速度的关系为

$$a_\mathrm{t} = r\alpha \tag{5.4}$$

$$a_\mathrm{n} = r\omega^2 \tag{5.5}$$

定轴转动的一种简单情况是匀加速转动。在这一转动过程中,刚体的角加速度 α 保持不变。以 ω_0 表示刚体在时刻 $t=0$ 时的角速度,以 ω 表示它在时刻 t 时的角速度,以 θ 表示它在从 0 到 t 时刻这一段时间内的角位移,仿照匀加速直线运动公式的推导可得匀加速转动的相应公式

$$\omega = \omega_0 + \alpha t \tag{5.6}$$

$$\theta = \omega_0 t + \frac{1}{2}\alpha t^2 \tag{5.7}$$

$$\omega^2 - \omega_0^2 = 2\alpha\theta \tag{5.8}$$

例 5.1 缆索绕过滑轮。一条缆索绕过一定滑轮拉动一升降机(图 5.2),滑轮半径 $r = 0.5$ m,如果升降机从静止开始以加速度 $a = 0.4$ m/s^2 匀加速上升,且缆索与滑轮之间不打滑,求:

(1) 滑轮的角加速度;

(2) 开始上升后,$t = 5$ s 末滑轮的角速度;

(3) 在这 5 s 内滑轮转过的圈数。

解 (1) 由于升降机的加速度和轮缘上一点的切向加速度相等,根据式(5.4)可得滑轮的角加速度

$$\alpha = \frac{a_\mathrm{t}}{r} = \frac{a}{r} = \frac{0.4}{0.5} \text{ rad/s}^2 = 0.8 \text{ rad/s}^2$$

(2) 利用匀加速转动公式(5.6),由于 $\omega_0 = 0$,所以 5 s 末滑轮的角速度为

$$\omega = \alpha t = 0.8 \times 5 \text{ rad/s} = 4 \text{ rad/s}$$

(3) 利用公式(5.7),得滑轮转过的角度

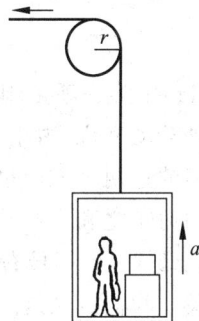

图 5.2 例 5.1 用图

$$\theta = \frac{1}{2}\alpha t^2 = \frac{1}{2} \times 0.8 \times 5^2 \text{ rad} = 10 \text{ rad}$$

与此相应的圈数是 $\frac{10}{2\pi} = 1.6$ 转。

5.2　转动定律

现在考虑力对刚体定轴转动的影响。

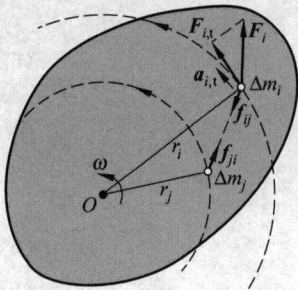

图 5.3　推导转动定律用图

如图 5.3 所示,刚体的一个垂直于轴的截面与轴相交于 O 点。刚体转动时,质元 Δm_i 作半径为 r_i 的圆周运动。设一外力作用在质元 Δm_i 上,由于此外力平行于转轴的分力不可能影响刚体绕轴的转动,所以我们只考虑此外力垂直于轴的分力的作用,以 F_i 表示此分力。以 f_{ij} 表示质元 Δm_i 受另一质元 Δm_j 的力,则 Δm_i 受本刚体所有其他质元的合力为 $\sum_j f_{ij}$。此力对刚体来说,是内力。以 $F_{i,t}$ 和 $\sum_j f_{ij,t}$ 分别表示外力和内力沿 Δm_i 的轨道的切向分力,则沿此切向,应用牛顿第二定律,有

$$F_{i,t} + \sum_j f_{ij,t} = \Delta m_i a_{i,t} = \Delta m_i \frac{dv_i}{dt} = \Delta m_i r_i \frac{d\omega}{dt} \tag{5.9}$$

式中,ω 是刚体的,也就是其中各质元的共有的角速度。

以 Δm_i 到轴的垂直距离 r_i 乘以式(5.9)的首末各项,可得

$$r_i F_{i,t} + r_i \sum_j f_{ij,t} = \Delta m_i r_i^2 \frac{d\omega}{dt} = \Delta m_i r_i^2 \alpha \tag{5.10}$$

式中,$\alpha = d\omega/dt$ 为刚体的角加速度。式(5.10)中的 $r_i F_{i,t}$ 是力 F_i 对轴的力矩,(r_i 此处是力 F_i 对轴的力臂),而 $r_i \sum_j f_{ij,t}$ 是 Δm_i 所受的所有其他质元的内力对轴的力矩。对刚体内所有质元分别写出式(5.10)样式的公式,然后相加可以得

$$\sum_i (r_i F_{i,t}) + \sum_i \left(r_i \sum_j f_{ij,t} \right) = \left(\sum_i \Delta m_i r_i^2 \right) \alpha \tag{5.11}$$

式(5.11)中第一项是刚体(各质元)所受的外力矩之和,称为合外力矩,以 M 表示。对刚体的定轴转动来说,力矩也只可能有沿轴的两个相反的方向,分别对应于绕轴的两个转向,因而力矩的这两个方向也可用正负加以区别。第二项是刚体内各质元受其他所有质元的内力对轴的力矩之和。本节末将证明,这一内力矩的总和等于零。

式(5.11)中等号右侧的求和因子只由刚体的质量和其对轴的分布决定,而与刚体的运动无关。我们定义这一因子为刚体对轴的**转动惯量**,并以 J 表示。即

$$J = \sum_i \Delta m_i r_i^2 \quad (\text{刚体对轴的}) \tag{5.12}$$

转动惯量的 SI 单位为 $kg \cdot m^2$。

这样,式(5.11)可以写为

$$M = J\alpha \tag{5.13}$$

这就是由牛顿定律决定的关于刚体的定轴转动的基本规律。它说明,定轴转动的**刚体所受的合外力矩等于刚体的转动惯量和其角加速度的乘积**。

将式(5.13)和牛顿第二定律公式 $F = ma$ 相比较,可知前者的外力矩相当于后者的外力,前者的角加速度相当于后者的加速度,前者的转动惯量相当于后者的惯性质量。这也是

转动惯量命名的由来。

应用转动定律公式(5.13)解题也可用类似 2.4 节中所述"三字经"所设计的解题步骤。不过,这里要特别注意转动轴的位置和指向,也要注意力矩、角速度和角加速度的正负。下面举几个例题。

例 5.2 **闸瓦制动飞轮**。一个飞轮的质量 $m=60\ \text{kg}$,半径 $R=0.25\ \text{m}$,正在以 $\omega_0=1000\ \text{r/min}$ 的转速转动。现在要制动飞轮(图 5.4),要求在 $t=5.0\ \text{s}$ 内使它均匀减速而最后停下来。求闸瓦对轮子的压力 N 为多大? 假定闸瓦与飞轮之间的滑动摩擦系数为 $\mu_k=0.8$,而飞轮的质量可以看作全部均匀分布在轮的外周上。因而其转动惯量为 $J=mR^2$。

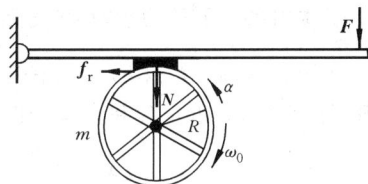

图 5.4 例 5.2 用图

解 飞轮在制动时一定有角加速度,这一角加速度 α 可以用下式求出:

$$\alpha=\frac{\omega-\omega_0}{t}$$

以 $\omega_0=1000\ \text{r/min}=104.7\ \text{rad/s}$, $\omega=0$, $t=5\ \text{s}$ 代入可得

$$\alpha=\frac{0-104.7}{5}\ \text{rad/s}^2=-20.9\ \text{rad/s}^2$$

负值表示 α 与 ω_0 的方向相反,和减速转动相对应。

飞轮的这一负加速度是外力矩作用的结果,这一外力矩就是当用力 $\boldsymbol{F}$ 将闸瓦压紧到轮缘上时对轮缘产生的摩擦力的力矩,以 ω_0 方向为正,则此摩擦力矩应为负值。以 f_r 表示摩擦力的数值,则它对轮的转轴的力矩为

$$M=-f_rR=-\mu_k NR$$

根据刚体定轴转动定律 $M=J\alpha$,可得

$$-\mu_k NR=J\alpha$$

将 $J=mR^2$ 代入,可解得

$$N=-\frac{mR\alpha}{\mu}$$

代入已知数值,可得

$$N=-\frac{60\times0.25\times(-20.9)}{0.8}\ \text{N}=392\ \text{N}$$

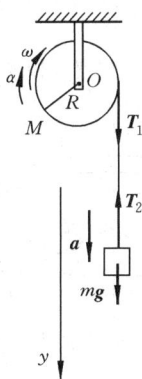

图 5.5 例 5.3 用图

例 5.3 **滑轮物块联动**。如图 5.5 所示,一个质量为 M,半径为 R 的定滑轮(当作均匀圆盘,其转动惯量为 $mR^2/2$)上面绕有细绳。绳的一端固定在滑轮边上,另一端挂一质量为 m 的物体而下垂。忽略轴处摩擦,求物体 m 下落时的加速度。

解 图 5.5 中二拉力 $\boldsymbol{T}_1$ 和 $\boldsymbol{T}_2$ 的大小相等,以 T 表示。

对定滑轮 M,由转动定律,对于轴 O,有

$$RT=J\alpha=\frac{1}{2}MR^2\alpha$$

对物体 m,由牛顿第二定律,沿 y 方向,有

$$mg-T=ma$$

滑轮和物体的运动学关系为

$$a = R\alpha$$

联立解以上三式,可得物体下落的加速度为

$$a = \frac{m}{m + \dfrac{M}{2}} g$$

刚体内各质元受其他所有质元的内力对轴的力矩之和等于零的证明

　　由于所有质元间的内力总是以任意两个质元间的相互作用力成对出现的,我们先考虑 Δm_i 和 Δm_j 两个质元间的相互作用力 f_{ij} 和 f_{ji} 对于任一固定点 O 的力矩之和(图 5.6)。根据牛顿第三定律,一对相互作用力是大小相等方向相反而且沿着同一直线作用的,所以 $f_{ij} = f_{ji}$,而且二力对同一固定点 O 的力臂一样都是 $r_\perp$。但由于此二力的力矩对 O 点说是方向相反的,所以二力矩之和为

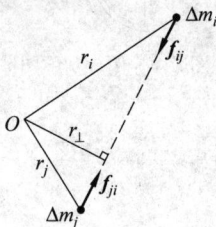

$$r_\perp f_{ij} - r_\perp f_{ji} = r_\perp (f_{ij} - f_{ji}) = 0$$

既然像这样任意一对内力对任一固定点 O 的力矩之和为 0,刚体内各质元间所有各对内力对任一固定点的力矩的总和也一定等于零。由此可知,所有这些内力对固定轴上各点,也就是对整个轴的力矩之和也一定等于零。这一结论正是我们要证明的。

图 5.6　一对相互作用力的力矩之和

5.3　转动惯量的计算

　　应用定轴转动定律公式(5.13)时,我们需要先求出刚体对固定转轴(取为 z 轴)的转动惯量。按式(5.12),转动惯量定义为

$$J = J_z = \sum_i \Delta m_i r_i^2$$

对于质量连续分布的刚体,上述求和应以积分代替,即

$$J = \int r^2 \, dm \tag{5.14}$$

式中,r 为刚体质元 dm 到转轴的垂直距离。

　　由上面两式可知,刚体对某转轴的转动惯量等于刚体中各质元的质量和它们各自离该转轴的垂直距离的平方的乘积的总和,它的大小不仅与刚体的总质量有关,而且和质量相对于轴的分布有关。

　　下面举几个求刚体转动惯量的例子。

　　例 5.4　圆环的转动惯量。求质量为 m,半径为 R 的均匀薄圆环的转动惯量,轴与圆环平面垂直并且通过其圆心。

　　解　如图 5.7 所示,环上各质元到轴的垂直距离都相等,而且等于 R,所以

$$J = \int R^2 \, dm = R^2 \int dm$$

后一积分的意义是环的总质量 m,所以有

$$J = mR^2$$

图 5.7　例 5.4 用图

由于转动惯量是简单可加的,所以任何一个质量为 m,半径为 R 的薄壁圆筒对其轴的转动惯量也是 mR^2。

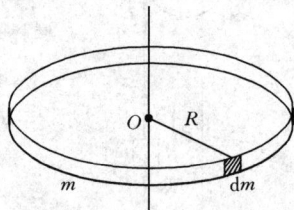

例 5.5 圆盘的转动惯量。求质量为 m,半径为 R,厚为 l 的均匀圆盘的转动惯量,轴与盘面垂直并通过盘心。

解 如图 5.8 所示,圆盘可以认为是由许多薄圆环组成。取任一半径为 r,宽度为 dr 的薄圆环。它的转动惯量按例 5.4 计算出的结果为

$$dJ = r^2 dm$$

其中 dm 为薄圆环的质量。以 ρ 表示圆盘的密度,则有

$$dm = \rho 2\pi r l dr$$

代入上式可得

$$dJ = 2\pi r^3 l \rho dr$$

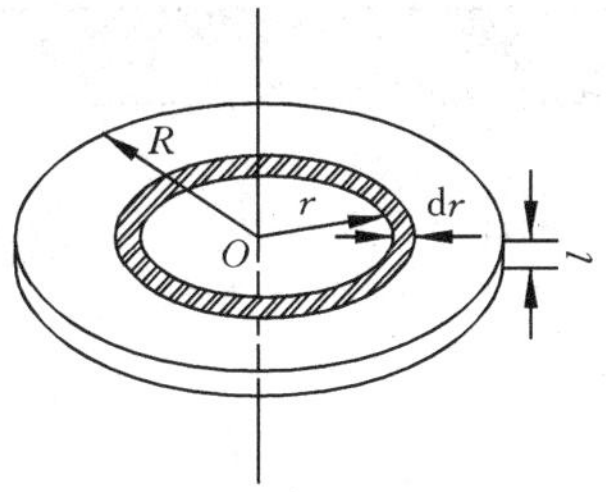

因此

图 5.8 例 5.5 用图

$$J = \int dJ = \int_0^R 2\pi r^3 l \rho dr = \frac{1}{2}\pi R^4 l \rho$$

由于

$$\rho = \frac{m}{\pi R^2 l}$$

所以

$$J = \frac{1}{2}mR^2 \tag{5.15}$$

由于转动惯量是简单可加的,所以任何一个质量为 m,半径为 R 的均匀实心圆柱对其轴的转动惯量也是 $\frac{1}{2}mR^2$。

例 5.6 直棒的转动惯量。求长度为 L,质量为 m 的均匀细棒 AB 的转动惯量:

(1) 对于通过棒的一端与棒垂直的轴;

(2) 对于通过棒的中点与棒垂直的轴。

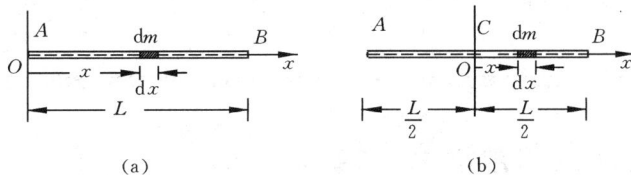

图 5.9 例 5.6 用图

解 (1) 如图 5.9(a)所示,沿棒长方向取 x 轴,取任一长度元 dx。以 ρ_l 表示单位长度的质量,则这一长度元对应的质量元为 $dm = \rho_l dx$。对于在棒的一端的轴来说,

$$J_A = \int x^2 dm = \int_0^L x^2 \rho_l dx = \frac{1}{3}\rho_l L^3$$

将 $\rho_l = m/L$ 代入,可得

$$J_A = \frac{1}{3}mL^2 \tag{5.16}$$

(2) 对于通过棒的中点的轴来说,如图 5.9(b)所示,棒的转动惯量应为

$$J_C = \int x^2 dm = \int_{-\frac{L}{2}}^{+\frac{L}{2}} x^2 \rho_l dx = \frac{1}{12}\rho_l L^3$$

将 $\rho_l = m/L$ 代入,可得

$$J_C = \frac{1}{12}mL^2 \tag{5.17}$$

一些常见的均匀刚体的转动惯量在表 5.1 中给出。

表 5.1　一些均匀刚体的转动惯量

刚 体 形 状		轴 的 位 置	转 动 惯 量
细杆	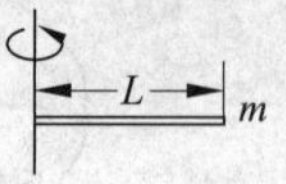	通过一端垂直于杆	$\dfrac{1}{3}mL^2$
细杆	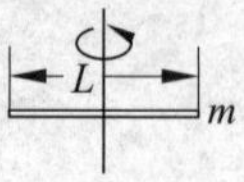	通过中点垂直于杆	$\dfrac{1}{12}mL^2$
薄圆环 （或薄圆筒）	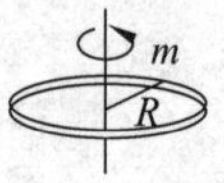	通过环心垂直于环 面（或中心轴）	mR^2
圆盘 （或圆柱体）	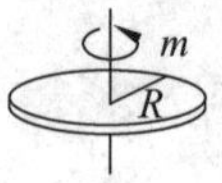	通过盘心垂直于盘面 （或中心轴）	$\dfrac{1}{2}mR^2$
薄球壳	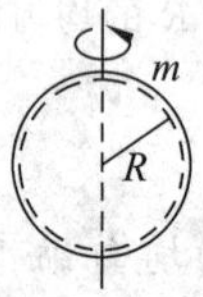	直径	$\dfrac{2}{3}mR^2$
球体	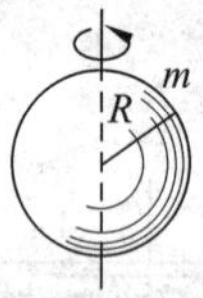	直径	$\dfrac{2}{5}mR^2$

5.4　刚体的角动量和角动量守恒

5-5

　　刚体绕定轴转动时，应该具有角动量。当一刚体绕一定轴以角速度 ω 转动时，它绕该轴的角动量为

$$L = \sum \Delta m_i r_i v_i = \sum \Delta m_i r_i^2 \omega = \left(\sum \Delta m_i r_i^2 \right) \omega$$

由于 $\sum \Delta m_i r_i^2$ 为刚体对定轴的转动惯量 J，所以

$$L = J\omega \tag{5.18}$$

利用角动量的这一表示式，刚体定轴转动定律可重新表示为

$$M = J \frac{\mathrm{d}\omega}{\mathrm{d}t} = \frac{\mathrm{d}(J\omega)}{\mathrm{d}t} = \frac{\mathrm{d}L}{\mathrm{d}t} \tag{5.19}$$

此式说明，**刚体所受的外力矩等于刚体角动量的变化率**。此式和质点的角动量定理公式(3.20)类似，不同的是，式(3.20)中的 M 和 L 是对定点说的，而式(5.19)中的 M 和 L 是对定轴说的。

在式(5.19)中,**如果外力矩 $M=0$,则刚体绕定轴转动的角动量不变**。此角动量守恒的结论也适用于一物体系。

对于一个转动惯量可以改变的物体,当它受的外力矩为零时,它的角动量 $L=J\omega$ 也将保持不变。可以看下面的实例。

让一个人坐在有竖直光滑轴的转椅上,手持哑铃,两臂伸平(图 5.10(a)),用手推他,使他转起来。当他把两臂收回使哑铃贴在胸前时,他的转速就明显地增大(图 5.10(b))。这个现象可以用角动量守恒解释如下。把人在两臂伸平时和收回以后都当成一个刚体,分别以 J_1 和 J_2 表示他对固定竖直轴的转动惯量,以 ω_1 和 ω_2 分别表示两种状态时的角速度。由于人在收回手臂时对竖直轴并没有受到外力矩的作用,所以他的角动量应该守恒,即 $J_1\omega_1=J_2\omega_2$。很明显,$J_2<J_1$,因此 $\omega_2>\omega_1$。

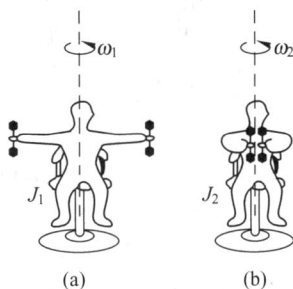

图 5.10　角动量守恒演示

刚体的角动量守恒在现代技术中的一个重要应用是**惯性导航**,所用的装置叫**回转仪**,也叫"陀螺"。它的核心部分是装置在**常平架**上的一个质量较大的转子(图 5.11)。常平架由套在一起,分别具有竖直轴和水平轴的两个圆环组成。转子装在内环上,其轴与内环的轴垂直。转子是精确地对称于其转轴的圆柱,各轴承均高度润滑。这样转子就具有可以绕其自由转动的三个相互垂直的轴。因此,不管常平架如何移动或转动,转子都不会受到任何力矩的作用。所以一旦使转子高速转动起来,根据角动量守恒定律,它将保持其对称轴在空间的指向不变。安装在船、飞机、导弹或宇宙飞船上的这种回转仪就能指出这些船或飞行器的航向相对于空间某一定向的方向,从而起到导航的作用。在这种应用中,往往用三个这样的回转仪并使它们的转轴相互垂直,从而提供一套绝对的笛卡儿直角坐标系。读者可以想一下,这些转子竟能在浩瀚的太空中认准一个确定的方向并且使自己的转轴始终指向它而不改变。多么不可思议的自然界啊!

上述惯性导航装置出现不过一百年,但常平架在我国早就出现了,那是西汉(公元 1 世纪)丁缓设计制造的但后来失传的"被中香炉"(图 5.12)。他用两个套在一起的环形支架架住一个小香炉,香炉由于受到重力总是悬着。不管支架如何转动,香炉总不会倾倒。遗憾的是这种装置只是用来保证被中取暖时的安全,而没有得到任何技术上的应用。虽然如此,它也闪现了我们祖先的智慧之光。

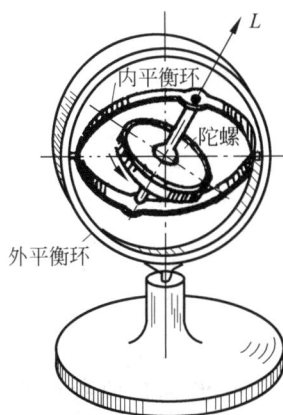

图 5.11　回转仪

图 5.12　被中香炉

例 5.7   子弹击中棒。 一根长 l，质量为 M 的均匀直棒，其一端挂在一个水平光滑轴上而静止在竖直位置。今有一子弹，质量为 m，以水平速度 v_0 射入棒的下端而不复出。求棒和子弹开始一起运动时的角速度。

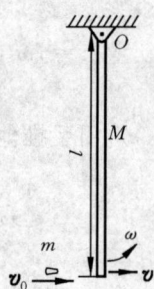

图 5.13   例 5.7 用图

解   由于从子弹进入棒到二者开始一起运动所经过的时间极短，在这一过程中棒的位置基本不变，即仍然保持竖直（图 5.13）。因此，对于木棒和子弹系统，在子弹冲入过程中，系统所受的外力（重力和轴的支持力）对于轴 O 的力矩都是零。这样，系统对轴 O 的角动量守恒。以 v 和 ω 分别表示子弹和木棒一起开始运动时木棒端点的速度和角速度，则角动量守恒给出

$$mlv_0 = mlv + \frac{1}{3}Ml^2\omega$$

再利用关系式 $v = l\omega$，就可解得

$$\omega = \frac{3m}{3m + M}\frac{v_0}{l}$$

将此题和例 3.4 比较一下是很有启发性的。注意，这里，在子弹射入棒的过程中，木棒和子弹系统的总动量并不守恒。

例 5.8   人走圆盘转。 一个质量为 M，半径为 R 的水平均匀圆盘可绕通过中心的光滑竖直轴自由转动。在盘缘上站着一个质量为 m 的人，二者最初都相对地面静止。当人在盘上沿盘边走一周时，盘对地面转过的角度多大？

解   如图 5.14 所示，对盘和人组成的系统，在人走动时系统所受的对竖直轴的外力矩为零，所以系统对此轴的角动量守恒。以 j 和 J 分别表示人和盘对轴的转动惯量，并以 ω 和 Ω 分别表示任一时刻人和盘绕轴的角速度。由于起始角动量为零，所以角动量守恒给出

$$j\omega - J\Omega = 0$$

其中 $j = mR^2$，$J = \frac{1}{2}MR^2$，以 θ 和 Θ 分别表示人和盘对地面发生的角位移，则

$$\omega = \frac{\mathrm{d}\theta}{\mathrm{d}t}, \quad \Omega = \frac{\mathrm{d}\Theta}{\mathrm{d}t}$$

代入上一式得

$$mR^2\frac{\mathrm{d}\theta}{\mathrm{d}t} = \frac{1}{2}MR^2\frac{\mathrm{d}\Theta}{\mathrm{d}t}$$

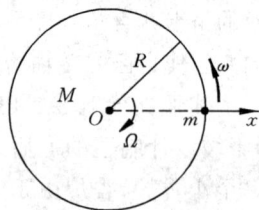

图 5.14   例 5.8 用图

两边都乘以 $\mathrm{d}t$，并积分，则有

$$\int_0^\theta mR^2\,\mathrm{d}\theta = \int_0^\Theta \frac{1}{2}MR^2\,\mathrm{d}\Theta$$

由此得

$$m\theta = \frac{1}{2}M\Theta$$

人在盘上走一周时

$$\theta = 2\pi - \Theta$$

代入上一式可解得

$$\Theta = \frac{2m}{2m + M} \times 2\pi$$

将此例题和例 3.5 及例 3.10 比较一下，也是很有启发性的。

例 5.9   飞船制动。 如图 5.15 所示的宇宙飞船对于其中心轴的转动惯量为 $J = 5 \times 10^3 \ \mathrm{kg \cdot m^2}$，正以 $\omega = 0.1 \ \mathrm{rad/s}$ 的角速度绕中心轴旋转。宇航员想用两个切向的控制喷

管使飞船停止旋转。每个喷管的位置与轴线距离都是 $r=1.5$ m。两喷管的喷气流量恒定，共是 $q=2$ kg/s。废气的喷射速率（相对于飞船周边）$u=50$ m/s，并且恒定。问喷管应喷射多长时间才能使飞船停止旋转。

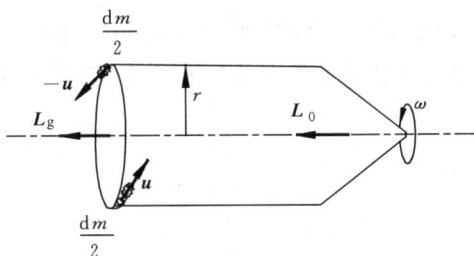

图 5.15　例 5.9 用图

解　把飞船和排出的废气 m 当作研究系统，可以认为废气质量远小于飞船质量，所以原来系统对于飞船中心轴的角动量近似地等于飞船自身的角动量，即

$$L_0 = J\omega$$

在喷气过程中，以 dm 表示 dt 时间内喷出的气体的质量，这些气体对中心轴的角动量为 $dm \cdot r(u+v)$，方向与飞船的角动量方向相同。由于 $u=50$ m/s，比飞船周边的速率 v（$v=\omega r$）大得多，所以此角动量近似地等于 $dm \cdot ru$。在整个喷气过程中喷出的废气的总的角动量 L_g 应为

$$L_g = \int_0^m dm \cdot ru = mru$$

式中，m 是喷出废气的总质量。当宇宙飞船停止旋转时，它的角动量为零，系统的总角动量 L_1 就是全部排出的废气的总角动量，即

$$L_1 = L_g = mru$$

在整个喷射过程中，系统所受的对于飞船中心轴的外力矩为零，所以系统对于此轴的角动量守恒，即 $L_0 = L_1$。由此得

$$J\omega = mru$$

即

$$m = \frac{J\omega}{ru}$$

而所求的时间为

$$t = \frac{m}{q} = \frac{J\omega}{qru} = \frac{5 \times 10^3 \times 0.1}{2 \times 1.5 \times 50}\ \text{s} = 3.3\ \text{s}$$

5.5　转动中的功和能

先说明如何计算力做的功。如图 5.16 所示，一刚体的一个截面与转轴正交于 O 点，$\boldsymbol{F}$ 为作用在刚体上的一个外力。当刚体转动一角位移 $d\theta$ 时，受此力作用的质元沿圆周的位移 $d\boldsymbol{r}$ 的大小为 $|d\boldsymbol{r}| = rd\theta$。

由功的定义式(4.1)可得，力 $\boldsymbol{F}$ 做的元功为

$$dA = \boldsymbol{F} \cdot d\boldsymbol{r} = F_t |d\boldsymbol{r}| = F_t r d\theta$$

由于式中 $F_t r = M$ 为力 $\boldsymbol{F}$ 对转轴的力矩，所以有

$$dA = M d\theta \qquad (5.20)$$

即力对转动刚体做的元功等于相应的力矩和刚体的元角位移

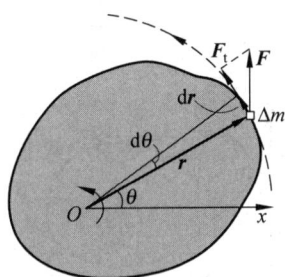

图 5.16　力矩做功

5-7

的乘积。

对于有限的角位移,力做的功应该用下式计算:

$$A_{AB} = \int_{\theta_A}^{\theta_B} M \mathrm{d}\theta \tag{5.21}$$

此式常被称为力矩的功,它是力做的功在刚体转动中的特殊计算公式。

现在把外力做的功和刚体转动动能的变化联系起来,把转动定律式(5.13)两侧都乘以 $\mathrm{d}\theta$ 并从角位置 θ_1 到 θ_2 积分,可得

$$\int_{\theta_A}^{\theta_B} M \mathrm{d}\theta = \int_{\theta_A}^{\theta_B} J\alpha \mathrm{d}\theta = J \int_{\theta_A}^{\theta_B} \frac{\mathrm{d}\omega}{\mathrm{d}t} \mathrm{d}\theta = J \int_{\omega_A}^{\omega_B} \omega \mathrm{d}\omega$$

或

$$A_{AB} = \frac{1}{2} J \omega_B^2 - \frac{1}{2} J \omega_A^2 \tag{5.22}$$

如果定义

$$E_k = \frac{1}{2} J \omega^2 \tag{5.23}$$

表示转动惯量为 J 的刚体以角速度 ω 转动时的**转动动能**,则式(5.22)可写为

$$A_{AB} = E_{kB} - E_{kA} \tag{5.24}$$

此式说明,合外力矩对一个绕固定轴转动的刚体所做的功等于它的转动动能的增量。和式(4.9)对比,此式可称为**转动中的动能定理**。

例 5.10   冲床打孔。机械加工常利用转动的飞轮作为储存能量的装置。某一冲床利用飞轮的转动动能通过曲柄连杆机构的传动,带动冲头在铁板上打孔。已知飞轮的半径为 $R = 0.4 \ \mathrm{m}$,质量为 $m = 600 \ \mathrm{kg}$,可以看成均匀圆盘,转动惯量为 $\frac{1}{2} m R^2$。飞轮的正常转速是 $n_1 = 240 \ \mathrm{r/min}$,冲一次孔转速减低 20%。求冲一次孔,冲头做了多少功?

解   以 ω_1 和 ω_2 分别表示冲孔前后飞轮的角速度,则

$$\omega_1 = 2\pi n_1 / 60, \quad \omega_2 = (1 - 0.2)\omega_1 = 0.8\omega_1$$

由转动动能定理公式(5.13),可得冲一次孔铁板阻力对冲头-飞轮做的功为

$$A = E_{k2} - E_{k1} = \frac{1}{2} J \omega_2^2 - \frac{1}{2} J \omega_1^2$$

$$= \frac{1}{2} J \omega_1^2 (0.8^2 - 1) = \frac{1}{4} m R^2 \omega_1^2 (0.8^2 - 1)$$

$$= \frac{1}{3600} \pi^2 m R^2 n_1^2 (0.8^2 - 1)$$

将已知数值代入,可得

$$A = \frac{1}{3600} \times \pi^2 \times 600 \times 0.4^2 \times 240^2 \times (0.8^2 - 1) \mathrm{J} = -5.45 \times 10^3 \ \mathrm{J}$$

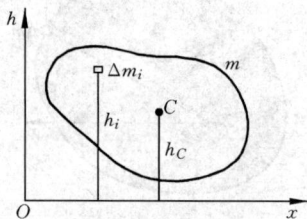

图 5.17   刚体的重力势能

这是冲一次孔铁板阻力对冲头做的功,它的大小也就是冲一次孔冲头克服此阻力做的功。

如果一个刚体受到保守力的作用,也可以引入势能的概念。例如在重力场中的刚体就具有一定的**重力势能**,它的重力势能就是它的各质元重力势能的总和。对于一个不太大,质量为 m 的刚体(图 5.17),它的重力势能为

$$E_p = \sum_i \Delta m_i g h_i = g \sum_i \Delta m_i h_i$$

根据质心的定义,此刚体的质心的高度应为

$$h_C = \frac{\sum_i \Delta m_i h_i}{m}$$

所以上一式可以写成

$$E_p = mgh_C \tag{5.25}$$

这一结果说明,**一个不太大的刚体的重力势能和它的全部质量集中在质心时所具有的重力势能一样。**

对于包括有刚体的封闭的保守系统,在运动过程中,它的包括转动动能在内的机械能也应该守恒。下面举两个例子。

例 5.11 滑轮物块联动。 如图 5.18 所示,一个质量为 M,半径为 R 的定滑轮(当作均匀圆盘)上面绕有细绳。绳的一端固定在滑轮边上,另一端挂一质量为 m 的物体而下垂。忽略轴处摩擦,求物体 m 由静止下落 h 高度时的速度和此时滑轮的角速度。

解 以滑轮、物体和地球作为研究的系统。在质量为 m 的物体下落的过程中,滑轮随同转动。滑轮轴对滑轮的支持力(外力)不做功(因为无位移)。因此,所考虑的系统是封闭的保守系统,所以机械能守恒。

滑轮的重力势能不变,可以不考虑。取物体的初始位置为重力势能零点,则系统的初态的机械能为零,末态的机械能为

$$\frac{1}{2}J\omega^2 + \frac{1}{2}mv^2 + mg(-h)$$

机械能守恒定律给出

$$\frac{1}{2}J\omega^2 + \frac{1}{2}mv^2 - mgh = 0$$

将关系式 $J = \frac{1}{2}MR^2$,$\omega = \frac{v}{R}$ 代入上式,即可求得物体下落高度 h 时,物体的速度为

$$v = \sqrt{\frac{4mgh}{2m+M}}$$

滑轮的角速度为

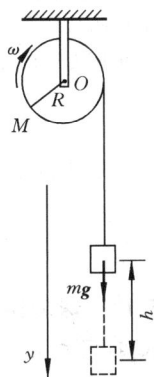

图 5.18 例 5.11 用图

$$\omega = \frac{v}{R} = \frac{\sqrt{\dfrac{4mgh}{2m+M}}}{R}$$

例 5.12 直棒下摆。 一根长 l,质量为 m 的均匀细直棒,其一端有一固定的光滑水平轴,因而可以在竖直平面内转动。最初棒静止在水平位置,求它由此下摆 θ 角时的角加速度和角速度。

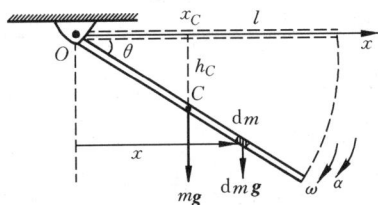

图 5.19 例 5.12 用图

解 讨论此棒的下摆运动时,不能再把它看成质点,而应作为刚体转动来处理。这需要用转动定律。

棒的下摆是一加速转动,所受外力矩即重力对转轴 O 的力矩。取棒上一小段,其质量为 dm(图 5.19)。在棒下摆任意角度 θ 时,它所受重力对轴 O 的力矩是 $x\,dm \cdot g$,其中 x 是 dm 对轴 O 的水平坐标。整个棒受的重力对轴 O 的力矩就是

$$M = \int x\,dm \cdot g = g\int x\,dm$$

由质心的定义，$\int x\,\mathrm{d}m = mx_C$，其中 x_C 是质心对于轴 O 的 x 坐标。因而可得

$$M = mgx_C$$

这一结果说明，重力对整个棒的合力矩就和全部重力集中作用于质心所产生的力矩一样。

由于

$$x_C = \frac{1}{2}l\cos\theta$$

所以有

$$M = \frac{1}{2}mgl\cos\theta$$

代入转动定律公式 (5.13) 可得棒的角加速度为

$$\alpha = \frac{M}{J} = \frac{\dfrac{1}{2}mgl\cos\theta}{\dfrac{1}{3}ml^2} = \frac{3g\cos\theta}{2l}$$

求棒下摆 θ 角时的角速度 ω，可以利用机械能守恒定律。取棒和地球为系统，由于在棒下摆的过程中，外力（轴对棒的支持力）不做功，所以系统可视为封闭的保守系统而其机械能守恒。取棒的水平初位置为势能零点，机械能守恒定律给出

$$\frac{1}{2}J\omega^2 + mg(-h_C) = 0$$

利用公式 $J = \dfrac{1}{3}ml^2$，$h_C = \dfrac{1}{2}l\sin\theta$，就可解得

$$\omega = \sqrt{\frac{3g\sin\theta}{l}}$$

例 5.13 球碰棒端。 如图 5.20 所示，一根长 l，质量为 m 的均匀直棒静止在一光滑水平面上。它的中点有一竖直光滑固定轴，一个质量为 m' 的小球以水平速度 v_0 垂直于棒冲击其一端而粘上。求碰撞后球的速度 $\boldsymbol{v}$ 和棒的角速度 ω 以及由此碰撞而损失的机械能。

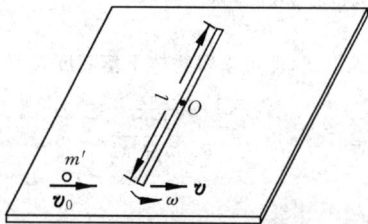

图 5.20 例 5.13 用图

解 对棒和球系统，对于竖直光滑轴 O，碰撞过程中外力矩为零，因而角动量守恒，即

$$\frac{m'lv_0}{2} = \frac{m'lv}{2} + \frac{1}{12}ml^2\omega$$

由于 $v = \omega l/2$，所以上式可写为

$$\frac{m'lv_0}{2} = \frac{m'l^2}{4}\omega + \frac{1}{12}ml^2\omega$$

解此方程可得

$$\omega = \frac{6m'v_0}{(3m'+m)l}, \quad v = \frac{3m'v_0}{3m'+m}$$

由于碰撞而损失的机械能为

$$-\Delta E = \frac{1}{2}m'v_0^2 - \frac{1}{2}\left(\frac{m'l^2}{4} + \frac{1}{12}ml^2\right)\omega^2 = \frac{m}{3m'+m}\frac{1}{2}m'v_0^2$$

提要

1. 刚体的定轴转动：

匀加速转动：
$$\omega=\omega_0+\alpha t, \quad \theta=\omega_0 t+\frac{1}{2}\alpha t^2$$
$$\omega^2-\omega_0^2=2\alpha\theta$$

2. 刚体定轴转动定律：
$$M=J\alpha=\frac{\mathrm{d}L}{\mathrm{d}t}$$

式中，M 为外力对转轴的力矩之和，J 为刚体对转轴的转动惯量，$L=J\omega$ 为刚体对转轴的角动量。

3. 刚体的转动惯量：
$$J=\sum m_i r_i^2, \quad J=\int r^2\,\mathrm{d}m$$

4. 对定轴的角动量守恒：系统(包括刚体)所受的对某一固定轴的合外力矩为零时，系统对此轴的总角动量保持不变。

5. 刚体转动中的功和能：

力矩的功：
$$A_{AB}=\int_{\theta_A}^{\theta_B}M\,\mathrm{d}\theta$$

转动动能：
$$E_k=\frac{1}{2}J\omega^2$$

刚体的重力势能：
$$E_p=mgh_C$$

对包含刚体的封闭的保守系统，在运动过程中，其总机械能，包括转动动能，保持不变。

6. 规律对比：把质点的运动规律和刚体的定轴转动规律对比(见表 5.2)，有助于从整体上系统地理解力学定律。读者还应了解它们之间的联系。

表 5.2　质点的运动规律和刚体的定轴转动规律对比

质点的运动	刚体的定轴转动
速度　$v=\dfrac{\mathrm{d}r}{\mathrm{d}t}$	角速度　$\omega=\dfrac{\mathrm{d}\theta}{\mathrm{d}t}$
加速度　$a=\dfrac{\mathrm{d}v}{\mathrm{d}t}=\dfrac{\mathrm{d}^2r}{\mathrm{d}t^2}$	角加速度　$\alpha=\dfrac{\mathrm{d}\omega}{\mathrm{d}t}=\dfrac{\mathrm{d}^2\theta}{\mathrm{d}t^2}$
质量　m	转动惯量　$J=\int r^2\,\mathrm{d}m$
力　F	力矩　$M=r_\perp F_\perp$（$\perp$表示垂直转轴）
运动定律　$F=ma$	转动定律　$M=J\alpha$
动量　$p=mv$	动量　$p=\sum_i\Delta m_i v_i$
角动量　$L=r\times p$	角动量　$L=J\omega$

续表

质点的运动	刚体的定轴转动
动量定理　$\boldsymbol{F} = \dfrac{\mathrm{d}(m\boldsymbol{v})}{\mathrm{d}t}$	角动量定理　$M = \dfrac{\mathrm{d}(J\omega)}{\mathrm{d}t}$
动量守恒定律　$\displaystyle\sum_i \boldsymbol{F}_i = 0$ 时， 　　　　$\displaystyle\sum_i m_i \boldsymbol{v}_i = $ 恒量	角动量守恒定律　$M = 0$ 时， 　　　　$\displaystyle\sum J\omega = $ 恒量
力的功　$A_{AB} = \displaystyle\int_{(A)}^{(B)} \boldsymbol{F} \cdot \mathrm{d}\boldsymbol{r}$	力矩的功　$A_{AB} = \displaystyle\int_{\theta_A}^{\theta_B} M \mathrm{d}\theta$
动能　$E_k = \dfrac{1}{2} m v^2$	转动动能　$E_k = \dfrac{1}{2} J \omega^2$
动能定理　$A_{AB} = \dfrac{1}{2} m v_B^2 - \dfrac{1}{2} m v_A^2$	动能定理　$A_{AB} = \dfrac{1}{2} J \omega_B^2 - \dfrac{1}{2} J \omega_A^2$
重力势能　$E_p = mgh$	重力势能　$E_p = mgh_C$
机械能守恒定律　对封闭的保守系统， 　　　　$E_k + E_p = $ 恒量	机械能守恒定律　对封闭的保守系统， 　　　　$E_k + E_p = $ 恒量

思 考 题

5.1　一个有固定轴的刚体，受有两个力的作用。当这两个力的合力为零时，它们对轴的合力矩也一定是零吗？当这两个力对轴的合力矩为零时，它们的合力也一定是零吗？举例说明。

5.2　就自身来说，你作什么姿势和对什么样的轴，转动惯量最小或最大？

5.3　走钢丝的杂技演员，表演时为什么要拿一根长直棍(图 5.21)？

5.4　两个半径相同的轮子，质量相同。但一个轮子的质量聚集在边缘附近，另一个轮子的质量分布比较均匀，试问：

(1) 如果它们的角动量相同，哪个轮子转得快？

(2) 如果它们的角速度相同，哪个轮子的角动量大？

5.5　假定时钟的指针是质量均匀的矩形薄片。分针长而细，时针短而粗，两者具有相等的质量。哪一个指针有较大的转动惯量？哪一个有较大的动能与角动量？

5.6　花样滑冰运动员想高速旋转时，她先把一条腿和两臂伸开，并用脚蹬冰使自己转动起来，然后再收拢腿和臂，这时她的转速就明显地加快了。这是利用了什么原理？

5.7　一个站在水平转盘上的人，左手举一个自行车轮，使轮子的轴竖直(图 5.22)。当他用右手拨动轮缘使车轮转动时，他自己会同时沿相反方向转动起来。解释其中的道理。

5.8　刚体定轴转动时，它的动能的增量只取决于外力对它做的功而与内力的作用无关。对于非刚体也是这样吗？为什么？

5.9　一定轴转动的刚体的转动动能等于其中各质元的动能之和，试根据这一理由推导转动动能 $E_k = \dfrac{1}{2} J \omega^2$。

图 5.21　阿迪力走钢丝跨过北京野生动物园上空
（引自新京报）

图 5.22　思考题 5.7 用图

习　题

5.1　掷铁饼运动员手持铁饼转动 1.25 圈后松手，此刻铁饼的速度值达到 $v=25$ m/s。设转动时铁饼沿半径为 $R=1.0$ m 的圆周运动并且均匀加速，求：

(1) 铁饼离手时的角速度；

(2) 铁饼的角加速度；

(3) 铁饼在手中加速的时间（把铁饼视为质点）。

5.2　一汽车发动机的主轴的转速在 7.0 s 内由 200 r/min 均匀地增加到 3000 r/min。求：

(1) 这段时间内主轴的初角速度和末角速度以及角加速度；

(2) 这段时间内主轴转过的角度和圈数。

5.3　地球自转是逐渐变慢的。在 1987 年完成 365 次自转比 1900 年长 1.14 s。求在 1987—1990 这段时间内，地球自转的平均角加速度。

5.4　求位于北纬 40° 的颐和园排云殿（以图 5.23 中 P 点表示）相对于地心参考系的线速度与加速度的数值与方向。

5.5　水分子的形状如图 5.24 所示。从光谱分析得知水分子对 AA' 轴的转动惯量是 $J_{AA'}=1.93\times10^{-47}$ kg·m²，对 BB' 轴的转动惯量是 $J_{BB'}=1.14\times10^{-47}$ kg·m²。试由此数据和各原子的质量求出氢和氧原子间的距离 d 和夹角 θ。假设各原子都可按质点处理。

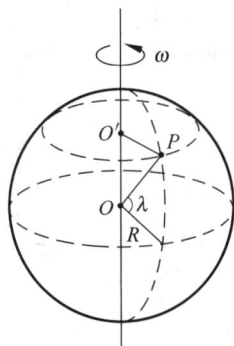

图 5.23　习题 5.4 用图

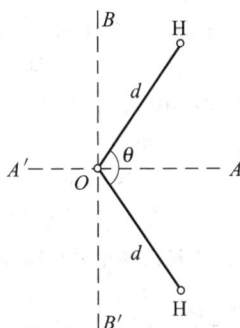

图 5.24　习题 5.5 用图

5.6　C_{60}(Fullerene,富勒烯)分子由 60 个碳原子组成,这些碳原子各位于一个球形 32 面体的 60 个顶角上(图 5.25),此球体的直径为 71 nm。

(1) 按均匀球面计算,此球形分子对其一个直径的转动惯量是多少?

(2) 在室温下一个 C_{60} 分子的自转动能为 6.21×10^{-21} J。求它的自转频率。

5.7　一个氧原子的质量是 2.66×10^{-26} kg,一个氧分子中两个氧原子的中心相距 1.21×10^{-10} m。求氧分子相对于通过其质心并垂直于二原子连线的轴的转动惯量。如果一个氧分子相对于此轴的转动动能是 2.06×10^{-21} J,它绕此轴的转动周期是多少?

图 5.25　习题 5.6 用图

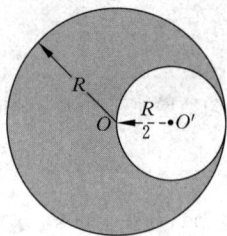

5.8　在伦敦的英国议会塔楼上的大本钟的分针长 4.50 m,质量为 100 kg;时针长 2.70 m,质量为 60.0 kg。二者对中心轴的角动量和转动动能各是多少? 将二者都当成均匀细直棒处理。

*5.9　从一个半径为 R 的均匀薄板上挖去一个直径为 R 的圆板,所形成的圆洞中心在距原薄板中心 $R/2$ 处(图5.26),所剩薄板的质量为 m。求此时薄板对于通过原中心而与板面垂直的轴的转动惯量。

5.10　如图 5.27 所示,两物体质量分别为 m_1 和 m_2,定滑轮的质量为 m,半径为 r,可视作均匀圆盘。已知 m_2 与桌面间的滑动摩擦系数为 μ_k,求 m_1 下落的加速度和两段绳子中的张力各是多少? 设绳子和滑轮间无相对滑动,滑轮轴受的摩擦力忽略不计。

5.11　一根均匀米尺,在 60 cm 刻度处被钉到墙上,且可以在竖直平面内自由转动。先用手使米尺保持水平,然后释放。求刚释放时米尺的角加速度和米尺到竖直位置时的角速度各是多大?

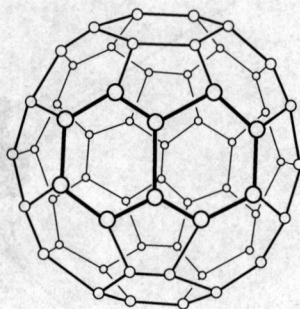

图 5.26　习题 5.9 用图

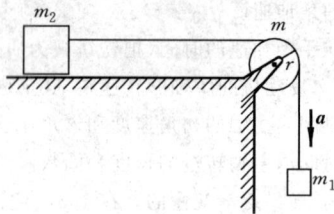

图 5.27　习题 5.10 用图

5.12　坐在转椅上的人手握哑铃(图 5.10)。两臂伸直时,人、哑铃和椅系统对竖直轴的转动惯量为 $J_1 = 2$ kg·m²。经外人推动后,此系统开始以 $n_1 = 15$ r/min 转动。当人的两臂收回,使系统的转动惯量变为 $J_2 = 0.80$ kg·m² 时,它的转速 n_2 是多大? 两臂收回过程中,系统的机械能是否守恒? 什么力做了功? 做功多少? 设轴上摩擦忽略不计。

5.13　图 5.28 中均匀杆长 $L = 0.40$ m,质量 $M = 1.0$ kg,由其上端的光滑水平轴吊起而处于静止。今有一质量 $m = 8.0$ g 的子弹以 $v = 200$ m/s 的速率水平射入杆中而不复出,射入点在轴下 $d = 3L/4$ 处。求:

(1) 子弹停在杆中时杆的角速度;

(2) 杆的最大偏转角。

5.14　一转台绕竖直固定轴转动,每转一周所需时间为 $t = 10$ s,转台对轴的转动惯量为 $J = 1200$ kg·m²。一质量为 $M = 80$ kg 的人,开始时站在转台的中心,随后沿半径向外跑去,当人离转台中心 $r = 2$ m 时转台的角速度是多大?

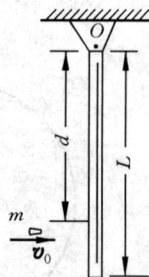

图 5.28　习题 5.13 用图

5.15　两辆质量都是 1200 kg 的汽车在平直公路上都以 72 km/h 的高速

迎面开行。由于两车质心轨道间距离太小,仅为 0.5 m,因而发生碰撞,碰后两车扣在一起,此残体对于其质心的转动惯量为 2500 kg·m²,求:

(1) 两车扣在一起时的旋转角速度;

(2) 由于碰撞而损失的机械能。

5.16 宇宙飞船中有三个宇航员绕着船舱环形内壁按同一方向跑动以产生人造重力。

(1) 如果想使人造重力等于他们在地面上时受的自然重力,那么他们跑动的速率应多大?设他们的质心运动的半径为 2.5 m,人体当质点处理。

(2) 如果飞船最初未动,当宇航员按上面速率跑动时,飞船将以多大角速度旋转?设每个宇航员的质量为 70 kg,飞船船体对于其纵轴的转动惯量为 $3×10^5$ kg·m²。

(3) 要使飞船转过 30°,宇航员需要跑几圈?

5.17 把太阳当成均匀球体,试由本书的"数值表"给出的有关数据计算太阳的角动量。太阳的角动量是太阳系总角动量($3.3×10^{43}$ J·s)的百分之几?

*5.18 蟹状星云(图 5.29)中心是一颗脉冲星,代号 PSR 0531+21。它以十分确定的周期(0.033 s)向地球发射电磁波脉冲。这种脉冲星实际上是转动着的中子星,由中子密聚而成,脉冲周期就是它的转动周期。实测还发现,上述中子星的周期以 $1.26×10^{-5}$ s/a 的速率增大。

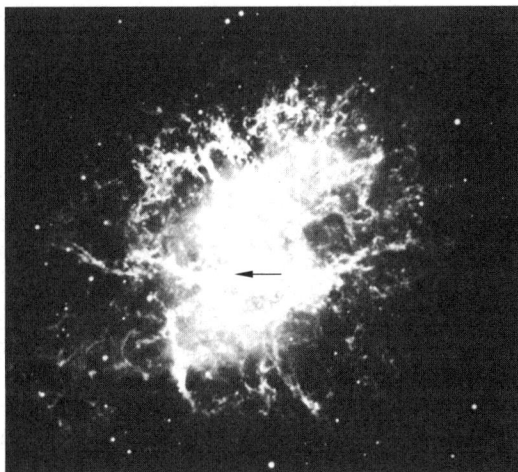

图 5.29   蟹状星云现状(箭头所指处是一颗中子星,
它是 1054 年爆发的超新星的残骸)

(1) 求此中子星的自转角速度。

(2) 设此中子星的质量为 $1.5×10^{30}$ kg(近似太阳的质量),半径为 10 km。求它的转动动能以多大的速率(以 J/s 计)减小。(这减小的转动动能就转变为蟹状星云向外辐射的能量)

(3) 若这一能量变化率保持不变,该中子星经过多长时间将停止转动。设此中子星可作均匀球体处理。

*5.19 地球对自转轴的转动惯量是 $0.33MR^2$,其中 M 是地球的质量,R 是地球的半径。求地球的自转动能。

由于潮汐对海岸的摩擦作用,地球自转的速度逐渐减小,每百万年自转周期增加 16 s。这样,地球自转动能的减小相当于摩擦消耗多大的功率?一年内消耗的能量相当于我国 2004 年发电量 $7.3×10^{18}$ J 的几倍?潮汐对地球的平均力矩多大?

5.20 太阳的热核燃料耗尽时,它将急速塌缩成半径等于地球半径的一颗白矮星。如果不计质量散失,那时太阳的转动周期将变为多少?太阳和白矮星均按均匀球体计算,目前太阳的自转周期按 26 d 计。

第 6 章

相 对 论

以上各章介绍了牛顿力学最基本的内容,牛顿力学的基础就是以牛顿命名的三条定律。这理论是在 17 世纪形成的,在以后的两个多世纪里,牛顿力学对科学和技术的发展起了很大的推动作用,而自身也得到了很大的发展。历史踏入 20 世纪时,物理学开始深入扩展到微观高速领域,这时发现牛顿力学在这些领域不再适用。物理学的发展要求对牛顿力学以及某些长期认为是不言自明的基本概念作出根本性的改革。这种改革终于实现了,那就是相对论和量子力学的建立。本章介绍相对论的基础知识,量子力学的基本概念将在本书下册第 5 篇量子物理中加以简单介绍。

6.1 牛顿相对性原理和伽利略坐标变换

力学是研究物体的运动的,物体的运动就是它的位置随时间的变化。为了定量研究这种变化,必须选定适当的参考系,而力学概念,如速度、加速度等,以及力学规律都是对一定的参考系才有意义的。在处理实际问题时,视处理问题的方便,可以选用不同的参考系。相对于任一参考系分析研究物体的运动时,都要应用基本力学定律。这里就出现了这样的问题,对于不同的参考系,基本力学定律的形式是完全一样的吗?

运动既然是物体位置随时间的变化,那么,无论是运动的描述或是运动定律的说明,都离不开长度和时间的测量。因此,和上述问题紧密联系而又更根本的问题是:相对于不同的参考系,长度和时间的测量结果是一样的吗?

物理学对于这些根本问题的解答,经历了从牛顿力学到相对论的发展。下面先说明牛顿力学是怎样理解这些问题的,然后再着重介绍狭义相对论的基本内容。

对于上面的第一个问题,牛顿力学的回答是干脆的:对于任何惯性参考系,牛顿定律都成立。也就是说,对于不同的惯性系,力学的基本定律——牛顿定律,其形式都是一样的。因此,在任何惯性系中观察,同一力学现象将按同样的形式发生和演变。这个结论叫**牛顿相对性原理**或**力学相对性原理**,也叫作伽利略不变性。这个思想首先是伽利略表述的。在宣扬哥白尼的日心说时,为了解释地球的表观上的静止,他曾以大船作比喻,生动地指出:在"以任何速度前进,只要运动是匀速的,同时也不这样那样摆动"的大船船舱内,观察各种力学现象,如人的跳跃,抛物,水滴的下落,烟的上升,鱼的游动,甚至蝴蝶和苍蝇的飞行等,你会发现,它们都会和船静止不动时一样地发生。人们并不能从这些现象来判断大船是否在

运动。无独有偶,这种关于相对性原理的思想,
在我国古籍中也有记述,成书于东汉时代(比伽
利略要早约 1500 年)的《尚书纬·考灵曜》中有
这样的记述:"地恒动不止而人不知,譬如人在大
舟中,闭牖而坐,舟行而不觉也。"(图 6.1)

在作匀速直线运动的大船内观察任何力学
现象,都不能据此判断船本身的运动。只有打开
舱窗向外看,当看到岸上灯塔的位置相对于船不

图 6.1 舟行而不觉

断地在变化时,才能判定船相对于地面是在运动的,并由此确定航速。即使这样,也只能作
出相对运动的结论,并不能肯定"究竟"是地面在运动,还是船在运动。只能确定两个惯性系
的相对运动速度,谈论某一惯性系的绝对运动(或绝对静止)是没有意义的。这是力学相对
性原理的一个重要结论。

关于空间和时间的问题,牛顿有的是**绝对空间**和**绝对时间**概念,或**绝对时空观**。所谓绝
对空间,是指长度的量度与参考系无关;绝对时间是指时间的量度和参考系无关。这也就是
说,同样两点间的距离或同样的前后两个事件之间的时间,无论在哪个惯性系中测量都是一
样的。牛顿本人曾说过:"绝对空间,就其本性而言,与外界任何事物**无关**,而永远是相同的
和不动的。"还说过:"绝对的、真正的和数学的时间自己流逝着,并由于它的本性而均匀地与
任何外界对象**无关**地流逝着。"还有,在牛顿那里,时间和空间的量度是**相互独立**的。

牛顿的这种绝对空间与绝对时间的概念是一般人对空间和时间概念的理论总结。我国
唐代诗人李白在他的《春夜宴桃李园序》中的词句:"夫天地者,万物之逆旅;光阴者,百代之
过客",也表达了相同的意思。

牛顿的相对性原理和他的绝对时空概念是有直接联系的,下面就来说明这种联系。

设想两个相对作匀速直线运动的参考系,分别以直角坐标系 $S(O, x, y, z)$ 和 $S'(O', x', y', z')$ 表示(图 6.2),两者的坐标轴分别相互平行,而且 x 轴和 x' 轴重合在一起。S' 相
对于 S 沿 x 轴方向以速度 $\boldsymbol{u} = u\boldsymbol{i}$ 运动。

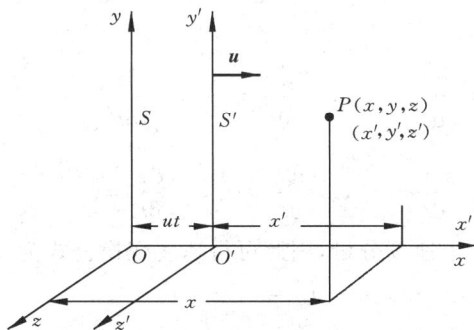

图 6.2 相对作匀速直线运动的两个参考系 S 和 S'

为了测量时间,设想在 S 和 S' 系中各处各有自己的钟,所有的钟结构完全相同,而且同
一参考系中的所有的钟都是校准好而同步的,它们分别指示时刻 t 和 t'。为了对比两个参
考系中所测的时间,我们假定两个参考系中的钟都以原点 O' 和 O 重合的时刻作为计算时间

的零点。让我们找出两个参考系测出的同一质点到达某一位置 P 的时刻以及该位置的空间坐标之间的关系。

由于时间量度的绝对性,质点到达 P 时,两个参考系中 P 点附近的钟给出的时刻数值一定相等,即

$$t' = t \tag{6.1}$$

由于空间量度的绝对性,由 P 点到 xz 平面(亦即 $x'z'$ 平面)的距离,由两个参考系测出的数值也是一样的,即

$$y' = y \tag{6.2}$$

同样

$$z' = z \tag{6.3}$$

至于 x 和 x' 的值,由 S 系测量,x 应该等于此时刻两原点之间的距离 ut 加上 $y'z'$ 平面到 P 点的距离。这后一距离由 S' 系量得为 x'。若由 S 系测量,根据绝对空间概念,这后一距离应该一样,即也等于 x'。所以,在 S 系中测量就应该有

$$x = x' + ut$$

或

$$x' = x - ut \tag{6.4}$$

将式(6.2)~式(6.4)写到一起,就得到下面一组变换公式:

$$\left. \begin{array}{l} x' = x - ut \\ y' = y \\ z' = z \\ t' = t \end{array} \right\} \tag{6.5}$$

这组公式叫**伽利略坐标变换**,它是绝对时空概念的直接反映。

由公式(6.5)可进一步求得速度变换公式。将其中前 3 式对时间求导,考虑到 $t = t'$,可得

$$\frac{\mathrm{d}x'}{\mathrm{d}t'} = \frac{\mathrm{d}x}{\mathrm{d}t} - u, \quad \frac{\mathrm{d}y'}{\mathrm{d}t'} = \frac{\mathrm{d}y}{\mathrm{d}t}, \quad \frac{\mathrm{d}z'}{\mathrm{d}t'} = \frac{\mathrm{d}z}{\mathrm{d}t}$$

式中

$$\frac{\mathrm{d}x'}{\mathrm{d}t'} = v_x', \quad \frac{\mathrm{d}y'}{\mathrm{d}t'} = v_y', \quad \frac{\mathrm{d}z'}{\mathrm{d}t'} = v_z'$$

与

$$\frac{\mathrm{d}x}{\mathrm{d}t} = v_x, \quad \frac{\mathrm{d}y}{\mathrm{d}t} = v_y, \quad \frac{\mathrm{d}z}{\mathrm{d}t} = v_z$$

分别为 S' 系与 S 系中的各个速度分量,因此可得速度变换公式为

$$\left. \begin{array}{l} v_x' = v_x - u \\ v_y' = v_y \\ v_z' = v_z \end{array} \right\} \tag{6.6}$$

式(6.6)中的三式可以合并成一个矢量式,即

$$\boldsymbol{v}' = \boldsymbol{v} - \boldsymbol{u} \tag{6.7}$$

这正是在第 1 章中已导出的伽利略速度变换公式(1.44)。由上面的推导可以看出它是以绝对的时空概念为基础的。

将式(6.7)再对时间求导,可得出加速度变换公式。由于 u 与时间无关,所以有

$$\frac{\mathrm{d}v'}{\mathrm{d}t'}=\frac{\mathrm{d}v}{\mathrm{d}t}$$

即
$$a'=a \tag{6.8}$$

这说明同一质点的加速度在不同的惯性系内测得的结果是一样的。

在牛顿力学里,质点的质量和运动速度没有关系,因而也不受参考系的影响。牛顿力学中的力只跟质点的相对位置或相对运动有关,因而也是和参考系无关的。因此,只要 $F=ma$ 在参考系 S 中是正确的,那么对于参考系 S' 来说,由于 $F'=F,m'=m$ 以及式(6.8),则必然有

$$F'=m'a' \tag{6.9}$$

即对参考系 S' 说,牛顿定律也是正确的。一般地说,牛顿定律对任何惯性系都是正确的。

这样,我们就由牛顿的绝对时空概念(以及"绝对质量"概念)得到了牛顿相对性原理。

6.2　爱因斯坦相对性原理和光速不变

在牛顿等对力学进行深入研究之后,人们对其他物理现象,如光和电磁现象的研究也逐步深入了。19世纪中叶,已形成了比较严整的电磁理论——麦克斯韦方程组。它预言光是一种电磁波,而且不久也为实验所证实。在分析与物体运动有关的电磁现象时,也发现有符合相对性原理的实例。例如在电磁感应现象中,只是磁体和线圈的相对运动决定线圈内产生的感生电动势。因此,也提出了同样的问题,对于不同的惯性系,电磁现象的基本规律的形式是一样的吗?如果用伽利略变换对电磁现象的基本规律进行变换,发现这些规律对不同的惯性系并不具有相同的形式。就这样,伽利略变换和电磁现象符合相对性原理的设想发生了矛盾。

在这个问题中,光速的数值起了特别重要的作用。以 c 表示在某一参考系 S 中测得的光在真空中的速率,以 c' 表示在另一参考系 S' 中测得的光在真空的速率,如果根据伽利略变换,就应该有

$$c'=c\pm u$$

式中,u 为 S' 相对于 S 的速度,它前面的正负号由 c 和 u 的方向相反或相同而定。但是麦克斯韦的电磁场理论给出的结果与此不相符,该理论给出的光在真空中的速率

$$c=\frac{1}{\sqrt{\varepsilon_0\mu_0}} \tag{6.10}$$

其中,$\varepsilon_0=8.85\times10^{-12}\mathrm{C^2\cdot N^{-1}\cdot m^{-2}}$(或 F/m),$\mu_0=1.26\times10^{-6}\mathrm{N\cdot s^2\cdot C^{-2}}$(或 H/m),是两个电磁学常量。将这两个值代入上式,可得

$$c\approx2.99\times10^8\ \mathrm{m/s}$$

由于 ε_0,μ_0 与参考系无关,因此 c 也应该与参考系无关。这就是说,在任何参考系内测得的光在真空中的速率都应该是这一数值。这一结论还为后来的很多精确的实验(最著名的是1887年迈克耳孙和莫雷做的实验)和观察所证实。它们都明确无误地证明光速的测量结果与光源和测量者的相对运动无关,亦即与参考系无关。这就是说,光或电磁波的运动不服从伽利略变换。

正是根据光在真空中的速度与参考系无关这一性质,在精密的激光测量技术的基础上,现在把光在真空中的速率规定为一个基本的物理常量,其值规定为

$$c = 299\,792\,458 \text{ m/s}$$

SI 的长度单位"m"就是在光速的这一规定的基础上规定的(参看 1.2 节)。

光速与参考系无关这一点是与人们的预计相反的,因日常经验总是使人们确信伽利略变换正确。但是要知道,日常遇到的物体运动的速率比起光速来是非常小的,炮弹飞出炮口的速率不过 10^3 m/s,人造卫星的发射速率也不过 10^4 m/s,不及光速的万分之一。我们本来不能,也不应该轻率地期望在低速情况下适用的规律在很高速的情况下也一定能适用。

伽利略变换和电磁规律的矛盾促使人们思考下述问题:是伽利略变换正确,而电磁现象的基本规律不符合相对性原理呢? 还是已发现的电磁现象的基本规律是符合相对性原理的,而伽利略变换,实际上是绝对时空概念,应该修正呢? 爱因斯坦对这个问题进行了深入的研究,并在 1905 年发表了《论动体的电动力学》这篇著名的论文,对此问题作出了对整个物理学都有根本变革意义的回答。在该文中他把下述"思想"提升为"公设"即基本假设:

物理规律对所有惯性系都是一样的,不存在任何一个特殊的(例如"绝对静止"的)惯性系。

爱因斯坦称这一假设为相对性原理,我们称之为**爱因斯坦相对性原理**。和牛顿相对性原理加以比较,可以看出前者是后者的推广,使相对性原理不仅适用于力学现象,而且适用于所有物理现象,包括电磁现象在内。这样,我们就可以料到,在任何一个惯性系内,不但是力学实验,而且任何物理实验都不能用来确定本参考系的运动速度。绝对运动或绝对静止的概念,从整个物理学中被排除了。

在把相对性原理作为基本假设的同时,爱因斯坦在那篇著名论文中还把另一论断,即**在所有惯性系中,光在真空中的速率都相等**,作为另一个基本假设提了出来。这一假设称为**光速不变原理**[①]。就是在看来这样简单而且最一般的两个假设的基础上,爱因斯坦建立了一套完整的理论——狭义相对论,而把物理学推进到了一个新的阶段。由于在这里涉及的只是无加速运动的惯性系,所以叫**狭义相对论**,以别于后来爱因斯坦发展的**广义相对论**,在那里讨论了作加速运动的参考系。

既然选择了相对性原理,那就必须修改伽利略变换,爱因斯坦从考虑同时性的相对性开始导出了一套新的时空变换公式——洛伦兹变换。

6.3　同时性的相对性和时间延缓

爱因斯坦对物理规律和参考系的关系进行考查时,不仅注意到了物理规律的具体形式,而且注意到了更根本更普遍的问题——关于时间和长度的测量问题,首先是时间的概念。他对牛顿的绝对时间概念提出了怀疑,并且,据他说,从 16 岁起就开始思考这个问题了。经过 10 年的思考,终于得到了他的异乎寻常的结论:时间的量度是相对的。对于不同的参考系,同样的先后两个事件之间的时间间隔是不同的。

爱因斯坦的论述是从讨论"同时性"概念开始的。在 1905 年发表的《论动体的电动力

[①] 如果把光速当成一个"物理规律",则光速不变原理就成了相对性原理的一个推论,无须作为一条独立的假设提出。更应注意的是,相对论理论不应该是电磁学的一个分支,不应该依赖光速的极限性。可以在空间的均匀性和各向同性的"基本假设"的基础上,根据相对性原理导出洛伦兹变换而建立相对论理论。这就更说明了爱因斯坦的相对性思想的普遍性和基础意义。关于不用光速的相对论论证可看:N.D. Mermin. Relativity without light. *Am. J. Phys.*, 1984, 52 (2):119~124;Y.P. Terletskii. *Paradoxes in the Theory of Relativity*. New York: Plenum Press, 1968, Sec.7.

学》那篇著名论文中,他写道:"如果我们要描述一个质点的运动,我们就以时间的函数来给出它的坐标值。现在我们必须记住,这样的数学描述,只有在我们十分清楚懂得'时间'在这里指的是什么之后才有物理意义。我们应该考虑到:凡是时间在里面起作用的我们的一切判断,总是关于同时的事件的判断。比如我们说,'那列火车 7 点钟到达这里',这大概是说,'我的表的短针指到 7 同火车到达是同时的事件'。"

　　注意到了同时性,我们就会发现,和光速不变紧密联系在一起的是:在某一惯性系中同时发生的两个事件,在相对于此惯性系运动的另一惯性系中观察,并不是同时发生的。这可由下面的理想实验看出来。

　　仍设如图 6.2 所示的两个参考系 S 和 S',设在坐标系 S' 中的 x' 轴上的 A',B' 两点各放置一个接收器,每个接收器旁各有一静止于 S' 的钟,在 $A'B'$ 的中点 M' 上有一闪光光源(图 6.3)。今设光源发出一闪光,由于 $M'A'=M'B'$,而且向各个方向的光速是一样的,所以闪光必将同时传到两个接收器,或者说,光到达 A' 和到达 B' 这两个事件在 S' 系中观察是同时发生的。

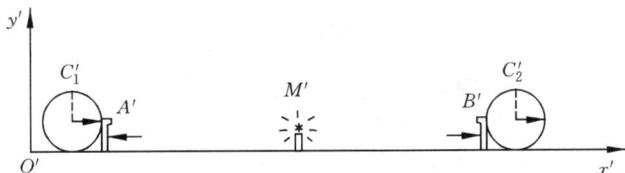

图 6.3　在 S' 系中观察,光同时到达 A' 和 B'

　　在 S 系中观察这两个同样的事件,其结果又如何呢? 如图 6.4 所示,在光从 M' 发出到达 A' 这一段时间内,A' 已迎着光线走了一段距离,而在光从 M' 出发到达 B' 这段时间内,B' 却背着光线走了一段距离。

　　显然,光线从 M' 发出到达 A' 所走的距离比到达 B' 所走的距离要短。因为这两个方向的光速还是一样的(光速与光源和观察者的相对运动无关),所以光必定先到达 A' 而后到达 B',或者说,光到达 A' 和到达 B' 这两个事件在 S 系中观察并不是同时发生的。这就说明,同时性是相对的。

　　如果 M,A,B 是固定在 S 系的 x 轴上的一套类似装置,则用同样分析可以得出,在 S 系中同时发生的两个事件,在 S' 系中观察,也不是同时发生的。分析这两种情况的结果还可以得出下一结论:沿两个惯性系相对运动方向发生的两个事件,在其中一个惯性系中表现为同时的,在另一惯性系中观察,则总是**在前一惯性系运动的后方的那一事件先发生**。

　　由图 6.4 也很容易了解,S' 系相对于 S 系的速度越大,在 S 系中所测得的沿相对速度方向配置的两事件之间的时间间隔就越长。这就是说,对不同的参考系,沿相对速度方向配置的同样的两个事件之间的时间间隔是不同的。这也就是说,**时间的测量是相对的**。

　　下面我们来导出时间量度和参考系相对速度之间的关系。

　　如图 6.5(a)所示,设在 S' 系中 A' 点有一闪光光源,它近旁有一只钟 C'。在平行于 y' 轴方向离 A' 距离为 d 处放置一反射镜,镜面向 A'。今令光源发出一闪光射向镜面又反射回 A',光从 A' 发出到再返回 A' 这两个事件相隔的时间由钟 C' 给出,它应该是

$$\Delta t' = \frac{2d}{c} \tag{6.11}$$

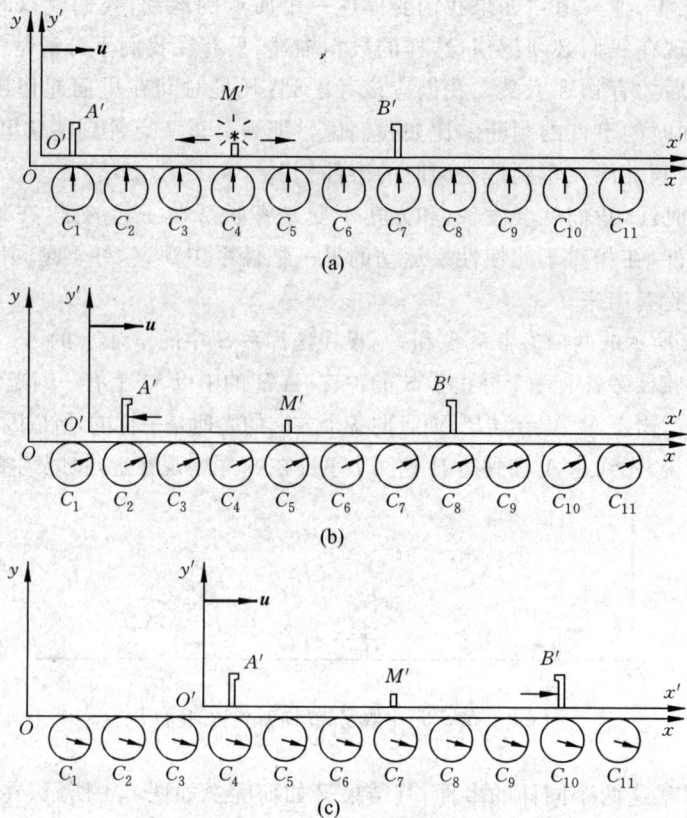

图 6.4 在 S 系中观察

(a) 光由 M' 发出；(b) 光到达 A'；(c) 光到达 B'

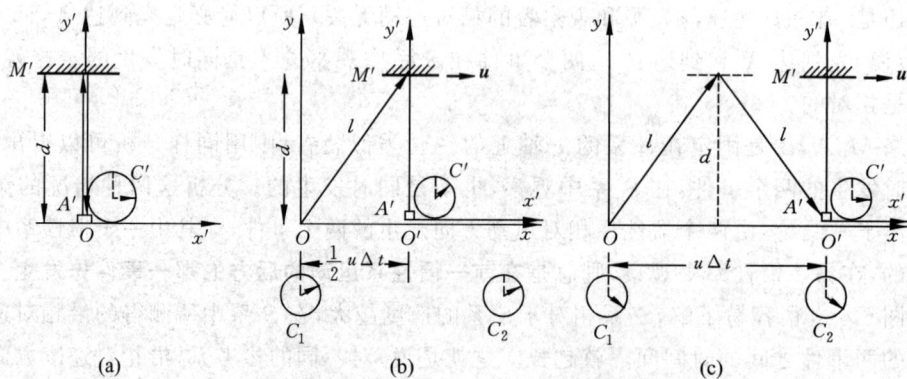

图 6.5 时间量度与参考系相对速度的关系

(a) 在 S' 系中测量；(b)，(c) 在 S 系中测量

在 S 系中测量，光从 A' 发出再返回 A' 这两个事件相隔的时间又是多长呢？首先，我们看到，由于 S' 系的运动，这两个事件并不发生在 S 系中的同一地点。为了测量这一时间间隔，必须利用沿 x 轴配置的许多静止于 S 系的经过校准而同步的钟 C_1，C_2 等，而待测时间间隔由光从 A' 发出和返回 A' 时，A' 所邻近的钟 C_1 和 C_2 给出。我们还可以看到，在 S 系中

测量时,光线由发出到返回并不沿同一直线进行,而是沿一条折线。为了计算光经过这条折线的时间,需要算出在 S 系中测得的斜线 l 的长度。为此,我们先说明,在 S 系中测量,沿 y 轴方向从 A' 到镜面的距离也是 d(这里应当怀疑一下牛顿的绝对长度的概念),这可以由下述火车钻洞的假想实验得出。

设在山洞外停有一列火车,车厢高度与洞顶高度相等。现在使车厢匀速地向山洞开去。这时它的高度是否和洞顶高度相等呢? 或者说,高度是否和运动有关呢? 假设高度由于运动而变小了,这样,在地面上观察,由于运动的车厢高度减小,它当然能顺利地通过山洞。如果在车厢上观察,则山洞是运动的,由相对性原理,洞顶的高度应减小,这样车厢势必在山洞外被阻住。这就发生了矛盾。但车厢能否穿过山洞是一个确定的物理事实,应该和参考系的选择无关,因而上述矛盾不应该发生。这说明上述假设是错误的。因此在满足相对性原理的条件下,车厢和洞顶的高度不应因运动而减小。这也就是说,垂直于相对运动方向的长度测量与运动无关,因而在图 6.5(c)中,由 S 系观察,A' 和反射镜之间沿 y 轴方向的距离仍是 d。

以 Δt 表示在 S 系中测得的闪光由 A' 发出到返回 A' 所经过的时间。由于在这段时间内,A' 移动了距离 $u\Delta t$,所以

$$l = \sqrt{d^2 + \left(\frac{u\Delta t}{2}\right)^2} \tag{6.12}$$

由光速不变,又有

$$\Delta t = \frac{2l}{c} = \frac{2}{c}\sqrt{d^2 + \left(\frac{u\Delta t}{2}\right)^2}$$

由此式解出

$$\Delta t = \frac{2d}{c}\frac{1}{\sqrt{1 - u^2/c^2}}$$

和式(6.11)比较可得

$$\Delta t = \frac{\Delta t'}{\sqrt{1 - u^2/c^2}} \tag{6.13}$$

此式说明,如果在某一参考系 S' 中发生在同一地点的两个事件相隔的时间是 $\Delta t'$,则在另一参考系 S 中测得的这两个事件相隔的时间 Δt 总是要长一些,二者之间差一个 $\sqrt{1 - u^2/c^2}$ 因子。这就从数量上显示了时间测量的相对性。

在某一参考系中同一地点先后发生的两个事件之间的时间间隔叫**固有时**,它是静止于此参考系中的一只钟测出的。在上面的例子中,$\Delta t'$ 就是光从 A' 发出又返回 A' 所经历的固有时。由式(6.13)可看出,**固有时最短**。固有时和在其他参考系中测得的时间的关系,如果用钟走得快慢来说明,就是 S 系中的观察者把相对于他运动的那只 S' 系中的钟和自己的许多同步的钟对比,发现那只钟慢了,那只运动的钟的一秒对应于这许多静止的同步的钟的好几秒。这个效应叫作运动的钟**时间延缓**。

应注意,时间延缓是一种相对效应。也就是说,S' 系中的观察者会发现静止于 S 系中而相对于自己运动的任一只钟比自己的参考系中的一系列同步的钟走得慢。这时 S 系中的一只钟给出固有时,S' 系中的钟给出的不是固有时。

由式(6.13)还可以看出,当 $u \ll c$ 时, $\sqrt{1 - u^2/c^2} \approx 1$,而 $\Delta t \approx \Delta t'$ 。这种情况下,同样的两个事件之间的时间间隔在各参考系中测得的结果都是一样的,即时间的测量与参考系无关。这就是牛顿的绝对时间概念。由此可知,牛顿的绝对时间概念实际上是相对论时间概念在参考系的相对速度很小时的近似。

例 6.1   飞船飞行。 一飞船以 $u = 9 \times 10^3$ m/s 的速率相对于地面(我们假定为惯性系)匀速飞行。飞船上的钟走了 5 s 的时间,用地面上的钟测量是经过了多少时间?

解 $u = 9 \times 10^3$ m/s, $\Delta t' = 5$ s, $\Delta t = ?$

因为 $\Delta t'$ 为固有时,所以

$$\Delta t = \frac{\Delta t'}{\sqrt{1 - u^2/c^2}} = \frac{5}{\sqrt{1 - [(9 \times 10^3)/(3 \times 10^8)]^2}} \text{ s}$$

$$\approx 5 \left[1 + \frac{1}{2} \times (3 \times 10^{-5})^2 \right] \text{ s} = 5.000\,000\,002 \text{ s}$$

此结果说明对于飞船的这样大的速率来说,时间延缓效应实际上是很难测量出来的。

例 6.2   粒子衰变。 带正电的 π 介子是一种不稳定的粒子。当它静止时,平均寿命为 2.5×10^{-8} s,过后即衰变为一个 μ 介子和一个中微子。今产生一束 π 介子,在实验室测得它的速率为 $u = 0.99c$,并测得它在衰变前通过的平均距离为 52 m。这些测量结果是否一致?

解   如果用平均寿命 $\Delta t' = 2.5 \times 10^{-8}$ s 和速率 u 相乘,得

$$0.99 \times 3 \times 10^8 \times 2.5 \times 10^{-8} \text{ m} = 7.4 \text{ m}$$

这和实验结果明显不符。若考虑相对论时间延缓效应, $\Delta t'$ 是静止 π 介子的平均寿命,为固有时,当 π 介子运动时,在实验室测得的平均寿命应是

$$\Delta t = \frac{\Delta t'}{\sqrt{1 - u^2/c^2}} = \frac{2.5 \times 10^{-8}}{\sqrt{1 - 0.99^2}} \text{ s} = 1.8 \times 10^{-7} \text{ s}$$

在实验室测得它通过的平均距离应该是

$$u \Delta t = 0.99 \times 3 \times 10^8 \times 1.8 \times 10^{-7} \text{ m} = 53 \text{ m}$$

和实验结果很好地符合。

这是符合相对论的一个高能粒子实验。实际上,近代高能粒子实验,每天都在考验着相对论,而相对论每次也都经受住了这种考验。

6.4   长度收缩

现在讨论长度的测量。6.3 节已介绍,垂直于运动方向的长度测量是与参考系无关的。沿运动方向的长度测量又如何呢?

应该明确的是,长度测量是和同时性概念密切相关的。在某一参考系中测量棒的长度,就是要测量它的两端点在**同一时刻**的位置之间的距离。这一点在测量静止的棒的长度时并不明显地重要,因为它的两端的位置不变,不管是否同时记录两端的位置,结果总是一样的。但在测量运动的棒的长度时,同时性的考虑就带有决定性的意义了。如图 6.6 所示,要测量正在行进的汽车的长度 l ,就必须在同一时刻记录车头的位置 x_2 和车尾的位置 x_1 ,然后算出来 $l = x_2 - x_1$ (图 6.6(a))。如果两个位置不是在同一时刻记录的,例如在记录了 x_1 之后过一会再记录 x_2 (图 6.6(b)),则 $x_2 - x_1$ 就和两次记录的时间间隔有关,它的数值显然不代表汽车的长度。

根据爱因斯坦的观点,既然同时性是相对的,那么长度的测量也必定是相对的。长度测量和参考系的运动有什么关系呢?

仍假设如图 6.2 所示的两个参考系 S 和 S'。有一根棒 $A'B'$ 固定在 x' 轴上,在 S' 系中测得它的长度为 l'。为了求出它在 S 系中的长度 l,我们假想在 S 系中某一时刻 t_1,B' 端经过 x_1,如图6.7(a),在其后 $t_1+\Delta t$ 时刻 A' 经过 x_1。由于棒的运动速度为 u,在 $t_1+\Delta t$ 这一时刻 B' 端的位置一定在 $x_2=x_1+u\Delta t$ 处,如图6.7(b)。根据上面所说长度测量的规定,在 S 系中棒长就应该是

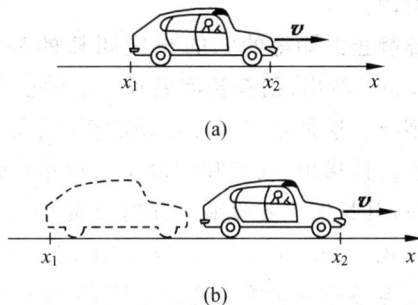

图 6.6 测量运动的汽车的长度

(a) 同时记录 x_1 和 x_2;(b) 先记录 x_1,后记录 x_2

$$l = x_2 - x_1 = u\Delta t \tag{6.14}$$

现在再看 Δt,它是 B' 端和 A' 端相继通过 x_1 点这两个事件之间的时间间隔。由于 x_1 是 S 系中一个固定地点,所以 Δt 是这两个事件之间的固有时。

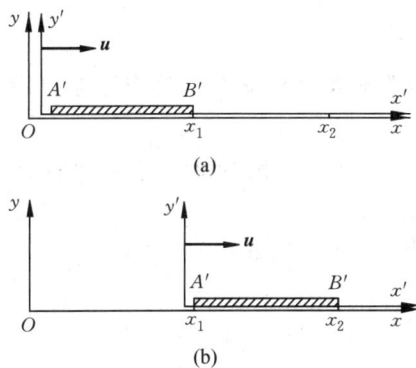

图 6.7 在 S 系中测量运动的棒 $A'B'$ 长度

(a) 在 t_1 时刻 $A'B'$ 的位置;

(b) 在 $t_1+\Delta t$ 时刻 $A'B'$ 的位置

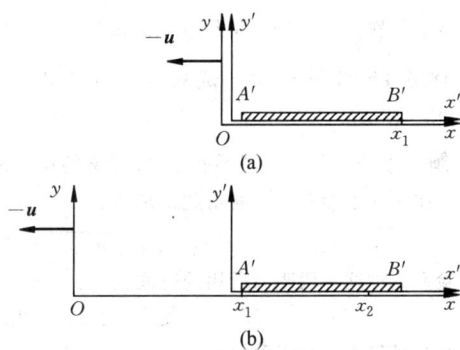

图 6.8 在 S' 系中观察的结果

(a) x_1 经过 B' 点;(b) x_1 经过 A' 点

从 S' 系看来,棒是静止的,由于 S 系向左运动,x_1 这一点相继经过 B' 和 A' 端(图 6.8)。由于棒长为 l',所以 x_1 经过 B' 和 A' 这两个事件之间的时间间隔 $\Delta t'$,在 S' 系中测量为

$$\Delta t' = \frac{l'}{u} \tag{6.15}$$

Δt 和 $\Delta t'$ 都是指同样两个事件之间的时间间隔,根据时间延缓关系,有

$$\Delta t = \Delta t' \sqrt{1 - u^2/c^2} = \frac{l'}{u}\sqrt{1 - u^2/c^2}$$

将此式代入式(6.14)即可得

$$l = l'\sqrt{1 - u^2/c^2} \tag{6.16}$$

此式说明,如果在某一参考系(S')中,一根静止的棒的长度是 l',则在另一参考系中测得的同一根棒的长度 l 总要短些,二者之间相差一个因子 $\sqrt{1-u^2/c^2}$。这就是说,**长度的测量也**

是相对的。

　　棒静止时测得的它的长度叫棒的静长或固有长度。上例中的 l' 就是固有长度。由式(6.16)可看出,**固有长度最长**。这种长度测量值的不同显然只适用于棒沿着运动方向放置的情况。这种效应叫作运动的棒(纵向)的**长度收缩**。

　　也应该指出,长度收缩也是一种相对效应。静止于 S 系中沿 x 方向放置的棒,在 S' 系中测量,其长度也要收缩。此时,l 是固有长度,而 l' 不是固有长度。

　　由式(6.16)可以看出,当 $u \ll c$ 时,$l \approx l'$。这时又回到了牛顿的绝对空间的概念:空间的量度与参考系无关。这也说明,牛顿的绝对空间概念是相对论空间概念在相对速度很小时的近似。

　　例 6.3　飞船飞行。固有长度为 5 m 的飞船以 $u = 9 \times 10^3$ m/s 的速率相对于地面匀速飞行时,从地面上测量,它的长度是多少?

　　解　$l' = 5$ m,$u = 9 \times 10^3$ m/s,$l = ?$

　　l' 即固有长度,所以

$$l = l' \sqrt{1 - u^2/c^2} = 5 \sqrt{1 - [(9 \times 10^3)/(3 \times 10^8)]^2} \text{ m}$$

$$\approx 5 \left[1 - \frac{1}{2} \times (3 \times 10^{-5})^2 \right] \text{ m} = 4.999\,999\,998 \text{ m}$$

这个结果和静长 5 m 的差别是难以测出的。

　　例 6.4　介子寿命。试从 π 介子在其中静止的参考系来考虑 π 介子的平均寿命(参照例 6.2)。

　　解　从 π 介子的参考系看来,实验室的运动速率为 $u = 0.99 c$,实验室中测得的距离 $l = 52$ m 为固有长度。在 π 介子参考系中测此距离应为

$$l' = l \sqrt{1 - u^2/c^2} = 52 \times \sqrt{1 - 0.99^2} \text{ m} = 7.3 \text{ m}$$

而实验室飞过这一段距离所用的时间为

$$\Delta t' = l'/u = 7.3/0.99c = 2.5 \times 10^{-8} \text{ s}$$

这正好就是静止 π 介子的平均寿命。

6.5　洛伦兹坐标变换

　　在 6.1 节中我们根据牛顿的绝对时空概念导出了伽利略坐标变换。现在我们根据爱因斯坦的相对论时空概念导出相应的另一组坐标变换式——洛伦兹坐标变换。

　　仍然设 S, S' 两个参考系如图 6.9 所示,S' 以速度 $\boldsymbol{u}$ 相对于 S 运动,二者原点 O, O' 在 $t = t' = 0$ 时重合。我们求由两个坐标系测出的在某时刻发生在 P 点的一个事件(例如一次爆炸)的两套坐标值之间的关系。在该时刻,在 S' 系中测量(图 6.9(b))时刻为 t',从 $y'z'$ 平面到 P 点的距离为 x'。在 S 系中测量(图 6.9(a)),该同一时刻为 t,从 yz 平面到 P 点的距离 x 应等于此时刻两原点之间的距离 ut 加上 $y'z'$ 平面到 P 点的距离。但这后一段距离在 S 系中测量,其数值不再等于 x',根据长度收缩,应等于 $x'\sqrt{1 - u^2/c^2}$,因此在 S 系中测量的结果应为

$$x = ut + x'\sqrt{1 - u^2/c^2} \tag{6.17}$$

或者

$$x' = \frac{x - ut}{\sqrt{1 - u^2/c^2}} \tag{6.18}$$

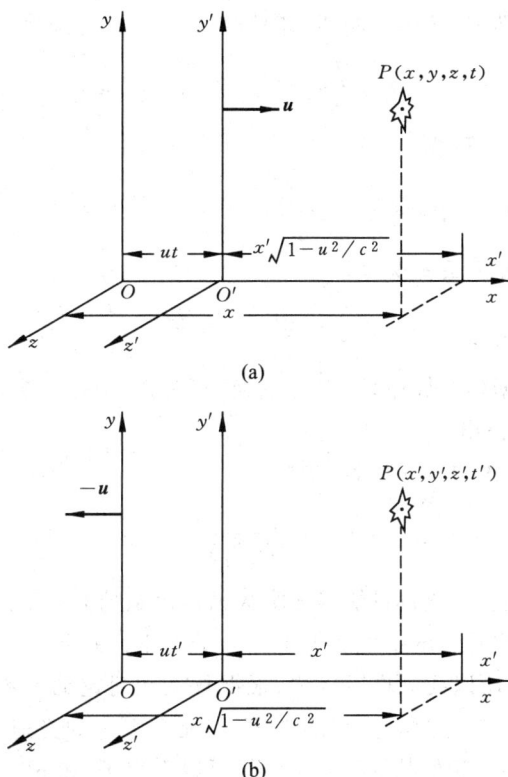

图 6.9　洛伦兹坐标变换的推导

（a）在 S 系中测量；（b）在 S' 系中测量

为了求得时间变换公式，可以先求出以 x 和 t' 表示的 x' 的表示式。在 S' 系中观察时，yz 平面到 P 点的距离应为 $x\sqrt{1-u^2/c^2}$，而 OO' 的距离为 ut'，这样就有

$$x' = x\sqrt{1-u^2/c^2} - ut' \tag{6.19}$$

在式（6.17）、式（6.19）中消去 x'，可得

$$t' = \frac{t - \dfrac{u}{c^2}x}{\sqrt{1-u^2/c^2}} \tag{6.20}$$

在 6.3 节中已经指出，垂直于相对运动方向的长度测量与参考系无关，即 $y'=y$，$z'=z$，将上述变换式列到一起，有

$$x' = \frac{x-ut}{\sqrt{1-u^2/c^2}}, \quad y'=y, \quad z'=z, \quad t' = \frac{t-\dfrac{u}{c^2}x}{\sqrt{1-u^2/c^2}} \tag{6.21}$$

式（6.21）称为**洛伦兹坐标变换**。

可以明显地看出，当 $u \ll c$ 时，洛伦兹坐标变换就约化为伽利略坐标变换。这也正如已指出过的，牛顿的绝对时空概念是相对论时空概念在参考系相对速度很小时的近似。

与伽利略坐标变换相比，洛伦兹坐标变换中的时间坐标明显地和空间坐标有关。这说明，在相对论中，时间空间的测量**互相不能分离**，它们联系成一个整体了。因此在相对论中常把一个事件发生时的位置和时刻联系起来称为它的**时空坐标**。

在现代相对论的文献中,常用下面两个恒等符号:

$$\beta \equiv \frac{u}{c}, \quad \gamma \equiv \frac{1}{\sqrt{1-\beta^2}} \tag{6.22}$$

这样,洛伦兹坐标变换就可写成

$$x' = \gamma(x-\beta ct), \quad y'=y, \quad z'=z, \quad t'=\gamma\left(t-\frac{\beta}{c}x\right) \tag{6.23}$$

对此式解出 x,y,z,t,可得逆变换公式

$$x = \gamma(x'+\beta ct'), \quad y=y', \quad z=z', \quad t=\gamma\left(t'+\frac{\beta}{c}x'\right) \tag{6.24}$$

此逆变换公式也可以根据相对性原理,在正变换式(6.23)中把带撇的量和不带撇的量相互交换,同时把 β 换成 $-\beta$ 得出。

这时应指出一点,在式(6.21)中,$t=0$ 时,

$$x' = \frac{x}{\sqrt{1-u^2/c^2}}$$

如果 $u \geqslant c$,则对于各 x 值,x' 值将只能以无穷大值或虚数值和它对应,这显然是没有物理意义的。因而两参考系的相对速度不可能等于或大于光速。由于参考系总是借助于一定的物体(或物体组)而确定的,所以我们也可以说,根据狭义相对论的基本假设,任何物体相对于另一物体的速度不能等于或超过真空中的光速,即在真空中的光速 c 是一切实际物体运动速度的极限[①]。其实这一点我们从式(6.13)已经可以看出了,在6.8节中还要介绍关于这一结论的直接实验验证。

这里可以指出,洛伦兹坐标变换(6.21)在理论上具有根本性的重要意义,这就是,基本的物理定律,包括电磁学和量子力学的基本定律,都在而且应该在洛伦兹坐标变换下保持不变。这种不变显示出物理定律对匀速直线运动的对称性,这种对称性也是自然界的一种基本的对称性——**相对论性对称性**。

例 6.5　长度收缩验证。用洛伦兹坐标变换验证长度收缩公式(6.16)。

解　设在 S' 系中沿 x' 轴放置一根静止的棒,它的长度为 $l'=x_2'-x_1'$。由洛伦兹坐标变换,得

$$l' = \frac{x_2-ut_2}{\sqrt{1-u^2/c^2}} - \frac{x_1-ut_1}{\sqrt{1-u^2/c^2}} = \frac{x_2-x_1}{\sqrt{1-u^2/c^2}} - \frac{u(t_2-t_1)}{\sqrt{1-u^2/c^2}}$$

遵照测量运动棒的长度时棒两端的位置必须同时记录的规定,要使 $x_2-x_1=l$ 表示在 S 系中测得的棒长,就必须有 $t_2=t_1$。这样上式就给出

$$l' = \frac{l}{\sqrt{1-u^2/c^2}}$$

或

$$l = l'\sqrt{1-u^2/c^2}$$

这就是式(6.16)。

例 6.6　同时性的相对性验证。用洛伦兹坐标变换说明同时性的相对性。

① 关于光速是极限速度的问题,现在仍不断引起讨论。对此感兴趣的读者可看看:张三慧.谈谈超光速,物理通报,2002,10.p.45

解 从根本上说,洛伦兹坐标变换来源于爱因斯坦的同时性的相对性,它自然也能反过来把这一相对性表现出来。例如,对于 S 系中的两个事件 $A(x_1,0,0,t_1)$ 和 $B(x_2,0,0,t_2)$,在 S' 系中它的时空坐标将是 $A(x_1',0,0,t_1')$ 和 $B(x_2',0,0,t_2')$。由洛伦兹变换,得

$$t_1' = \frac{t_1 - \dfrac{u}{c^2}x_1}{\sqrt{1-u^2/c^2}}, \quad t_2' = \frac{t_2 - \dfrac{u}{c^2}x_2}{\sqrt{1-u^2/c^2}}$$

因此

$$t_2' - t_1' = \frac{(t_2-t_1) - \dfrac{u}{c^2}(x_2-x_1)}{\sqrt{1-u^2/c^2}} \tag{6.25}$$

如果在 S 系中,A,B 是在不同的地点(即 $x_2 \neq x_1$),但是在同一时刻(即 $t_2 = t_1$)发生,则由上式可得 $t_2' \neq t_1'$,即在 S' 系中观察,A,B 并不是同时发生的。这就说明了同时性的相对性。

关于事件发生的时间顺序

由式(6.25)还可以看出,如果 $t_2 > t_1$,即在 S 系中观察,B 事件迟于 A 事件发生,则对于不同的 (x_2-x_1) 值,$(t_2'-t_1')$ 可以大于、等于或小于零,即在 S' 系中观察,B 事件可能迟于、同时或先于 A 事件发生。这就是说,两个事件发生的时间顺序,在不同的参考系中观察,有可能颠倒。不过,应该注意,这只限于两个互不相关的事件。

对于有因果关系的两个事件,它们发生的顺序,在任何惯性系中观察,都是不应该颠倒的。所谓的 A,B 两个事件有因果关系,就是说 B 事件是 A 事件引起的。例如,在某处的枪口发出子弹算作 A 事件,在另一处的靶上被此子弹击穿一个洞算作 B 事件,这 B 事件当然是 A 事件引起的。又例如在地面上某雷达站发出一雷达波算作 A 事件,在某人造地球卫星上接收到此雷达波算作 B 事件,这 B 事件也是 A 事件引起的。一般地说,A 事件引起 B 事件的发生,必然是从 A 事件向 B 事件传递了一种"作用"或"信号",例如上面例子中的子弹或无线电波。这种"信号"在 t_1 时刻到 t_2 时刻这段时间内,从 x_1 到达 x_2 处,因而传递的速度是

$$v_s = \frac{x_2-x_1}{t_2-t_1}$$

这个速度就叫**信号速度**。由于这种信号实际上是一些物体或无线电波、光波等,因而其速度总不能大于光速。对于这种有因果关系的两个事件,式(6.25)可改写成

$$\begin{aligned}
t_2' - t_1' &= \frac{t_2-t_1}{\sqrt{1-u^2/c^2}}\left(1 - \frac{u}{c^2}\frac{x_2-x_1}{t_2-t_1}\right) \\
&= \frac{t_2-t_1}{\sqrt{1-u^2/c^2}}\left(1 - \frac{u}{c^2}v_s\right)
\end{aligned}$$

由于 $u < c$,$v_s \leqslant c$,所以 uv_s/c^2 总小于 1。这样,$(t_2'-t_1')$ 就总跟 (t_2-t_1) 同号。这就是说,在 S 系中观察,如果 A 事件先于 B 事件发生(即 $t_2 > t_1$),则在任何其他参考系 S' 中观察,A 事件也总是先于 B 事件发生,时间顺序不会颠倒。狭义相对论在这一点上是符合因果关系的要求的。

例 6.7 **谁先谁后。** 北京和上海直线相距 1000 km,在某一时刻从两地同时各开出一列火车。现有一艘飞船沿从北京到上海的方向在高空掠过,速率恒为 $u = 9$ km/s。求宇航员测得的两列火车开出时刻的间隔,哪一列先开出?

解 取地面为 S 系,坐标原点在北京,以北京到上海的方向为 x 轴正方向,北京和上海的位置坐标分别是 x_1 和 x_2。取飞船为 S' 系。

现已知两地距离是

$$\Delta x = x_2 - x_1 = 10^6 \text{ m}$$

而两列火车开出时刻的间隔是

$$\Delta t = t_2 - t_1 = 0$$

以 t_1' 和 t_2' 分别表示在飞船上测得的从北京发车的时刻和从上海发车的时刻,则由洛伦兹变换可知

$$t_2' - t_1' = \frac{(t_2 - t_1) - \frac{u}{c^2}(x_2 - x_1)}{\sqrt{1 - u^2/c^2}} = \frac{-\frac{u}{c^2}(x_2 - x_1)}{\sqrt{1 - u^2/c^2}}$$

$$= \frac{-\frac{9 \times 10^3}{(3 \times 10^8)^2} \times 10^6}{\sqrt{1 - \left(\frac{9 \times 10^3}{3 \times 10^8}\right)^2}} \text{ s} \approx -10^{-7} \text{ s}$$

这一负的结果表示:宇航员发现从上海发车的时刻比从北京发车的时刻早 10^{-7} s。

6.6   相对论速度变换

在讨论速度变换时,我们首先注意到,各速度分量的定义如下:

在 S 系中

$$v_x = \frac{\mathrm{d}x}{\mathrm{d}t}, \quad v_y = \frac{\mathrm{d}y}{\mathrm{d}t}, \quad v_z = \frac{\mathrm{d}z}{\mathrm{d}t}$$

在 S' 系中

$$v_x' = \frac{\mathrm{d}x'}{\mathrm{d}t'}, \quad v_y' = \frac{\mathrm{d}y'}{\mathrm{d}t'}, \quad v_z' = \frac{\mathrm{d}z'}{\mathrm{d}t'}$$

在洛伦兹变换公式(6.23)中,对 t' 求导,可得

$$\frac{\mathrm{d}x'}{\mathrm{d}t'} = \frac{\frac{\mathrm{d}x'}{\mathrm{d}t}}{\frac{\mathrm{d}t'}{\mathrm{d}t}} = \frac{\frac{\mathrm{d}x}{\mathrm{d}t} - \beta c}{1 - \frac{\beta}{c}\frac{\mathrm{d}x}{\mathrm{d}t}}$$

$$\frac{\mathrm{d}y'}{\mathrm{d}t'} = \frac{\frac{\mathrm{d}y'}{\mathrm{d}t}}{\frac{\mathrm{d}t'}{\mathrm{d}t}} = \frac{\frac{\mathrm{d}y}{\mathrm{d}t}}{\gamma\left(1 - \frac{\beta}{c}\frac{\mathrm{d}x}{\mathrm{d}t}\right)}$$

$$\frac{\mathrm{d}z'}{\mathrm{d}t'} = \frac{\frac{\mathrm{d}z'}{\mathrm{d}t}}{\frac{\mathrm{d}t'}{\mathrm{d}t}} = \frac{\frac{\mathrm{d}z}{\mathrm{d}t}}{\gamma\left(1 - \frac{\beta}{c}\frac{\mathrm{d}x}{\mathrm{d}t}\right)}$$

利用上面的速度分量定义公式,这些式子可写作

$$\left.\begin{array}{l} v_x' = \dfrac{v_x - \beta c}{1 - \dfrac{\beta}{c}v_x} = \dfrac{v_x - u}{1 - \dfrac{uv_x}{c^2}} \\[4mm] v_y' = \dfrac{v_y}{\gamma\left(1 - \dfrac{\beta}{c}v_x\right)} = \dfrac{v_y}{1 - \dfrac{uv_x}{c^2}}\sqrt{1 - u^2/c^2} \\[4mm] v_z' = \dfrac{v_z}{\gamma\left(1 - \dfrac{\beta}{c}v_x\right)} = \dfrac{v_z}{1 - \dfrac{uv_x}{c^2}}\sqrt{1 - u^2/c^2} \end{array}\right\} \qquad (6.26)$$

这就是**相对论速度变换公式**,可以明显地看出,当 u 和 v 都比 c 小很多时,它们就约化为伽利略速度变换公式(6.6)。

对于光,设 S 系中一束光沿 x 轴方向传播,其速率为 c,则在 S' 系中,$v_x=c,v_y=v_z=0$,按式(6.26),光的速率应为

$$v'=v'_x=\frac{c-u}{1-\dfrac{cu}{c^2}}=c$$

仍然是 c。这一结果和相对速率 u 无关。也就是说,光在任何惯性系中速率都是 c。正应该这样,因为这是相对论的一个出发点。

在式(6.26)中,将带撇的量和不带撇的量互相交换,同时把 u 换成 $-u$,可得速度的逆变换式如下:

$$\left.\begin{aligned}
v_x&=\frac{v'_x+\beta c}{1+\dfrac{\beta}{c}v'_x}=\frac{v'_x+u}{1+\dfrac{uv'_x}{c^2}}\\
v_y&=\frac{v'_y}{\gamma\left(1+\dfrac{\beta}{c}v'_x\right)}=\frac{v'_y}{1+\dfrac{uv'_x}{c^2}}\sqrt{1-u^2/c^2}\\
v_z&=\frac{v'_z}{\gamma\left(1+\dfrac{\beta}{c}v'_x\right)}=\frac{v'_z}{1+\dfrac{uv'_x}{c^2}}\sqrt{1-u^2/c^2}
\end{aligned}\right\}\quad(6.27)$$

例6.8　速度变换。在地面上测到有两个飞船分别以 $+0.9c$ 和 $-0.9c$ 的速度向相反方向飞行。求一飞船相对于另一飞船的速度有多大?

解　如图6.10,设 S 为速度是 $-0.9c$ 的飞船在其中静止的参考系,则地面对此参考系以速度 $u=0.9c$ 运动。以地面为参考系 S',则另一飞船相对于 S' 系的速度为 $v_x'=0.9c$,由式(6.27)可得所求速度为

$$v_x=\frac{v'_x+u}{1+uv'_x/c^2}=\frac{0.9c+0.9c}{1+0.9\times0.9}=\frac{1.80}{1.81}c=0.994c$$

这和伽利略变换($v_x=v_x'+u$)给出的结果($1.8c$)是不同的,此处 $v_x<c$。一般地说,按相对论速度变换,在 u 和 v' 都小于 c 的情况下,v 不可能大于 c。

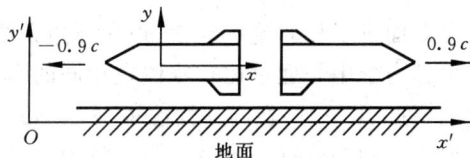

图6.10　例6.8用图

值得指出的是,相对于地面来说,上述两飞船的"相对速度"确实等于 $1.8c$,这就是说,由地面上的观察者测量,两飞船之间的距离是按 $2\times0.9c$ 的速率增加的。但是,就一个物体来讲,它对任何其他物体或参考系,其速度的大小是不可能大于 c 的,而这一速度正是速度这一概念的真正含义。

例6.9　星光照耀。在太阳参考系中观察,一束星光垂直射向地面,速率为 c,而地球以速率 u 垂直于光线运动。求在地面上测量,这束星光的速度的大小与方向各如何?

解　以太阳参考系为 S 系(图6.11(a)),以地面参考系为 S' 系(图6.11(b))。S' 系以速度 u 向右运动。在 S 系中,星光的速度为 $v_y=-c$,$v_x=0$,$v_z=0$。在 S' 系中,根据式(6.26)星光的速度,应为

$$v'_x=-u$$
$$v'_y=v_y\sqrt{1-u^2/c^2}=-c\sqrt{1-u^2/c^2}$$
$$v'_z=0$$

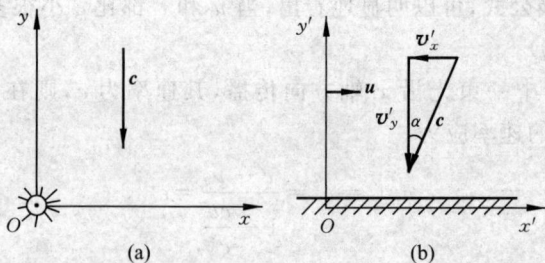

图 6.11   例 6.9 用图

由此可得,这星光速度的大小为

$$v' = \sqrt{{v_x'}^2 + {v_y'}^2 + {v_z'}^2} = \sqrt{u^2 + c^2 - u^2} = c$$

即仍为 c。其方向用光线方向与竖直方向(即 y' 轴)之间的夹角 α 表示,则有

$$\tan \alpha = \frac{|v_x'|}{|v_y'|} = \frac{u}{c\sqrt{1 - u^2/c^2}}$$

由于 $u = 3 \times 10^4$ m/s(地球公转速率),这比光速小得多,所以有

$$\tan \alpha \approx \frac{u}{c}$$

将 u 和 c 值代入,可得

$$\tan \alpha \approx \frac{3 \times 10^4}{3 \times 10^8} = 10^{-4}$$

即

$$\alpha \approx 20.6''$$

6.7   相对论质量

6-2

上面讲了相对论运动学,现在开始介绍相对论动力学。动力学中一个基本概念是质量,在牛顿力学中是通过比较物体在相同的力作用下产生的加速度来比较物体的质量并加以量度的(见 2.1 节)。在高速情况下,$F = ma$ 不再成立,这样质量的概念也就无意义了。这时我们注意到动量这一概念。在牛顿力学中,一个质点的动量的定义是

$$p = mv \tag{6.28}$$

式中的质量与质点的速率无关,也就是质点静止时的质量可以称为 **静止质量**。根据式(6.28),一个质点的动量是和速率成正比的,在高速情况下,实验发现,质点(例如电子)的动量也随其速率增大而增大,但比正比增大要快得多。在这种情况下,如果继续以式(6.28)定义质点的动量,就必须把这种非正比的增大归之于质点的质量随其速率的增大而增大。以 m 表示一般的质量,以 m_0 表示静止质量。实验给出的质点的动量比 p/m_0v 也就是质量比 m/m_0 随质点的速率变化的图线如图 6.12 所示。

我们已指出过,动量守恒定律是比牛顿定律更为基本的自然规律(见 3.2 节)。根据这一定律的要求,采用式(6.28)的动量定义,利用洛伦兹变换可以导出一相对论质量-速率关系:

$$m = \frac{m_0}{\sqrt{1 - v^2/c^2}} = \gamma m_0 \tag{6.29}$$

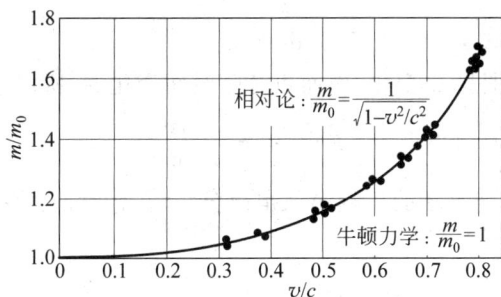

图 6.12　电子的 m/m_0 随速率 v 变化的曲线

式中，m 是比牛顿质量（静止质量 m_0）意义更为广泛的质量，称为**相对论质量**[①]（本节末给出一种推导）。静止质量是质点相对于参考系静止时的质量，它是一个确定的不变的量。

　　要注意式（6.29）中的速率是质点相对于相关的参考系的速率，而**不是**两个参考系的相对速率。同一质点相对于不同的参考系可以有不同的质量，式（6.29）中的 $\gamma=(1-v^2/c^2)^{-1/2}$，虽然形式上和式（6.22）中的 $\gamma=(1-u^2/c^2)^{-1/2}$ 相同，但 v 和 u 的意义是不相同的。

　　当 $v\ll c$ 时，式（6.29）给出 $m\approx m_0$，这时可以认为物体的质量与速率无关，等于其静质量。这就是牛顿力学讨论的情况。从这里也可以看出牛顿力学的结论是相对论力学在速度非常小时的近似。

　　实际上，在一般技术中宏观物体所能达到的速度范围内，质量随速率的变化非常小，因而可以忽略不计。例如，当 $v=10^4$ m/s 时，物体的质量和静质量相比的相对变化为

$$\frac{m-m_0}{m_0}=\frac{1}{\sqrt{1-\beta^2}}-1\approx\frac{1}{2}\beta^2$$

$$=\frac{1}{2}\times\left(\frac{10^4}{3\times10^8}\right)^2=5.6\times10^{-10}$$

在关于微观粒子的实验中，粒子的速率经常会达到接近光速的程度，这时质量随速率的改变就非常明显了。例如，当电子的速率达到 $v=0.98c$ 时，按式（6.33）可以算出此时电子的质量为

$$m=5.03m_0$$

　　有一种粒子，例如光子，具有质量，但总是以速度 c 运动。根据式（6.29），在 m 有限的情况下，只可能是 $m_0=0$。这就是说，以光速运动的粒子其静质量为零。

　　由式（6.29）也可以看到，当 $v>c$ 时，m 将成为虚数而无实际意义，这也说明，在真空中的光速 c 是一切物体运动速度的极限。

　　利用相对论质量表示式（6.29），相对论动量可表示为

$$\boldsymbol{p}=m\boldsymbol{v}=\frac{m_0\boldsymbol{v}}{\sqrt{1-v^2/c^2}}=\gamma m_0\boldsymbol{v} \tag{6.30}$$

在相对论力学中，仍然用动量变化率定义质点受的力，即

[①]　有人曾反对引入相对论质量概念，从而引起了一场讨论。对此问题有兴趣的读者可看：张三慧.也谈质量概念.物理与工程，2001,6,p.5

$$F = \frac{\mathrm{d}\boldsymbol{p}}{\mathrm{d}t} = \frac{\mathrm{d}}{\mathrm{d}t}(m\boldsymbol{v}) \tag{6.31}$$

仍是正确的。但由于 m 是随 v 变化,因而也是随时间变化的,所以它不再和表示式

$$F = m\boldsymbol{a} = m\frac{\mathrm{d}\boldsymbol{v}}{\mathrm{d}t}$$

等效。这就是说,用加速度表示的牛顿第二定律公式,在相对论力学中不再成立。

式(6.29)的推导

如图 6.13,设在 S' 系中有一粒子,原来静止于原点 O',在某一时刻此粒子分裂为完全相同的两半 A 和

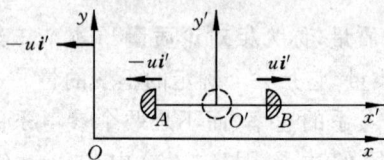

图 6.13　在 S' 系中观察粒子的
分裂和 S 系的运动

B,分别沿 x' 轴的正向和反向运动。根据动量守恒定律,这两半的速率应该相等,我们都以 u 表示。

设另一参考系 S,以 u 的速率沿 $-\boldsymbol{i}'$ 方向运动。在此参考系中,A 将是静止的,而 B 是运动的。我们以 m_A 和 m_B 分别表示二者的质量。由于 O' 的速度为 $u\boldsymbol{i}$,所以根据相对论速度变换,B 的速度应是

$$v_B = \frac{2u}{1 + u^2/c^2} \tag{6.32}$$

方向沿 x 轴正向。在 S 系中观察,粒子在分裂前的速度,即 O' 的速度为 $u\boldsymbol{i}$,因而它的动量为 $Mu\boldsymbol{i}$,此处 M 为粒子分裂前的总质量。在分裂后,两个粒子的总动量为 $m_B v_B \boldsymbol{i}$。根据动量守恒定律,应有

$$Mu\boldsymbol{i} = m_B v_B \boldsymbol{i} \tag{6.33}$$

在此,我们合理地假定,在 S 参考系中粒子分裂前后的质量也是守恒的[①],即 $M = m_A + m_B$,上式可改写成

$$(m_A + m_B)u = \frac{2m_B u}{1 + u^2/c^2} \tag{6.34}$$

如果用牛顿力学中质量的概念,质量和速率无关,则应有 $m_A = m_B$,这样式(6.34)不能成立,动量也不再守恒了。为了使动量守恒定律在任何惯性系中都成立,而且动量定义仍然保持式(6.28)的形式,就不能再认为 m_A 和 m_B 都和速率无关,而必须认为它们都是各自速率的函数。这样 m_A 将不再等于 m_B,由式(6.34)可解得

$$m_B = m_A \frac{1 + u^2/c^2}{1 - u^2/c^2}$$

再由式(6.32),可得

$$u = \frac{c^2}{v_B}\left(1 - \sqrt{1 - v_B^2/c^2}\right)$$

代入上一式消去 u,可得

$$m_B = \frac{m_A}{\sqrt{1 - v_B^2/c^2}} \tag{6.35}$$

这一公式说明,在 S 系中观察,m_A,m_B 有了差别。由于 A 是静止的,它的质量叫**静质量**,以 m_0 表示。粒子 B 如果静止,质量也一定等于 m_0,因为这两个粒子是完全相同的。B 是以速率 v_B 运动的,它的质量不等于 m_0。以 v 代替 v_B,并以 m 代替 m_B 表示粒子以速率 v 运动时的质量,则式(6.32)可写作

$$m = \frac{m_0}{\sqrt{1 - v^2/c^2}}$$

[①] 对本推导的"假定",曾有人提出质疑,本书作者曾给予解释。见:张三慧.关于相对论质速关系推导方法的商榷.大学物理,1999,3,p.30

这正是我们要证明的式(6.29)。

6.8 相对论动能

在相对论动力学中,动能定理(式(4.9))仍被应用,即力 $\boldsymbol{F}$ 对一质点做的功使质点的速率由零增大到 v 时,力所做的功等于质点最后的动能。以 E_k 表示质点速率为 v 时的动能,则可由质速关系式(6.29)导出(见本节末),即有

$$E_k = mc^2 - m_0 c^2 \tag{6.36}$$

这就是**相对论动能**公式。式中, m 和 m_0 分别是质点的相对论质量和静止质量。

式(6.36)显示,质点的相对论动能表示式和其牛顿力学表示式 $\left(E_k = \dfrac{1}{2} mv^2 \right)$ 明显不同。但是,当 $v \ll c$ 时,由于

$$\frac{1}{\sqrt{1 - v^2/c^2}} = 1 + \frac{1}{2} \frac{v^2}{c^2} + \cdots \approx 1 + \frac{1}{2} \frac{v^2}{c^2}$$

则由式(6.36)可得

$$E_k = \frac{m_0 c^2}{\sqrt{1 - v^2/c^2}} - m_0 c^2 \approx m_0 c^2 \left(1 + \frac{1}{2} \frac{v^2}{c^2} \right) - m_0 c^2 = \frac{1}{2} m_0 v^2$$

这时又回到了牛顿力学的动能公式。

注意,相对论动量公式(6.28)和相对论动量变化率公式(6.31),在形式上都与牛顿力学公式一样,只是其中 m 要换成相对论质量。但相对论动能公式(6.36)和牛顿力学动能公式形式上不一样,只是把后者中的 m 换成相对论质量并不能得到前者。

由式(6.36)可以得到粒子的速率由其动能表示为

$$v^2 = c^2 \left[1 - \left(1 + \frac{E_k}{m_0 c^2} \right)^{-2} \right] \tag{6.37}$$

此式表明,当粒子的动能 E_k 由于力对它做的功增多而增大时,它的速率也逐渐增大。但无论 E_k 增到多大,速率 v 都不能无限增大,而有一极限值 c。我们又一次看到,对粒子来说,存在着一个极限速率,它就是光在真空中的速率 c。

粒子速率有一极限这一结论,已于 1962 年被贝托齐用实验直接证实,他的实验装置大致如图 6.14 所示。电子由静电加速器加速后进入一无电场区域,然后打到铝靶上。电子通

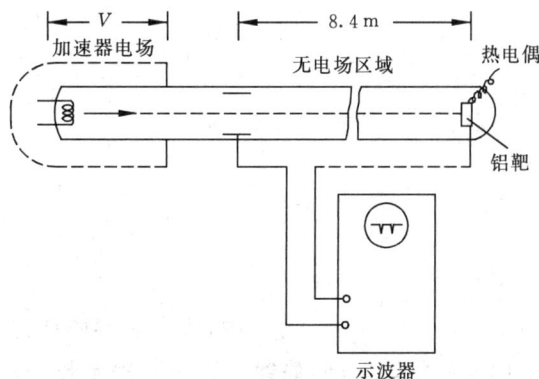

图 6.14 贝托齐极限速率实验装置

过无电场区域的时间可以由示波器测出,因而可以算出电子的速率。电子的动能就是它在加速器中获得的能量,等于电子电荷量和加速电压的乘积。这一能量还可以通过测定铝靶由于电子撞击而获得的热量加以核算,结果二者相符。贝托齐的实验结果如图 6.15 所示,它明确地显示出电子动能增大时,其速率趋近于极限速率 c,而按牛顿公式电子速率是会很快地无限制地增大的。

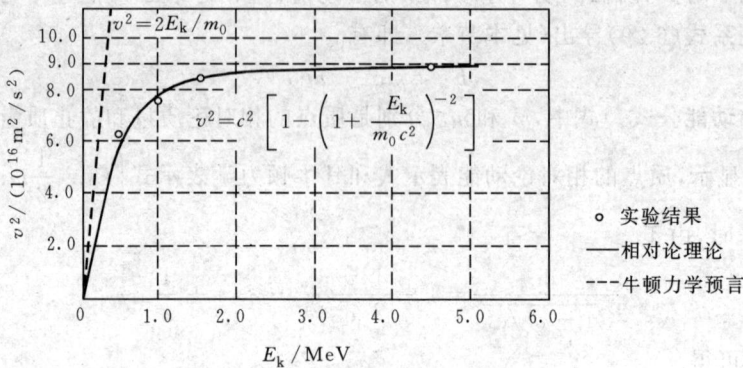

图 6.15　贝托齐极限速率实验结果

式(6.36)的推导

对静止质量为 m_0 的质点,应用动能定理式(4.9)可得

$$E_k = \int_{(v=0)}^{(v)} \boldsymbol{F} \cdot \mathrm{d}\boldsymbol{r} = \int_{(v=0)}^{(v)} \frac{\mathrm{d}(m\boldsymbol{v})}{\mathrm{d}t} \cdot \mathrm{d}\boldsymbol{r} = \int_{(v=0)}^{(v)} \boldsymbol{v} \cdot \mathrm{d}(m\boldsymbol{v})$$

由于 $\boldsymbol{v} \cdot \mathrm{d}(m\boldsymbol{v}) = m\boldsymbol{v} \cdot \mathrm{d}\boldsymbol{v} + \boldsymbol{v} \cdot \boldsymbol{v}\mathrm{d}m = mv\mathrm{d}v + v^2\mathrm{d}m$,又由式(6.29),可得

$$m^2 c^2 - m^2 v^2 = m_0^2 c^2$$

两边求微分,有

$$2mc^2\mathrm{d}m - 2mv^2\mathrm{d}m - 2m^2 v\mathrm{d}v = 0$$

即

$$c^2\mathrm{d}m = v^2\mathrm{d}m + mv\mathrm{d}v$$

所以有

$$\boldsymbol{v} \cdot \mathrm{d}(m\boldsymbol{v}) = c^2\mathrm{d}m$$

代入上面求 E_k 的积分式内可得

$$E_k = \int_{m_0}^{m} c^2\mathrm{d}m$$

由此得

$$E_k = mc^2 - m_0 c^2$$

这正是**相对论动能公式**(6.36)。

6.9　相对论能量

在相对论动能公式(6.36)$E_k = mc^2 - m_0 c^2$ 中,等号右端两项都具有能量的量纲,可以认为 $m_0 c^2$ 表示粒子静止时具有的能量,叫**静能**。而 mc^2 表示粒子以速率 v 运动时所具有的能量,这个能量是在相对论意义上粒子的总能量,以 E 表示此相对论能量,则

6-4

$$E = mc^2 \tag{6.38}$$

在粒子速率等于零时,总能量就是静能[1]

$$E_0 = m_0 c^2 \tag{6.39}$$

这样(6.36)式也可以写成

$$E_k = E - E_0 \tag{6.40}$$

即粒子的动能等于粒子该时刻的总能量和静能之差。

把粒子的能量 E 和它的质量 m(甚至是静质量 m_0)直接联系起来的结论是相对论最有意义的结论之一。**一定的质量相应于一定的能量,二者的数值只相差一个恒定的因子 c^2。**按式(6.39)计算,和一个电子的静质量 0.911×10^{-30} kg 相应的静能为 8.19×10^{-14} J 或 0.511 MeV,和一个质子的静质量 1.673×10^{-27} kg 相应的静能为 1.503×10^{-10} J 或 938 MeV。这样,质量就被赋予了新的意义,即物体所含能量的量度。在牛顿那里,质量是惯性质量,也是产生引力的基础。从牛顿质量到爱因斯坦质量是物理概念发展的重要事例之一。

按相对论的概念,几个粒子在相互作用(如碰撞)过程中,最一般的能量守恒应表示为

$$\sum_i E_i = \sum_i (m_i c^2) = 常量[2] \tag{6.41}$$

由此公式立即可以得出,在相互作用过程中

$$\sum_i m_i = 常量 \tag{6.42}$$

这表示质量守恒。在历史上**能量守恒和质量守恒是分别发现的两条相互独立的自然规律,在相对论中二者完全统一起来了**。应该指出,在科学史上,质量守恒只涉及粒子的静质量,它只是相对论质量守恒在粒子能量变化很小时的近似。一般情况下,当涉及的能量变化比较大时,以上守恒给出的粒子的静质量也是可以改变的。爱因斯坦在 1905 年首先指出:"就一个粒子来说,如果由于自身内部的过程使它的能量减小了,它的静质量也将相应地减小。"他又接着指出:"用那些所含能量是高度可变的物体(比如用镭盐)来验证这个理论,不是不可能成功的。"后来的事实正如他预料的那样,在放射性蜕变、原子核反应以及高能粒子实验中,无数事实都证明了式(6.38)所表示的质量能量关系的正确性。原子能时代可以说是随同这一关系的发现而到来的。

在核反应中,以 m_{01} 和 m_{02} 分别表示反应粒子和生成粒子的总的静质量,以 E_{k1} 和 E_{k2} 分别表示反应前后它们的总动能。利用能量守恒定律式(6.40),有

$$m_{01} c^2 + E_{k1} = m_{02} c^2 + E_{k2}$$

由此得

$$E_{k2} - E_{k1} = (m_{01} - m_{02}) c^2 \tag{6.43}$$

$E_{k2} - E_{k1}$ 表示核反应后与前相比,粒子总动能的增量,也就是核反应所释放的能量,通常以 ΔE 表示;$m_{01} - m_{02}$ 表示经过反应后粒子的总的静质量的减小,叫**质量亏损**,以 Δm_0 表示。这样式(6.43)就可以表示成

$$\Delta E = \Delta m_0 c^2 \tag{6.44}$$

---

[1] 对静质量 $m_0 = 0$ 的粒子,静能为零,即不存在处于静止状态的这种粒子。

[2] 若有光子参与,需计入光子的能量 $E = h\nu$ 以及质量 $m = h\nu/c^2$。

这说明核反应中释放一定的能量相应于一定的质量亏损。这个公式是关于原子能的一个基本公式。

例 6.10 粒子合并。如图 6.16 所示,在参考系 S 中,有两个静质量都是 m_0 的粒子 A, B 分别以速度 $v_A = vi$,$v_B = -vi$ 运动,相撞后合在一起为一个静质量为 M_0 的粒子,求 M_0。

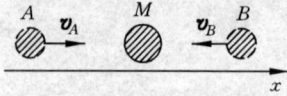

图 6.16 例 6.10 用图

解 以 M 表示合成粒子的质量,其速度为 V,则根据动量守恒

$$m_B v_B + m_A v_A = MV$$

由于 A,B 的静质量一样,速率也一样,因此 $m_A = m_B$,又因为 $v_A = -v_B$,所以上式给出 $V = 0$,即合成粒子是静止的,于是有

$$M = M_0$$

根据能量守恒

即

$$M_0 c^2 = m_A c^2 + m_B c^2$$

$$M_0 = m_A + m_B = \frac{2m_0}{\sqrt{1 - v^2/c^2}}$$

此结果说明,M_0 不等于 $2m_0$,而是大于 $2m_0$。

例 6.11 热核反应。在一种热核反应

$$^2_1 H + ^3_1 H \longrightarrow ^4_2 He + ^1_0 n$$

中,各种粒子的静质量如下:

$$\text{氘核}(^2_1 H) \qquad m_D = 3.3437 \times 10^{-27} \text{ kg}$$

$$\text{氚核}(^3_1 H) \qquad m_T = 5.0049 \times 10^{-27} \text{ kg}$$

$$\text{氦核}(^4_2 He) \qquad m_{He} = 6.6425 \times 10^{-27} \text{ kg}$$

$$\text{中子}(n) \qquad m_n = 1.6750 \times 10^{-27} \text{ kg}$$

求这一热核反应释放的能量是多少?

解 这一反应的质量亏损为

$$\Delta m_0 = (m_D + m_T) - (m_{He} + m_n)$$
$$= [(3.3437 + 5.0049) - (6.6425 + 1.6750)] \times 10^{-27} \text{ kg}$$
$$= 0.0311 \times 10^{-27} \text{ kg}$$

相应释放的能量为

$$\Delta E = \Delta m_0 c^2 = 0.0311 \times 10^{-27} \times 9 \times 10^{16} \text{ J} = 2.799 \times 10^{-12} \text{ J}$$

1kg 的这种核燃料所释放的能量为

$$\frac{\Delta E}{m_D + m_T} = \frac{2.799 \times 10^{-12}}{8.3486 \times 10^{-27}} \text{ J/kg} = 3.35 \times 10^{14} \text{ J/kg}$$

这一数值是 1 kg 优质煤燃烧所释放热量(约 7×10^6 cal/kg$= 2.93 \times 10^7$ J/kg)的 1.15×10^7 倍,即 1000 多万倍! 即使这样,这一反应的"释能效率",即所释放的能量占燃料的相对论静能之比,也不过是

$$\frac{\Delta E}{(m_D + m_T)c^2} = \frac{2.799 \times 10^{-12}}{8.3486 \times 10^{-27} \times (3 \times 10^8)^2} = 0.37\%$$

例 6.12 中微子飞行。大麦哲伦云中超新星 1987A 爆发时发出大量中微子。以 m_ν 表示中微子的静质量,以 E 表示其能量($E \gg m_\nu c^2$)。已知大麦哲伦云离地球的距离为 d(约 1.6×10^5 l.y.),求中微子发出后到达地球所用的时间。

解 由式(6.38),有

$$E = mc^2 = \frac{m_\nu c^2}{\sqrt{1 - v^2/c^2}}$$

得

$$v = c\left[1 - \left(\frac{m_\nu c^2}{E}\right)^2\right]^{1/2}$$

由于 $E \gg m_\nu c^2$,所以可得

$$v = c\left[1 - \frac{(m_\nu c^2)^2}{2E^2}\right]$$

由此得所求时间为

$$t = \frac{d}{v} = \frac{d}{c}\left[1 - \frac{(m_\nu c^2)^2}{2E^2}\right]^{-1} = \frac{d}{c}\left[1 + \frac{(m_\nu c^2)^2}{2E^2}\right]$$

此式曾用于测定 1987A 发出的中微子的静质量。实际上是测出了两束能量相近的中微子到达地球上接收器的时间差(约几秒)和能量 E_1 和 E_2,然后根据式

$$\Delta t = t_2 - t_1 = \frac{d}{c}\frac{(m_\nu c^2)^2}{2}\left(\frac{1}{E_2^2} - \frac{1}{E_1^2}\right)$$

来求出中微子的静质量。用这种方法估算出的结果是 $m_\nu c^2 \leqslant 20$ eV。

6.10 动量和能量的关系

将相对论能量公式 $E = mc^2$ 和动量公式 $\boldsymbol{p} = m\boldsymbol{v}$ 相比,可得

$$\boldsymbol{v} = \frac{c^2}{E}\boldsymbol{p} \tag{6.45}$$

将 v 值代入能量公式 $E = mc^2 = m_0c^2/\sqrt{1 - v^2/c^2}$ 中,整理后可得

$$E^2 = p^2c^2 + m_0^2c^4 \tag{6.46}$$

这就是相对论动量能量关系式。如果以 E,pc 和 m_0c^2 分别表示一个三角形三边的长度,则它们正好构成一个直角三角形(图 6.17)。

对动能是 E_k 的粒子,用 $E = E_k + m_0c^2$ 代入式(6.46)可得

$$E_k^2 + 2E_k m_0 c^2 = p^2 c^2$$

当 $v \ll c$ 时,粒子的动能 E_k 要比其静能 m_0c^2 小得多,因而上式中第一项与第二项相比,可以略去,于是得

$$E_k = \frac{p^2}{2m_0}$$

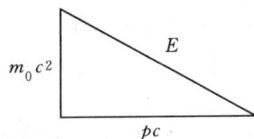

图 6.17 相对论动量能量
三角形

我们又回到了牛顿力学的动能表达式。

例 6.13 资用能。 在高能实验室内,一个静质量为 m,动能为 $E_k(E_k \gg mc^2)$ 的高能粒子撞击一个静止的、静质量为 M 的靶粒子时,它可以引发后者发生转化的资用能多大?

解 在介绍例 4.14 时,曾得出结论:在完全非弹性碰撞中,碰撞系统的机械能总有一部分要损失而变为其他形式的能量,而这损失的能量等于碰撞系统在其质心系中的能量。这一部分能量为转变成其他形式能量的资用能,在高能粒子碰撞过程中这一部分能量就是转化为其他种粒子的能量。由于粒子速度一般很大,所以要用相对论动量、能量公式求解。

粒子碰撞时,先是要形成一个复合粒子,此复合粒子迅即分裂转化为其他粒子。以 M' 表示此复合粒子的静质量。考虑碰撞开始到形成复合粒子的过程。

碰撞前,入射粒子的能量为

$$E_m = E_k + mc^2 = \sqrt{p^2 c^2 + m^2 c^4}$$

由此可得

$$p^2 c^2 = E_k^2 + 2mc^2 E_k$$

其中 p 为入射粒子的动量。

碰撞前,两个粒子的总能量为

$$E = E_m + E_M = E_k + (m + M)c^2$$

碰撞所形成的复合粒子的能量为

$$E' = \sqrt{p'^2 c^2 + M'^2 c^4}$$

其中 p' 表示复合粒子的动量。由动量守恒知 $p' = p$,因而有

$$E' = \sqrt{p^2 c^2 + M'^2 c^4} = \sqrt{E_k^2 + 2mc^2 E_k + M'^2 c^4}$$

由能量守恒 $E' = E$,可得

$$\sqrt{E_k^2 + 2mc^2 E_k + M'^2 c^4} = E_k + (m + M)c^2$$

此式两边平方后移项可得

$$M'c^2 = \sqrt{2Mc^2 E_k + [(m + M)c^2]^2}$$

由于 M' 是复合粒子的静质量,所以 $M'c^2$ 就是它在自身质心系中的能量。因此以动能 E_k 入射的粒子的资用能就是

$$E_{av} = \sqrt{2Mc^2 E_k + [(m + M)c^2]^2}$$

欧洲核子研究中心的超质子加速器原来是用能量为 270 GeV 的质子(静质量为 938 MeV/c^2 ≈ 1 GeV/c^2)去轰击静止的质子,其资用能按上式计算

$$E_{av} = \sqrt{2 \times 1 \times 270 + (1 + 1)^2} \text{ GeV} = 23 \text{ GeV}$$

可见效率是非常低的。为了改变这种状况,1982 年该中心将这台加速器改装成了对撞机,它使能量都是 270 GeV 的质子发生对撞。这时由于实验室参考系就是对撞质子的质心系,所以资用能为 270 × 2 = 540 GeV,因而可以引发需要高能量的粒子转化。正是因为这样,翌年就在这台对撞机上发现了静能分别为 81.8 GeV 和 92.6 GeV 的 W$^\pm$ 粒子和 Z^0 粒子,从而证实了电磁力和弱力统一的理论预测,强有力地支持了该理论的成立。

*6.11　广义相对论简介

在狭义相对论理论中,是不包含引力的。1915 年爱因斯坦为了扩大相对论的范围,建立了引力的新理论——广义相对论。

广义相对论发端于爱因斯坦对伽利略的“一切物体都以相同的加速度下落”的论断的深入理解。把牛顿第二定律和引力定律结合起来,对一自由落体可得

$$\frac{GMm_g}{r^2} = m_i g \tag{6.47}$$

其中,M 和 r 分别为地球的质量和半径,m_g 和 m_i 分别为同一落体的引力质量和惯性质量。上式可改写为

$$\frac{m_g}{m_i} = \frac{gr^2}{GM} \tag{6.48}$$

既然 g 对一切物体都相同,那么 m_g/m_i 就是一个与物体性质无关的常数。选取适当的单

位,就能得出 $m_g/m_i=1$,即 m_i 和 m_g 相等的结论。由此也可以说,引力和惯性是物质同一属性的两种表现。

由于引力质量和惯性质量相等,所以在一个远离任何天体的作加速运动的参考系内观察,一切物体都会受到一个表观引力(参看 2.5 节和图 2.13)。反过来说,在一个以重力加速度下落的参考系内,将观察不出任何引力对物体的作用(即完全失重,如在环绕地球运行的太空船舱中一样)。总的来说,引力和加速度等效。这一思想叫**等效原理**,它是广义相对论的基础。

根据惯性质量与引力质量相等的结论,可知任何物体都将受引力作用,光子也应该是这样。因此,**光线应当被引力偏折**。

光线的引力偏折在自然界中应能观察到,例如,从地球上观察某一发光星体,当太阳移近光线时,从星体发的光将从太阳表面附近经过。太阳引力的作用将使光线发生偏折,从而星体的视位置将偏离它的实际位置(图 6.18)。由于星光比太阳光弱得多,所以要观察这种星体的视位置偏离只可能在日全食时进行。事实上 1919 年日全食时,天文学家的确观察到了这种偏离,之后还进行了多次这种观察。星体位置偏离大致都在 $1.5''\sim$ $2.0''$,和广义相对论的理论预言值 $1.75''$ 符合得相当好。

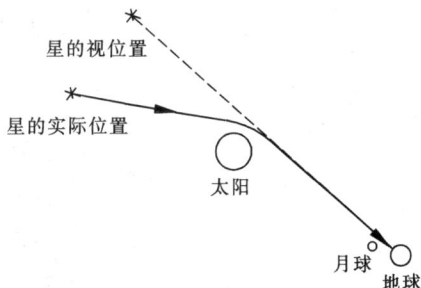

图 6.18 日全食时对星的观察

如何利用光的波动图像来说明光的引力偏折呢? 如图 6.19 所示,一列光波的波前 ab 绕过太阳附近而到达 $a'b'$,a 和 b 两个振动状态是分别同时到达 a' 和 b' 的,即从 a 到 a' 和 b 到 b' 光所用的时间相等。由于在远离太阳的地球上观测,aa' 路径比 bb' 路径要短,所以光经过离太阳近处传播时,速度减小了。但在太阳附近就地观测时,光速应该不变,不受引力影响。经过的时间相等只能这样解释:在太阳附近就地观测时,同一段距离离太阳越近,其长度比在远处地球上观测的结果就越长。这说明,长度的测量结果是受引力影响的。这一结论是和欧几里得几何学的推断不相同的。例如,考虑一个由相互垂直的四边组成的正方形(图 6.20),靠近太阳那一边(AB)比离太阳远的那一边(CD)要长。欧几里得几何学在此失效了——**空间不再是平展的,而是被引力弯曲或扭曲了的**。

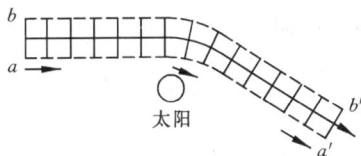

图 6.19 在太阳附近光波波面的转向

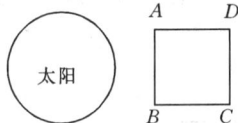

图 6.20 太阳附近的空间弯曲

为了得到这种弯曲空间的直观形象,让我们设想二维空间的情形。图 6.21 画出一个平展的二维空间,图 6.22 画出了当一个"太阳"放入这二维空间时的情形:这二维空间产生了一个坑。在这畸变的二维空间上两点 AB 之间的距离比它们之间的直线距离(即平展时的距离)要长些,由于光速不变,它从"太阳"附近经过时用的时间自然应该长些。

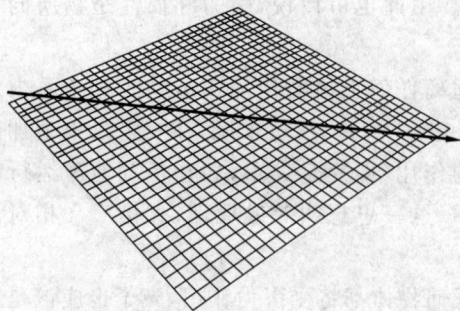

图 6.21　平展的二维空间

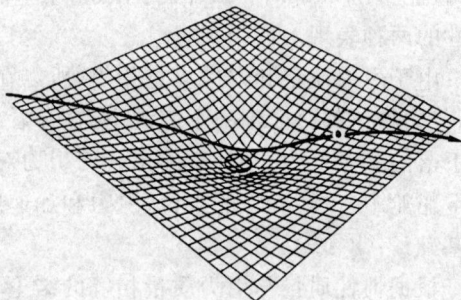

图 6.22　弯曲的二维空间

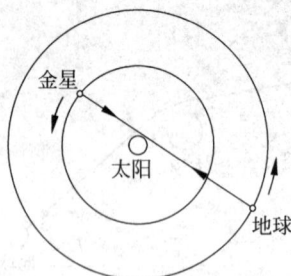

图 6.23　雷达回波实验示意图

太阳附近距离变长这一预言已经用雷达波(波长为几厘米)直接证实了。人们曾向金星(以及水星、人造天体)发射雷达波并接收其反射波。当太阳行将跨过金星和地球之间时,雷达波在往返的路上都要经过太阳附近(图 6.23)。实验测出,在这种情况下,雷达波往返所用的时间比雷达波不经过太阳附近时的确要长些,而且所增加的数值和理论计算也符合得很好。这一现象叫**雷达回波延迟**。计算表明,对于刚擦过太阳传播的光来说,从金星到地球的距离增加了约 30 km(总距离为 2.6×10^8 km)。

这样,我们就可以把光线受引力的偏折看作是空间弯曲的结果,这就是广义相对论的一般结论。因此爱因斯坦的广义相对论是一种**关于引力的几何理论**,有人把它称作“几何动力学”,即和物质有相互作用的、动力学的、弯曲时空的几何学。

以上介绍了空间弯曲,广义相对论的结论还给出时间也受引力的影响,即时间也“弯曲”了。靠近太阳的地方时间也要长些,或者说,靠近太阳的钟比远离太阳的钟走得要慢一些。这种效应叫**引力时间延缓**。由此可以得出,在太阳表面原子发出的光的频率当这种光到达地球上时要减小,这种现象叫**引力红移**。广义相对论给出,太阳引起的引力红移将使频率减小 2×10^{-6},对太阳光谱的分析证实了这一结果。

和牛顿引力理论对引力是一种“超距作用”的理解不同,广义相对论预言有引力波发生,即作加速运动的质量向外辐射能量——引力波。这也有关于天体观察的间接证明。

广义相对论还预言黑洞的存在及宇宙发展的理论说明。

提要

1. **牛顿绝对时空观**：长度和时间的测量与参考系无关,并且二者相互独立。

　　伽利略坐标变换式：$x' = x - ut$,　$y' = y$,　$z' = z$,　$t' = t$

　　伽利略速度变换式：$v_x' = v_x - u$,　$v_y' = v_y$,　$v_z' = v_z$

2. **狭义相对论基本假设**：

　　爱因斯坦相对性原理：物理规律对所有惯性参考系都是一样的。

光速不变原理：在所有惯性参考系中,光在真空中的速率都相等。

3. 同时性的相对性：

时间延缓　　　　　　　　$\Delta t = \dfrac{\Delta t'}{\sqrt{1-u^2/c^2}}$　　　($\Delta t'$ 为固有时)

长度收缩　　　　　　　　$l = l'\sqrt{1-u^2/c^2}$　　　(l' 为固有长度)

4. 洛伦兹变换：

坐标变换式：

$$x' = \dfrac{x-ut}{\sqrt{1-u^2/c^2}}, \quad y' = y, \quad z' = z, \quad t' = \dfrac{t-\dfrac{u}{c^2}x}{\sqrt{1-u^2/c^2}}$$

速度变换式：

$$v_x' = \dfrac{v_x-u}{1-\dfrac{uv_x}{c^2}}, \quad v_y' = \dfrac{v_y}{1-\dfrac{uv_x}{c^2}}\sqrt{1-u^2/c^2}, \quad v_z' = \dfrac{v_z}{1-\dfrac{uv_x}{c^2}}\sqrt{1-u^2/c^2}$$

5. 相对论质量：

$$m = \dfrac{m_0}{\sqrt{1-v^2/c^2}} \quad (m_0 \text{ 为静质量})$$

6. 相对论动量：

$$\boldsymbol{p} = m\,\boldsymbol{v} = \dfrac{m_0\boldsymbol{v}}{\sqrt{1-v^2/c^2}}$$

7. 相对论能量：　　　　$E = mc^2$

相对论动能　　　　$E_k = E - E_0 = mc^2 - m_0c^2$　　($E_0 = m_0c^2$ 为静能)

相对论动量能量关系式　$E^2 = p^2c^2 + m_0^2c^4$

*8. 广义相对论：

引力质量和惯性质量相等；

加速运动等效于引力作用——等效原理；

引力和空间弯曲、时间弯曲等效。

思考题

6.1　什么是力学相对性原理？在一个参考系内作力学实验能否测出这个参考系相对于惯性系的加速度？

6.2　同时性的相对性是什么意思？为什么会有这种相对性？如果光速是无限大,是否还会有同时性的相对性？

6.3　前进中的一列火车的车头和车尾各遭到一次闪电轰击,据车上的观察者测定这两次轰击是同时发生的。试问,据地面上的观察者测定它们是否仍然同时？如果不同时,何处先遭到轰击？

6.4　如图 6.24 所示,在 S 和 S' 系中的 x 和 x' 轴上分别固定有 5 个钟。在某一时刻,原点 O 和 O' 正好重合,此时钟 C_3 和钟 C_3' 都指零。若在 S 系中观察,试画出此时刻其他各钟的指针所指的方位。

6.5　什么是固有时？为什么说固有时最短？

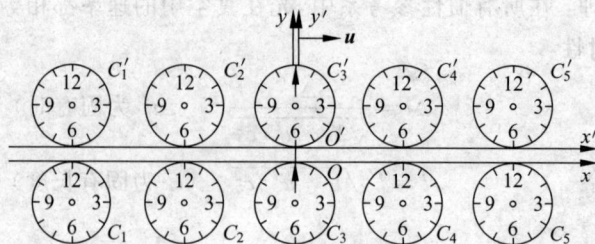

图 6.24   思考题 6.4 用图

6.6   在某一参考系中同一地点、同一时刻发生的两个事件,在任何其他参考系中观察都将是同时发生的,对吗?

6.7   长度的测量和同时性有什么关系? 为什么长度的测量会和参考系有关? 长度收缩效应是否因为棒的长度受到了实际的压缩?

6.8   相对论的时间和空间概念与牛顿力学的有何不同? 有何联系?

6.9   在相对论中,在垂直于两个参考系的相对速度方向的长度的量度与参考系无关,而为什么在此方向上的速度分量却又和参考系有关?

6.10   能把一个粒子加速到光速吗? 为什么?

6.11   什么叫质量亏损? 它和原子能的释放有何关系?

习 题

6.1   一根直杆在 S 系中观察,其静止长度为 l,与 x 轴的夹角为 θ,试求它在 S' 系中的长度和它与 x' 轴的夹角。

6.2   静止时边长为 a 的正立方体,当它以速率 u 沿与它的一个边平行的方向相对于 S' 系运动时,在 S' 系中测得它的体积将是多大?

6.3 S 系中的观察者有一根米尺固定在 x 轴上,其两端各装一手枪。固定于 S' 系中的 x' 轴上有另一根长刻度尺。当后者从前者旁边经过时,S 系的观察者同时扳动两枪,使子弹在 S' 系中的刻度上打出两个记号。求在 S' 尺上两记号之间的刻度值。在 S' 系中观察者将如何解释此结果。

6.4   宇宙射线与大气相互作用时能产生 π 介子衰变,此衰变在大气上层放出叫作 μ 子的基本粒子。这些 μ 子的速度接近光速($v = 0.998\,c$)。由实验室内测得的静止 μ 子的平均寿命等于 2.2×10^{-6} s,试问在 8000 m 高空由 π 介子衰变放出的 μ 子能否飞到地面。

6.5   在 S 系中,观察到在同一地点发生两个事件,第二事件发生在第一事件之后 2 s。在 S' 系中观察到第二事件在第一事件后 3 s 发生。求在 S' 系中这两个事件的空间距离。

6.6   在 S 系中,观察到两个事件同时发生在 x 轴上,其间距离是 1 m。在 S' 系中观察这两个事件之间的距离是 2 m。求在 S' 系中这两个事件的时间间隔。

*6.7   地球上的观察者发现一只以速率 $v_1 = 0.60\,c$ 向东航行的宇宙飞船将在 5 s 后同一个以速率 $v_2 = 0.80\,c$ 向西飞行的彗星相撞。

(1) 飞船中的人们看到彗星以多大速率向他们接近?

(2) 按照他们的钟,还有多少时间允许他们离开原来航线避免碰撞?

6.8   一光源在 S' 系的原点 O' 发出一光线,其传播方向在 $x'y'$ 平面内并与 x' 轴夹角为 θ',试求在 S 系中测得的此光线的传播方向,并证明在 S 系中此光线的速率仍是 c。

6.9   在什么速度下,粒子的动量等于非相对论动量的两倍? 又在什么速度下粒子的动能等于非相对论动能的两倍。

6.10 在北京正负电子对撞机中,电子可以被加速到动能为 $E_k = 2.8$ GeV。

(1) 这种电子的速率和光速相差多少?

(2) 这样的一个电子动量有多大?

(3) 这种电子在周长为 240 m 的储存环内绕行时,它受的向心力多大? 需要多大的偏转磁场?

6.11 一个质子的静质量为 $m_p = 1.672\ 65 \times 10^{-27}$ kg,一个中子的静质量为 $m_n = 1.674\ 95 \times 10^{-27}$ kg,一个质子和一个中子结合成的氘核的静质量为 $m_D = 3.343\ 65 \times 10^{-27}$ kg。求结合过程中放出的能量是多少 MeV? 此能量称为氘核的结合能,它是氘核静能量的百分之几?

一个电子和一个质子结合成一个氢原子,结合能是 13.58 eV,这一结合能是氢原子静能量的百分之几? 已知氢原子的静质量为 $m_H = 1.673\ 23 \times 10^{-27}$ kg。

6.12 太阳发出的能量是由质子参与一系列反应产生的,其总结果相当于下述热核反应:

$$^1_1H + ^1_1H + ^1_1H + ^1_1H \longrightarrow\ ^4_2He + 2^0_1e$$

已知一个质子(^1_1H)的静质量是 $m_p = 1.6726 \times 10^{-27}$ kg,一个氦核(^4_2He)的静质量是 $m_{He} = 6.6425 \times 10^{-27}$ kg。一个正电子(^0_1e)的静质量是 $m_e = 0.0009 \times 10^{-27}$ kg。

(1) 这一反应释放多少能量?

(2) 这一反应的释能效率多大?

(3) 消耗 1 kg 质子可以释放多少能量?

(4) 目前太阳辐射的总功率为 $P = 3.9 \times 10^{26}$ W,它一秒钟消耗多少千克质子?

(5) 目前太阳约含有 $m = 1.5 \times 10^{30}$ kg 质子。假定它继续以上述(4)求得的速率消耗质子,这些质子可供消耗多长时间?

6.13 北京正负电子对撞机设计为使能量都是 2.8 GeV 的电子和正电子发生对撞。这一对撞的资用能是多少? 如果用高能电子去轰击静止的正电子而想得到同样多的资用能,入射高能电子的能量应多大?

第 2 篇

热 学

热学研究的是自然界中物质与冷热有关的性质及这些性质变化的规律。

冷热是人们对自然界的一种最普通的感觉,人类文化对此早有记录。我国山东大汶口文化(4500 年前)遗址发现的陶器刻画符号,就有如下图所示的"热"字。该符号是"繁体字",上面是日,中间是火,下面是山。它表示在太阳照射下,山上起了火。这当然反映了人们对热的感觉。现今的"热"字虽然和这一符号不同,但也离不开它下面那四点所代表的火字。

对冷热的客观本质以及有关现象的定量研究约起自 300 年前。先是人们建立了温度的概念,用它来表示物体的冷热程度。伽利略就曾制造了一种"验温器"(如下页图)。他用一根长玻璃管,上端和一玻璃泡连通,下端开口,插在一个盛有带颜色的水的玻璃容器内,他根据管内水面的高度来判断其周围的"热度"。他的玻璃管上没有刻度,因此还不能定量地测定温度。此后,人们不断设计制造了比较完善的能定量测定温度的温度计,并建立了几种温标。其中,今天仍

普遍使用的摄氏温标就是 1742 年瑞典天文学家摄尔修斯（A.Celsius）建立的。

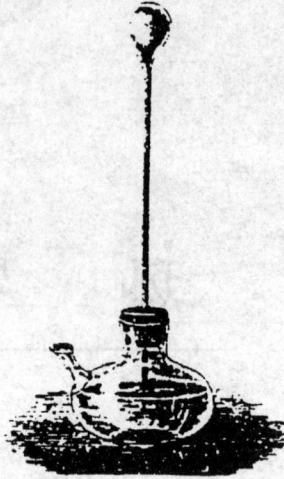

　　温度概念建立之后,人们就探讨物体的温度为什么会有高低的不同。最初人们把这种不同归因于物体内所含的一种假想的无重量的"热质"的多少。利用这种热质的守恒规律曾定量地说明了许多有关热传递、热平衡的现象,甚至热机工作的一些规律。18 世纪末伦福特伯爵（Count Rumford）通过观察大炮膛孔工作中热的不断产生,否定了热质说,明确指出热是"运动"。这一概念随后就被迈耶（R.J.Mayer）通过计算和焦耳（J.P.Joule）通过实验得出的热功当量加以定量地确认了。此后,经过亥姆霍兹（Hermann von Helmholtz）、克劳修斯（R.Clausius）、开尔文（Kelvin, William Thomson, Lord）等的努力,逐步精确地建立了热量是能量传递的一种量度的概念,并根据大量实验事实总结出了关于热现象的宏观理论——热力学。热力学的主要内容是两条基本定律——热力学第一定律和热力学第二定律。这些定律都具有高度的普遍性和可靠性,但由于它们不涉及物质的内部具体结构,所以显得不够深刻。

　　对热现象研究的另一途径是从物质的微观结构出发,以每个微观粒子遵循的力学定律为基础,利用统计规律来导出宏观的热学规律。这样形成的理论称为统计物理或统计力学。统计力学是从 19 世纪中叶麦克斯韦（J.C.Maxwell）等对气体动理论的研究开始,后经玻耳兹曼（L.Boltzmann）、吉布斯（J.W.Gibbs）等在经典力学的基础上发展为系统的经典统计力学。20 世纪初,建立了量子力学。在量子力学的基础上,狄拉克（P.A.M.Dirac）、费米（E.Fermi）、玻色（S.Bose）、爱因斯坦等又创立了量子统计力学。由于统计力学是从物质的微观结构出发的,所以更深刻地揭露了热现象以及热力学定律的本质。这不但使人们对自然界的认识深入了一大步,而且由于了解了物质的宏观性质和微观因素的关系,也使得人们在实践中,例如在控制材料的性能以及制取新材料的研究方面,大大提高了自觉性。因此,统计力学在近代物理各个领域都起着很重要的作用。

　　在本篇热学中,我们将介绍统计物理的基本概念和气体动理论的基本内容以及热力学的基本定律,并尽可能相互补充地加以介绍。

本篇所采用的热学知识系统图

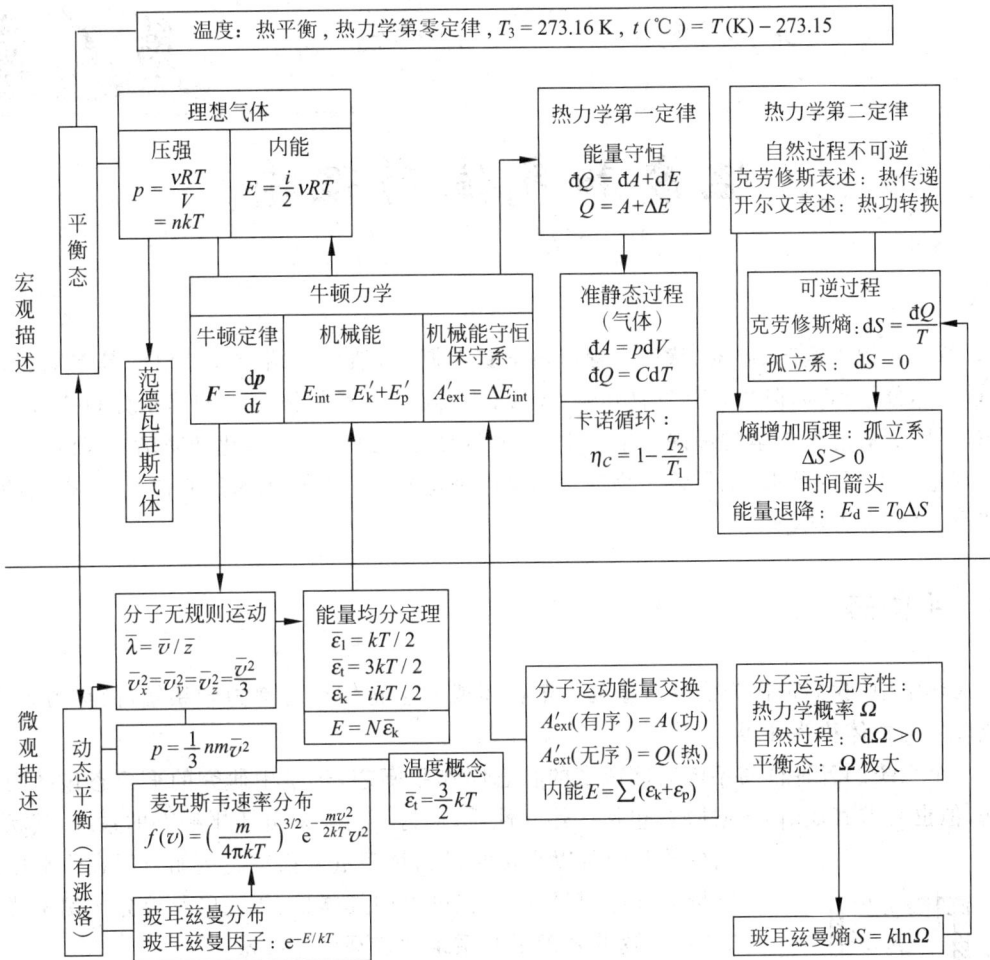

温度：热平衡, 热力学第零定律, $T_3 = 273.16\,\text{K}$, $t\,(\text{℃}) = T(\text{K}) - 273.15$

宏观描述

平衡态

理想气体

压强
$$p = \frac{\nu RT}{V} = nkT$$

内能
$$E = \frac{i}{2}\nu RT$$

范德瓦耳斯气体

牛顿力学

牛顿定律
$$F = \frac{\mathrm{d}p}{\mathrm{d}t}$$

机械能
$$E_{\text{int}} = E_{\text{k}}' + E_{\text{p}}'$$

机械能守恒
保守系
$$A_{\text{ext}}' = \Delta E_{\text{int}}$$

热力学第一定律

能量守恒
$$đQ = đA + \mathrm{d}E$$
$$Q = A + \Delta E$$

准静态过程
（气体）
$$đA = p\mathrm{d}V$$
$$đQ = C\mathrm{d}T$$

卡诺循环：
$$\eta_c = 1 - \frac{T_2}{T_1}$$

热力学第二定律

自然过程不可逆
克劳修斯表述：热传递
开尔文表述：热功转换

可逆过程
克劳修斯熵：$\mathrm{d}S = \dfrac{đQ}{T}$
孤立系：$\mathrm{d}S = 0$

熵增加原理：孤立系
$$\Delta S > 0$$
时间箭头
能量退降：$E_{\text{d}} = T_0 \Delta S$

微观描述

动态平衡（有涨落）

分子无规则运动
$$\bar{\lambda} = \bar{v} / \bar{z}$$
$$\overline{v_x^2} = \overline{v_y^2} = \overline{v_z^2} = \frac{\overline{v^2}}{3}$$

$$p = \frac{1}{3} nm\overline{v^2}$$

能量均分定理
$$\bar{\varepsilon}_1 = kT / 2$$
$$\bar{\varepsilon}_t = 3kT / 2$$
$$\bar{\varepsilon}_k = ikT / 2$$
$$E = N\bar{\varepsilon}_k$$

温度概念
$$\bar{\varepsilon}_t = \frac{3}{2} kT$$

分子运动能量交换
$$A_{\text{ext}}'(\text{有序}) = A(\text{功})$$
$$A_{\text{ext}}'(\text{无序}) = Q(\text{热})$$
内能 $E = \sum(\varepsilon_k + \varepsilon_p)$

分子运动无序性：
热力学概率 Ω
自然过程：$\mathrm{d}\Omega > 0$
平衡态：Ω 极大

麦克斯韦速率分布
$$f(v) = \left(\frac{m}{4\pi kT}\right)^{3/2} e^{-\frac{mv^2}{2kT}} v^2$$

玻耳兹曼分布
玻耳兹曼因子：$e^{-E/kT}$

玻耳兹曼熵 $S = k\ln\Omega$

第 7 章

温度和气体动理论

本章先介绍平衡态、温度、状态方程等热学基本概念，然后介绍统计理论的基本知识，即气体分子运动理论，包括气体压强、温度的微观意义和气体分子的速率分布律等。平衡态、温度等概念在中学物理课程中已学过，通过复习并进一步严格化和明确。气体性质的统计理论是本章的重点，也是整个物理学的基础理论之一。希望大家用心体会，掌握它的基本特点、思路和方法。

7.1 平衡态

7-1

在热学中，我们把作为研究对象的一个物体或一组物体称为**热力学系统**，简称为**系统**，系统以外的物体称为**外界**。

一个系统的各种性质不随时间改变的状态叫作**平衡态**，热学中研究的平衡态包括力学平衡，但也要求其他所有的性质，包括冷热的性质，保持不变。对处于平衡态的系统，其状态可用少数几个可以直接测量的物理量来描述。例如封闭在汽缸中的一定量的气体，其平衡态就可以用其体积、压强以及组分比例来描写（图 7.1）。这些物理量叫系统的**宏观状态参量**。

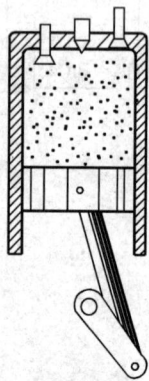

平衡态只是一种宏观上的寂静状态，在微观上，系统并不是静止不变的。在平衡态下，组成系统的大量分子还在不停地无规则地运动着，这些微观运动的总效果也随时间不停地急速地变化着，只不过其总的平均效果不随时间变化罢了。因此，我们讲的平衡态从微观的角度应该理解为**动态平衡**。

由于一个实际的系统总要受到外界的干扰，所以严格的不随时间变化的平衡态是不存在的。平衡态是一个理想的概念，是在一定条件下对实际情况的概括和抽象。但在许多实际问题中，往往可以把系统的实际状态近似地当作平衡态来处理，而比较简便地得出与实际情况基本相符的结论。因此，平衡态是热学理论中的一个很重要的概念。

图 7.1 气体作为系统

本篇热学部分只限于讨论组分单一的系统，特别是单纯的气体系统，而且只讨论涉及其平衡态的性质。

7.2　温度的概念

　　将两个物体(或多个物体)放到一起使之接触并不受外界干扰,例如,将热水倒入玻璃杯内放到保温箱内(图7.2),经过足够长的时间,它们必然达到一个平衡态。这时我们的直觉认为它们的冷热一样,或者说它们的温度相等。这就给出了温度的定性定义:**共处于平衡态的物体,它们的温度相等。**

图 7.2　水和杯在保温箱内会达到热平衡

　　温度的完全定义需要有温度的数值表示法,这一表示方法基于以下实验事实:**如果物体 *A* 和物体 *B* 能分别与物体 *C* 的同一状态处于平衡态**(图7.3(a)),**那么当把这时的 *A* 和 *B* 放到一起时,二者也必定处于平衡态**(图7.3(b))。这一事实被称为**热力学第零定律**。[①] 根据这一定律,要确定两个物体是否温度相等,即是否处于平衡态,就不需要使二者直接接触,只要利用一个"第三者"加以"沟通"就行了,这个"第三者"就被称为**温度计**。

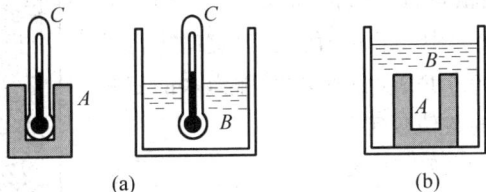

图 7.3　平衡态
(a) *A* 和 *B* 分别和 *C* 的同一状态处于平衡态;(b) *A* 和 *B* 放到一起也处于平衡态

　　利用温度计就可以定义温度的数值了,为此,选定一种物质作为测温物质,以其随温度有明显变化的性质作为温度的标志。再选定一个或两个特定的"**标准状态**"作为温度"**定点**"并赋予数值,就可以建立一种**温标**来测量其他温度了。常用的一种温标是用水银作测温物质,以其体积(实际上是把水银装在毛细管内观察水银面的高度)随温度的线性膨胀作为温度标志。以 1 atm 下水的冰点为沸点为两个定点,并分别赋予二者的温度数值为 0 与 100。然后,在标有 0 和 100 的两个水银面高度之间刻记 100 份相等的距离,每一份表示摄氏 1 度,记作 1℃。这样就做成了一个水银温度计,由它给出的温度叫**摄氏温度**。这种温度计量方法叫**摄氏温标**。

　　建立了温度概念,我们就可以说,**两个相互接触的物体,当它们的温度相等时,它们就达到了一种平衡态。**这样的平衡态叫**热平衡**。

　　以上所讲的温度的概念是它的宏观意义。温度的微观本质,即它和分子运动的关系将在 7.7 节中介绍。

7.3　理想气体温标

　　一种有重要理论和实际意义的温标叫**理想气体温标**。它是用理想气体作为测温物质来

[①]　热力学第零定律是福勒(R. H. Fowler)于 1939 年提出,比热力学第一定律和热力学第二定律晚了很多年,因为它为温度给出了明确的定义和测量标准,所以它是比第一定律和第二定律更为基本的规律,故称之为第零定律。

定义温标的,那么什么是理想气体呢?

玻意耳定律指出:一定质量的气体,在一定温度下,其压强 p 和体积 V 的乘积是个常量,即

$$pV = 常量 \quad (温度不变) \tag{7.1}$$

对不同的温度,这一常量的数值不同。各种气体都近似地遵守这一定律,而且压强越小,与此定律符合得也越好。为了表示气体的这种共性,我们引入理想气体的概念。**理想气体就是在各种压强下都严格遵守玻意耳定律的气体**。它是各种实际气体在压强趋于零时的极限情况,是一种理想模型。

既然对一定质量的理想气体,它的 pV 乘积只取决于温度,所以我们就可以据此定义一个温标,叫**理想气体温标**,这一温标指示的温度值与该温度下一定质量的理想气体的 pV 乘积成正比,以 T 表示理想气体温标指示的温度值,则应有

$$pV \propto T \tag{7.2}$$

这一定义只能给出两个温度数值的比,为了确定某一温度的数值,还必须规定一个特定温度的数值。1954年国际上规定的**标准温度定点**为水的**三相点**,即水、冰和水汽共存而达到平衡态时(图7.4所示装置的中心管内)的温度(这时水汽的压强是 4.58 mmHg,约 610.6 Pa)。这个温度称为水的**三相点**,以 T_3 表示此温度,它的数值**规定**为

$$T_3 \equiv 273.16 \text{ K} \tag{7.3}$$

式中,K 是理想气体温标的温度单位的符号,该单位的名称为开[尔文]。

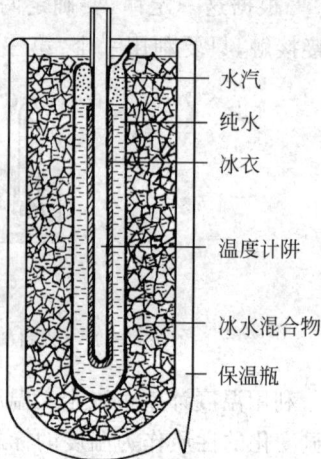

图 7.4　水的三相点装置

以 p_3,V_3 表示一定质量的理想气体在水的三相点温度下的压强和体积,以 p,V 表示该气体在任意温度 T 时的压强和体积,由式(7.2)和式(7.3),T 的数值可由下式决定:

$$\frac{T}{T_3} = \frac{pV}{p_3 V_3}$$

或

$$T = T_3 \frac{pV}{p_3 V_3} = 273.16 \frac{pV}{p_3 V_3} \tag{7.4}$$

这样,只要测定了某状态的压强和体积的值,就可以确定和该状态相应的温度数值了。

实际上测定温度时,总是保持一定质量的气体的体积(或压强)不变而测它的压强(或体积),这样的温度计叫**等体**(或等压)气体温度计。图7.5是等体气体温度计的结构示意图。在充气泡 B(通常用铂或铂合金做成)内充有气体,通过一根毛细管 C 和水银压强计的左臂 M 相连。测量时,使 B 与待测系统相接触。上下移动压强计的右臂 M',使 M 中的水银面在不同的温度下始终保持与指示针尖 O 同一水平,以保持 B 内气体的体积不变。当待测温度不同时,由气体实验定律知,气体的压强也不

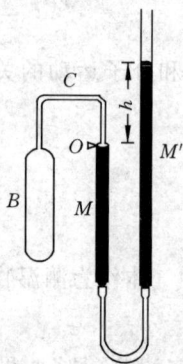

图 7.5　等体气体温度计

同,它可以由 M 与 M' 中的水银面高度差 h 及当时的大气压强测出。如以 p 表示测得的气体压强,则根据式(7.4)可求出待测温度数值应是

$$T = 273.16 \frac{p}{p_3} \tag{7.5}$$

由于实际仪器中的充气泡内的气体并不是"理想气体",所以利用此式计算待测温度时,事先必须对压强加以修正。此外,还需要考虑由于容器的体积、水银的密度随温度变化而引起的修正。

理想气体温标利用了气体的性质,因此在气体要液化的温度下,当然就不能用这一温标表示温度了。气体温度计所能测量的最低温度约为 0.5 K(这时用低压 ^{3}He 气体),低于此温度的数值对理想气体温标来说是无意义的。

在热力学中还有一种不依赖于任何物质的特性的温标叫**热力学温标**(也曾叫绝对温标)。它在历史上最先是由开尔文引进的(见 8.6 节),通常也用 T 表示,这种温标指示的数值叫**热力学温度**(也曾叫绝对温度)。它的 SI 单位叫开[尔文],符号为 K。可以证明,在理想气体温标有效范围内,理想气体温标和热力学温标是完全一致的,因而都用 K 作单位。

以 t(℃)表示摄氏温度,它和热力学温度 T(K)的关系是

$$t = T - 273.15 \tag{7.6}$$

表 7.1 给出了一些实际的温度值。表中最后一行给出了目前实验室内已获得的最低温度为 2.4×10^{-11} K。这已经非常接近 0 K 了,但还不到 0 K。实际上,要想获得越低的温度就越困难,而热学理论已给出:**热力学零度**(旧称绝对零度)**是不能达到的**! 这个结论称为**热力学第三定律**。

表 7.1 一些实际的温度值

激光管内正发射激光的气体	＜0 K(负温度)
宇宙大爆炸后的 10^{-43} s	10^{32} K
氢弹爆炸中心	10^8 K
实验室内已获得的最高温度	6×10^7 K
太阳中心	1.5×10^7 K
地球中心	4×10^3 K
乙炔焰	2.9×10^3 K
地球上出现的最高温度(利比亚)	331 K(58℃)
吐鲁番盆地最高温度	323 K(50℃)
水的三相点	273.16 K(0.01℃)
地球上出现的最低温度(南极)	185 K(−88℃)
氮的沸点(1 atm)	77 K
氢的三相点	13.8033 K
氦的沸点(1 atm)	4.2 K
星际空间	2.7 K
用激光冷却法获得的最低温度	2.4×10^{-11} K

7.4　理想气体状态方程

由式(7.4)可得,对一定质量的同种理想气体,任一状态下的 pV/T 值都相等(都等于 p_3V_3/T_3),因而可以有

$$\frac{pV}{T} = \frac{p_0V_0}{T_0} \tag{7.7}$$

其中,p_0,V_0,T_0 为**标准状态**下相应的状态参量值。

实验又指出,在一定温度和压强下,气体的体积和它的质量 m 或物质的量(摩尔数)ν 成正比。若以 $V_{m,0}$ 表示气体在标准状态下的摩尔体积,则物质的量为 ν 的气体在标准状态下的体积应为 $V_0 = \nu V_{m,0}$,以此 V_0 代入式(7.7),可得

$$pV = \nu \frac{p_0V_{m,0}}{T_0}T \tag{7.8}$$

阿伏伽德罗定律指出,在相同温度和压强下,1 mol 的各种理想气体的体积都相同,因此上式中的 $p_0V_{m,0}/T_0$ 的值就是一个对各种理想气体都一样的常量。用 R 表示此常量,则有

$$R \equiv \frac{p_0V_{m,0}}{T_0} = \frac{1.013 \times 10^5 \times 22.4 \times 10^{-3}}{273.15} \text{ J/(mol · K)}$$

$$= 8.31 \text{ J/(mol · K)} \tag{7.9}$$

此 R 称为**摩尔气体常量**。利用 R,式(7.8)可写作

$$pV = \nu RT \tag{7.10}$$

或

$$pV = \frac{m}{M}RT \tag{7.11}$$

式中,m 是气体的质量,M 是气体的摩尔质量。式(7.10)或式(7.11)表示了**理想气体在任一平衡态下各宏观状态参量之间的关系**,称**理想气体状态方程**。它是由实验结果(玻意耳定律、阿伏伽德罗定律)和理想气体温标的定义综合得到的。各种实际气体,在通常的压强和不太低的温度的情况下,都近似地遵守这个状态方程,而且压强越低,近似程度越高。

1 mol 的任何气体中都有 N_A 个分子,

$$N_A = 6.023 \times 10^{23} /\text{mol}$$

这一数值叫**阿伏伽德罗常量**。

若以 N 表示体积 V 中的气体分子总数,则 $\nu = N/N_A$。引入另一普适常量,称为**玻耳兹曼常量**,用 k 表示:

$$k \equiv \frac{R}{N_A} = 1.38 \times 10^{-23} \text{ J/K} \tag{7.12}$$

则理想气体状态方程(7.10)又可写作

$$pV = NkT \tag{7.13}$$

或

$$p = nkT \tag{7.14}$$

其中,$n = N/V$ 是单位体积内气体分子的个数,叫气体分子数密度。

按上式计算,在标准状态下,1 cm³ 空气中约有 2.69×10^{19} 个分子。

例 7.1　房间漏气。一房间的容积为 5 m×10 m×4 m。白天气温为 21℃,大气压强为 0.98×10^5 Pa,到晚上气温降为 12℃ 而大气压强升为 1.01×10^5 Pa。窗是开着的,从白天到晚上通过窗户

漏出了多少空气(以 kg 表示)? 视空气为理想气体并已知空气的摩尔质量为 29.0 g/mol。

解　已知条件可列为 $V=5\text{ m}\times10\text{ m}\times4\text{ m}=200\text{ m}^3$;白天 $T_d=21℃=294\text{ K}$, $p_d=0.98\times10^5\text{ Pa}$;晚上 $T_n=12℃=285\text{ K}$, $p_n=1.01\times10^5\text{ Pa}$; $M=29.0\times10^{-3}\text{ kg/mol}$。以 m_d 和 m_n 分别表示在白天和晚上室内空气的质量,则所求漏出空气的质量应为 m_d-m_n。

由理想气体状态方程式(7.11)可得

$$m_d=\frac{p_d V_d}{T_d}\frac{M}{R}, \quad m_n=\frac{p_n V_n}{T_n}\frac{M}{R}$$

由于 $V_d=V_n=V$,所以

$$\begin{aligned}
m_d-m_n&=\frac{MV}{R}\left(\frac{p_d}{T_d}-\frac{p_n}{T_n}\right)\\
&=\frac{29.0\times10^{-3}\times200}{8.31}\left(\frac{0.98\times10^5}{294}-\frac{1.01\times10^5}{285}\right)\text{ kg}\\
&=-14.6\text{ kg}
\end{aligned}$$

此结果的负号表示,实际上是从白天到晚上有 14.6 kg 的空气流进了房间。

例 7.2　恒温气压。求大气压强 p 随高度 h 变化的规律,设空气的温度不随高度改变。

解　如图 7.6 所示,设想在高度 h 处有一薄层空气,其底面积为 S,厚度为 dh,上下两面的气体压强分别为 $p+dp$ 和 p。该处空气密度为 ρ,则此薄层受的重力为 $dmg=\rho gS dh$。力学平衡条件给出

$$(p+dp)S+\rho gS dh=pS$$
$$dp=-\rho g dh$$

视空气为理想气体,由式(7.11)可以导出

$$\rho=\frac{pM}{RT}$$

将此式代入上一式可得

$$dp=-\frac{pMg}{RT}dh \tag{7.15}$$

将右侧的 p 移到左侧,再两边积分:

$$\int_{p_0}^{p}\frac{dp}{p}=-\int_0^h\frac{Mg}{RT}dh=-\frac{Mg}{RT}\int_0^h dh$$

可得

$$\ln\frac{p}{p_0}=-\frac{Mg}{RT}h$$

或

$$p=p_0 e^{\frac{Mgh}{RT}} \tag{7.16}$$

即大气压强随高度按指数规律减小。这一公式称作**恒温气压公式**。

按此式计算,取 $M=29.0\text{ g/mol}$, $T=273\text{ K}$, $p_0=1.00\text{ atm}$。在珠穆朗玛峰峰顶, $h=8848\text{ m}$,大气压强应为 0.33 atm。实际上由于珠峰峰顶温度很低,该处大气压强要比这一计算值小。一般地说,恒温气压公式(7.16)只能在高度不超过 2 km 时才能给出比较符合实际的结果。

实际上,大气的状况很复杂,其中的水蒸气含量、太阳辐射强度、气流的走向等因素都有较大的影响,大气温度也并不随高度一直降低。在 10 km 高空,温度约为 $-50℃$。再往高处去,温度反而随高度而升高了。火箭和人造卫星的探测发现,在 400 km 以上,温度甚至可达 10^3 K 或更高,这是因为在此高度大气层中的氧原子能够有效地吸收太阳光中的紫外线所致。

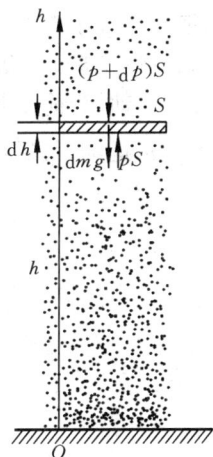

图 7.6　例 7.2 用图

7.5　气体分子的无规则运动

下面开始介绍气体动理论,就是从分子运动论的观点来说明气体的宏观性质,以说明统计物理学的一些基本特点与方法。大家已知道气体的宏观性质是分子无规则运动的整体平

均效果。本节介绍气体分子无规则运动的特征,即分子的无规则碰撞与平均自由程概念,以帮助大家对气体分子的无规则运动有些具体的形象化的理解。

由于分子运动是无规则的,一个分子在任意连续两次碰撞之间所经过的自由路程是不同的(图 7.7)。在一定的宏观条件下,一个气体分子在连续两次碰撞之间所可能经过的各段

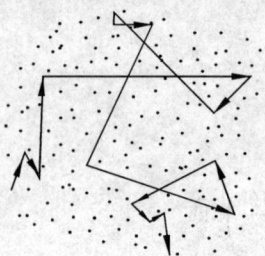

图 7.7　气体分子的自由程

自由路程的平均值叫**平均自由程**,用 $\bar{\lambda}$ 表示。它的大小显然和分子的碰撞频繁程度有关。一个分子在单位时间内所受到的平均碰撞次数叫**平均碰撞频率**,以 $\bar{z}$ 表示。若 $\bar{v}$ 代表气体分子运动的平均速率,则在 Δt 时间内,一个分子所经过的平均距离就是 $\bar{v}\Delta t$,而所受到的平均碰撞次数是 $\bar{z}\Delta t$。由于每一次碰撞都将结束一段自由程,所以平均自由程应是

$$\bar{\lambda} = \frac{\bar{v}\Delta t}{\bar{z}\Delta t} = \frac{\bar{v}}{\bar{z}} \tag{7.17}$$

有哪些因素影响 $\bar{z}$ 和 $\bar{\lambda}$ 的值呢? 以同种分子的碰撞为例,把气体分子看作直径为 d 的刚体球。为了计算 $\bar{z}$,我们可以设想"跟踪"一个分子,例如分子 A(图 7.8),计算它在一段时间 Δt 内与多少分子相碰。对碰撞来说,重要的是分子间的相对运动,为简便起见,可先假设其他分子都静止不动,只有分子 A 在它们之间以平均相对速率 $\bar{u}$ 运动,最后再做修正。

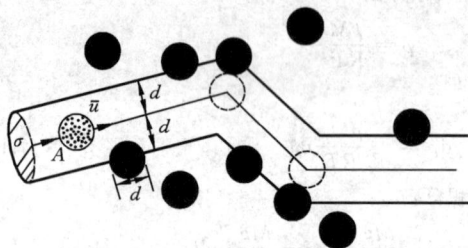

图 7.8　$\bar{z}$ 的计算

在分子 A 运动过程中,显然只有其中心与 A 的中心间距小于或等于分子直径 d 的那些分子才有可能与 A 相碰。因此,为了确定在 Δt 时间内 A 与多少分子相碰,可设想以 A 为中心的运动轨迹为轴线,以分子直径 d 为半径作一曲折的圆柱体,这样凡是中心在此圆柱体内的分子都会与 A 相碰。圆柱体的截面积为 σ,叫作分子的**碰撞截面**。对于大小都一样的分子,$\sigma = \pi d^2$。

在 Δt 时间内,A 所走过的路程为 $\bar{u}\Delta t$,相应的圆柱体的体积为 $\sigma\bar{u}\Delta t$,若 n 为气体分子数密度,则此圆柱体内的总分子数,亦即 A 与其他分子的碰撞次数应为 $n\sigma\bar{u}\Delta t$,因此平均碰撞频率为

$$\bar{z} = \frac{n\sigma\bar{u}\Delta t}{\Delta t} = n\sigma\bar{u} \tag{7.18}$$

考虑两个分子的相对运动,它们之间的相对速率的统计平均值 $\bar{u}$ 与单个分子的速率的统计平均值 $\bar{v}$ 是不同的。

如图 7.9 所示,设两个分子的相对速度为 $\boldsymbol{u} = \boldsymbol{v}_1 - \boldsymbol{v}_2$,即有 $\boldsymbol{u}^2 = \boldsymbol{v}_1^2 + \boldsymbol{v}_2^2 - 2\boldsymbol{v}_1 \cdot \boldsymbol{v}_2 =$

$v_1^2 + v_2^2 - 2v_1 v_2 \cos\theta$。两边取统计平均值,得

$$\overline{u^2} = \overline{v_1^2} + \overline{v_2^2} - 2\,\overline{v_1 v_2 \cos\theta}$$

因为两分子运动方向是随机的,所以 $\overline{v_1 v_2 \cos\theta} = 0$,于是有 $\overline{u^2} = \overline{v_1^2} + \overline{v_2^2}$。忽略方均根与平均值间的差异,则有 $\overline{u}^2 \approx \overline{v_1}^2 + \overline{v_2}^2$,又因单个分子的平均速率相等 $\overline{v_1} = \overline{v_2} = \overline{v}$,故有

$$\overline{u} = \sqrt{2}\,\overline{v} \tag{7.19}$$

将此关系代入式(7.18)可得

$$\overline{z} = \sqrt{2}\,\sigma\,\overline{v}\,n = \sqrt{2}\,\pi d^2 \overline{v}\, n \tag{7.20}$$

将此式代入式(7.17),可得平均自由程为

$$\overline{\lambda} = \frac{1}{\sqrt{2}\,\sigma n} = \frac{1}{\sqrt{2}\,\pi d^2 n} \tag{7.21}$$

图 7.9 相对速度

这说明,平均自由程与分子的直径的平方及分子数密度成反比,而与平均速率无关。又因为 $p = nkT$,所以式(7.21)又可写为

$$\overline{\lambda} = \frac{kT}{\sqrt{2}\,\pi d^2 p} \tag{7.22}$$

这说明当温度一定时,平均自由程和压强成反比。

对于空气分子,$d \approx 3.5 \times 10^{-10}$ m。利用式(7.22)可求出在标准状态下,空气分子的 $\overline{\lambda} \approx 6.9 \times 10^{-8}$ m,即约为分子直径的 200 倍。这时 $\overline{z} \approx 6.5 \times 10^9/$s。每秒钟内一个分子竟发生几十亿次碰撞。

在 0℃,不同压强下空气分子的平均自由程计算结果如表 7.2 所列。由此表可看出,压强低于 1.33×10^{-2} Pa(即 10^{-4} mmHg,相当于普通白炽灯泡内的空气压强)时,空气分子的平均自由程已大于一般气体容器的线度(1 m 左右),在这种情况下空气分子在容器内相互之间很少发生碰撞,只是不断地来回碰撞器壁,因此气体分子的平均自由程就应该是容器的线度。还应该指出,即使在 1.33×10^{-4} Pa 的压强下,1 cm^3 内还有 3.5×10^{10} 个分子。

表 7.2　0℃ 时不同压强下空气分子的平均自由程(计算结果)

$p/$Pa	$\overline{\lambda}/$m
1.01×10^5	6.9×10^{-8}
1.33×10^2	5.2×10^{-5}
1.33	5.2×10^{-3}
1.33×10^{-2}	5.2×10^{-1}
1.33×10^{-4}	52

7.6　理想气体的压强

气体对容器壁有压强的作用,大家在中学物理中已学过,气体对器壁的压强是大量气体分子在无规则运动中对容器壁碰撞的结果,并作出了定性的解释。本节将根据气体动理论对气体的压强作出定量的说明。为简单起见,我们讨论理想气体的压强。关于理想气体,我们在

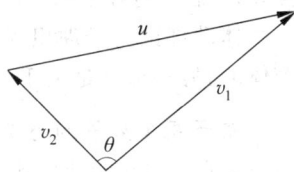

7.3 节中已给出**宏观**的定义。为了从微观上解释气体的压强,需要先了解理想气体的分子及其运动的特征。对于这些我们只能根据气体的表现作出一些假设,建立一定的模型,然后进行理论推导,最后再将导出的结论与实验结果进行比较,以判定假设是否正确。

气体动理论关于理想气体模型的基本微观假设的内容可分为两部分。一部分是关于分子个体的,另一部分是关于分子集体的。

1. 关于每个分子的力学性质的假设

(1) 分子本身的线度比起分子之间的平均距离来说,小得很多,以至可以忽略不计。

(2) 除碰撞瞬间外,分子之间和分子与容器壁之间均无相互作用。

(3) 分子在不停地运动着,分子之间及分子与容器壁间发生着频繁的碰撞,这些碰撞都是完全弹性的,即在碰撞前后气体分子的动能是守恒的。

(4) 分子的运动遵从经典力学规律。

以上这些假设可概括为理想气体分子的一种微观模型:理想气体分子像一个个极小的彼此间无相互作用的遵守经典力学规律的弹性质点。

2. 关于分子集体的统计假设

(1) 每个分子运动速度各不相同,而且通过碰撞不断发生变化。

(2) 平衡态时,若忽略重力的影响,每个分子的位置处在容器内空间任何一点的机会(或概率)是一样的,或者说,**分子按位置的分布是均匀的**。如以 N 表示容器体积 V 内的分子总数,则分子数密度应到处一样,并且有

$$n = \frac{\mathrm{d}N}{\mathrm{d}V} = \frac{N}{V} \tag{7.23}$$

(3) 平衡态时,每个分子的速度指向任何方向的机会(或概率)是一样的,或者说,**分子速度按方向的分布是均匀的**。因此速度的每个分量的平方的平均值应该相等,即

$$\overline{v_x^2} = \overline{v_y^2} = \overline{v_z^2} \tag{7.24}$$

其中各速度分量的平方的平均值按下式定义:

$$\overline{v_x^2} = \frac{v_{1x}^2 + v_{2x}^2 + \cdots + v_{Nx}^2}{N}$$

由于每个分子的速率 v_i 和速度分量有下述关系:

$$v_i^2 = v_{ix}^2 + v_{iy}^2 + v_{iz}^2$$

所以取等号两侧的平均值,可得

$$\overline{v^2} = \overline{v_x^2} + \overline{v_y^2} + \overline{v_z^2}$$

将式(7.24)代入上式得

$$\overline{v_x^2} = \overline{v_y^2} = \overline{v_z^2} = \frac{1}{3}\overline{v^2} \tag{7.25}$$

上述(2)、(3)两个假设实际上是关于分子无规则运动的假设。它是一种**统计假设**,只适用于**大量分子的集体**。上面的 $n, \overline{v_x^2}, \overline{v_y^2}, \overline{v_z^2}, \overline{v^2}$ 等都是**统计平均值**,只对大量分子的集体才有确定的意义。因此在考虑如式(7.23)中的 $\mathrm{d}V$ 时,从宏观上来说,为了表明容器中各点的分子数密度,它应该是非常小的体积元;但从微观上来看,在 $\mathrm{d}V$ 内应包含大量的分子。因而 $\mathrm{d}V$ 应是**宏观小**、**微观大**的体积元,不能单纯地按数学极限来了解 $\mathrm{d}V$ 的大小。在我们遇到的一般情形,这个物理条件完全可以满足。例如,在标准状态下,1 cm³ 空气中有 2.7×10¹⁹ 个分子,若 $\mathrm{d}V$ 取 10^{-9} cm³(即边长为 0.001 cm 的正立方体),这在宏观上看是足够小的

了。但在这样小的体积 dV 内还包含 10^{10} 个分子,因而 dV 在微观上看还是非常大的。分子数密度 n 就是对这样的体积元内可能出现的分子数统计平均的结果。当然,由于分子不停息地作无规则运动,不断地进进出出,因而 dV 内的分子数 dN 是不断改变的,而 dN/dV 也就是不断改变的,各时刻的 dN/dV 相对于平均值 n 的差别叫**涨落**。通常 dV 总是取得这样大,使这一涨落比起平均值 n 可以小到忽略不计。

在上述假设的基础上,可以定量地推导理想气体的压强公式。为此设一定质量的某种理想气体,被封闭在体积为 V 的容器内并处于平衡态。分子总数为 N,每个分子的质量为 m,各个分子的运动速度不同。为了讨论方便,我们把所有分子**按速度区间分为若干组**,在每一组内各分子的速度大小和方向都差不多相同。例如,第 i 组分子的速度都在 $\boldsymbol{v}_i$ 到 $\boldsymbol{v}_i + d\boldsymbol{v}_i$ 这一区间内,它们的速度基本上都是 $\boldsymbol{v}_i$,以 n_i 表示这一组分子的数密度,则总的分子数密度应为

$$n = n_1 + n_2 + \cdots + n_i + \cdots$$

从微观上看,气体对容器壁的压力是气体分子对容器壁频繁碰撞的总的平均效果。为了计算相应的压强,我们选取容器壁上一小块面积 dA,取垂直于此面积的方向为直角坐标系的 x 轴方向(图 7.10),首先考虑速度在 $\boldsymbol{v}_i$ 到 $\boldsymbol{v}_i + d\boldsymbol{v}_i$ 这一区间内的分子对器壁的碰撞。设器壁是光滑的(由于分子无规则运动,大量分子对器壁碰撞的平均效果在沿器壁方向上都相互抵消了,对器壁无切向力作用。这相当于器壁是光滑的)。在碰撞前后,每个分子在 y,z 方向的速度分量不变。由于碰撞是完全弹性的,分子在 x 方向的速度分量由 v_{ix} 变为 $-v_{ix}$,其动量的变化是 $m(-v_{ix}) - mv_{ix} = -2mv_{ix}$。按动量定理,这就等于每个分子在一次碰撞器壁的过程中器壁对它的冲量。根据牛顿第三定律,每个分子对器壁的冲量的大小应是 $2mv_{ix}$,方向垂直指向器壁。

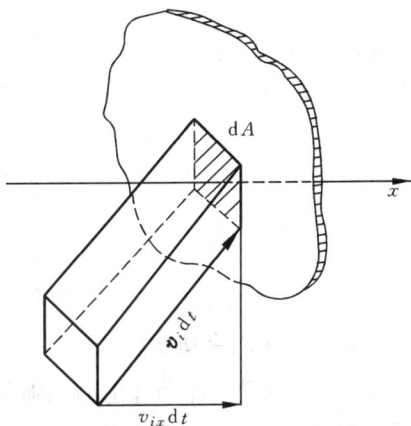
图 7.10 速度基本上是 $\boldsymbol{v}_i$ 的这类分子对 dA 的碰撞

在 dt 时间内有多少个速度基本上是 $\boldsymbol{v}_i$ 的分子能碰到 dA 面积上呢?凡是在底面积为 dA,斜高为 $v_i dt$(高为 $v_{ix} dt$)的斜形柱体内的分子在 dt 时间内都能与 dA 相碰。由于这一斜柱体的体积为 $v_{ix} dt dA$,所以这类分子的数目是

$$n_i v_{ix} dA dt$$

这些分子在 dt 时间内对 dA 的总冲量的大小为

$$n_i v_{ix} dA dt (2mv_{ix})$$

计算 dt 时间内碰到 dA 上所有分子对 dA 的总冲量的大小 $d^2 I$[①],应把上式对所有 $v_{ix} > 0$ 的各个速度区间的分子求和(因为 $v_{ix} < 0$ 的分子不会向 dA 撞去),因而有

$$d^2 I = \sum_{(v_{ix} > 0)} 2mn_i v_{ix}^2 dA dt$$

由于分子运动的无规则性,$v_{ix} > 0$ 与 $v_{ix} < 0$ 的分子数应该各占分子总数的一半。又由于此处求和涉及的是 v_{ix} 的平方,所以如果 $\sum$ 表示对所有分子(即不管 v_{ix} 为何值)求和,则应有

---

① 因为此总冲量为两个无穷小 dt 和 dA 所限,所以在数字上相应的总冲量的大小应记为 $d^2 I$。

$$d^2 I = \frac{1}{2}\left(\sum_i 2mn_i v_{ix}^2 \, dA \, dt\right) = \sum_i mn_i v_{ix}^2 \, dA \, dt$$

各个气体分子对器壁的碰撞是断续的,它们给予器壁冲量的方式也是一次一次断续的。但由于分子数极多,因而碰撞**极其频繁**。它们对器壁的碰撞宏观上就成了**连续地**给予冲量,这也就在宏观上表现为气体对容器壁有**持续的压力**作用。根据牛顿第二定律,气体对 dA 面积上的作用力的大小应为 $dF = d^2I/dt$。而气体对容器壁的宏观压强就是

$$p = \frac{dF}{dA} = \frac{d^2 I}{dt \, dA} = \sum_i mn_i v_{ix}^2 = m\sum_i n_i v_{ix}^2$$

由于

$$\overline{v_x^2} = \frac{\sum n_i v_{ix}^2}{n}$$

所以

$$p = nm\,\overline{v_x^2}$$

再由式(7.25)又可得

$$p = \frac{1}{3}nm\,\overline{v^2}$$

或

$$p = \frac{2}{3}n\left(\frac{1}{2}m\,\overline{v^2}\right) = \frac{2}{3}n\bar{\varepsilon}_t \qquad (7.26)$$

其中

$$\bar{\varepsilon}_t = \frac{1}{2}m\,\overline{v^2} \qquad (7.27)$$

为一个分子的**平均平动动能**。

　　式(7.26)就是气体动理论的压强公式,它把宏观量 p 和统计平均值 n 和 $\bar{\varepsilon}_t$(或 $\overline{v^2}$)联系起来。它表明气体压强具有统计意义,即它对于大量气体分子才有明确的意义。实际上,在推导压强公式的过程中所取的 dA,dt 都是"**宏观小微观大**"的量。因此在 dt 时间内撞击 dA 面积上的分子数是非常大的,这才使得压强有一个稳定的数值。对于微观小的时间和微观小的面积,碰撞该面积的分子数将很少而且变化很大,因此也就不会产生有一稳定数值的压强。对于这种情况宏观量压强也就失去意义了。

7.7　温度的微观意义

　　将式(7.26)与式(7.14)对比,可得

$$\frac{2}{3}n\bar{\varepsilon}_t = nkT$$

或

$$\bar{\varepsilon}_t = \frac{3}{2}kT \qquad (7.28)$$

此式说明,各种理想气体在平衡态下,它们的分子**平均平动动能**只和温度有关,并且与热力学温度成正比。

　　式(7.28)是一个很重要的关系式。它说明了温度的微观意义,即热力学温度是分子平均平动动能的量度。粗略地说,温度反映了物体内部分子无规则运动的激烈程度(这就是中学物

理课程中对温度的微观意义的定性说明)。再详细一些,关于温度概念应注意以下几点:

(1) 温度是描述热力学系统**平衡态**的一个物理量。这一点在从宏观上引入温度概念时就明确地说明了。当时曾提到热平衡是一种动态平衡,式(7.28)更定量地显示了"动态"的含义。对处于非平衡态的系统,不能用温度来描述它的状态(如果系统整体上处于非平衡态,但各个微小局部和平衡态差别不大时,也往往以不同的温度来描述各个局部的状态)。

(2) 温度是一个**统计**概念。式(7.28)中的平均值就表明了这一点。因此,温度只能用来描述大量分子的集体状态,对单个分子谈论它的温度是毫无意义的。

(3) 温度所反映的运动是分子的**无规则运动**。式(7.28)中分子的平动动能是分子的无规则运动的平动动能。温度和物体的整体运动无关,物体的整体运动是其中所有分子的一种有规则运动的表现。例如,物体在平动时,其中所有分子都有一个共同的速度,和这一速度相联系的动能是物体的轨道动能。温度和物体的轨道动能无关。例如,匀高速开行的车厢内的空气温度并不一定比停着的车厢内的空气的温度高,冷气开放时前者温度会更低一些。正因为温度反映的是分子的无规则运动,所以这种运动又称**分子热运动**。

(4) 式(7.28)根据气体分子的热运动的平均平动动能说明了温度的微观意义。实际上,不仅是平均平动动能,而且分子热运动的平均转动动能和平均振动动能也都和温度有直接的关系。这将在7.8节介绍。

由式(7.27)式(7.28)可得

$$\frac{1}{2} m \overline{v^2} = \frac{3}{2} kT$$

由此得

$$\overline{v^2} = 3kT/m$$

于是有

$$\sqrt{\overline{v^2}} = \sqrt{\frac{3kT}{m}} = \sqrt{\frac{3RT}{M}} \qquad (7.29)$$

$\sqrt{\overline{v^2}}$ 叫气体分子的**方均根速率**,常以 v_{rms} 表示,是分子速率的一种统计平均值。式(7.29)说明,在同一温度下,质量大的分子其方均根速率小。

例7.3 分子运动。求 0℃ 时氢分子和氧分子的平均平动动能和方均根速率。

解 已知

$$T = 273.15 \text{ K}$$
$$M_{H_2} = 2.02 \times 10^{-3} \text{ kg/mol}$$
$$M_{O_2} = 32 \times 10^{-3} \text{ kg/mol}$$

H_2 与 O_2 分子的平均平动动能相等,均为

$$\overline{\varepsilon}_t = \frac{3}{2} kT = \frac{3}{2} \times 1.38 \times 10^{-23} \times 273.15 \text{ J}$$
$$= 5.65 \times 10^{-21} \text{ J} = 3.53 \times 10^{-2} \text{ eV}$$

H_2 分子的方均根速率

$$v_{rms, H_2} = \sqrt{\frac{3RT}{M_{H_2}}} = \sqrt{\frac{3 \times 8.31 \times 273.15}{2.02 \times 10^{-3}}} \text{ m/s} = 1.84 \times 10^3 \text{ m/s}$$

O_2 分子的方均根速率

$$v_{rms, O_2} = \sqrt{\frac{3RT}{M_{O_2}}} = \sqrt{\frac{3 \times 8.31 \times 273.15}{32.00 \times 10^{-3}}} \text{ m/s} = 461 \text{ m/s}$$

此后一结果说明,在常温下气体分子的平均速率与声波在空气中的传播速率数量级相同。

例 7.4 **"量子零度"。** 按式(7.28),当温度趋近 0 K 时,气体分子的平均平动动能趋近于 0,即分子要停止运动。这是经典理论的结果。金属中的自由电子也在不停地做热运动,组成"电子气",在低温下并不遵守经典统计规律。量子理论给出,即使在 0 K 时,电子气中电子的平均平动动能并不等于零。例如,铜块中的自由电子在 0 K 时的平均平动动能为 4.23 eV。如果按经典理论计算,这样的能量相当于多高的温度?

解 由式(7.28)可得

$$T = \frac{2\bar{\varepsilon}_t}{3k} = \frac{2 \times 4.23 \times 1.6 \times 10^{-19}}{3 \times 1.38 \times 10^{-23}} \text{ K} = 3.19 \times 10^4 \text{ K}$$

量子理论给出的结果与经典理论结果的差别如此之大!

7.8 能量均分定理

7.7 节讲了在平衡态下气体分子的平均平动动能和温度的关系,那里只考虑了分子的平动。实际上,各种分子都有一定的内部结构。例如,有的气体分子为单原子分子(如 He, Ne),有的为双原子分子(如 H_2, N_2, O_2),有的为多原子分子(如 CH_4, H_2O)。因此,气体分子除平动之外,还可能有转动及分子内原子的振动。为了用统计的方法计算分子的平均转动动能和平均振动动能,以及平均总动能,需要引入**运动自由度**的概念。

按经典力学理论,一个物体的能量常能以"平方项"之和表示。例如一个自由物体的平动动能可表示为 $E_{k,t} = \frac{1}{2}mv_x^2 + \frac{1}{2}mv_y^2 + \frac{1}{2}mv_z^2$,转动动能可表示为 $E_{k,r} = \frac{1}{2}J_x\omega_x^2 + \frac{1}{2}J_y\omega_y^2 + \frac{1}{2}J_z\omega_z^2$,而一维振子的能量为 $E = \frac{1}{2}kx^2 + \frac{1}{2}mv^2$ 等,每一个这样的平方项对应于一个运动自由度。

考虑分子的运动能量时,对单原子分子,当作质点看待,只需计算其平动动能,它的自由度就是 3。这 3 个自由度叫**平动自由度**。以 t 表示平动自由度,就有 $t=3$。对双原子分子,除计算其平动动能外,还有转动动能。以其两原子的连线为 x 轴,则它对此轴的转动惯量 J_x 甚小,相应的那一项转动能量可略去。于是,双原子分子的**转动自由度**就是 $r=2$。对多原子分子,其转动自由度应为 $r=3$。

仔细来讲,考虑双原子分子或多原子分子的能量时,还应考虑分子中原子的振动。但是,由于关于分子振动的能量经典物理不能作出正确的说明,正确的说明需要量子力学;另外在常温下用经典方法认为分子是刚性的也能给出与实验大致相符的结果;所以作为统计概念的初步介绍,下面将不考虑分子内部的振动而认为分子都是刚性的。这样,各种分子的运动自由度就如表 7.3 所示。

表 7.3   气体分子的自由度

分子种类	平动自由度 t	转动自由度 r	总自由度 $i(i=t+r)$
单原子分子	3	0	3
刚性双原子分子	3	2	5
刚性多原子分子	3	3	6

现在考虑气体分子的每一个自由度的**平均动能**。7.7 节已讲过,一个分子的平均平动

7-8

动能为

$$\bar{\varepsilon}_{t} = \frac{1}{2} m \overline{v^{2}} = \frac{3}{2} kT$$

利用分子运动的无规则性表示式(7.25),即

$$\overline{v_{x}^{2}} = \overline{v_{y}^{2}} = \overline{v_{z}^{2}} = \frac{1}{3} \overline{v^{2}}$$

可得

$$\frac{1}{2} m \overline{v_{x}^{2}} = \frac{1}{2} m \overline{v_{y}^{2}} = \frac{1}{2} m \overline{v_{z}^{2}} = \frac{1}{3} \left(\frac{1}{2} m \overline{v^{2}} \right) = \frac{1}{2} kT \tag{7.30}$$

此式中前三个平方项的平均值各和一个平动自由度相对应,因此它说明分子的每一个平动自由度的平均动能都相等,而且等于 $\frac{1}{2} kT$。

式(7.30)所表示的规律是一条统计规律,它只适用于大量分子的集体。各平动自由度的平动动能相等,是气体分子在无规则运动中不断发生碰撞的结果。由于碰撞是无规则的,所以在碰撞过程中动能不但在分子之间进行交换,而且还可以从一个平动自由度转移到另一个平动自由度上去。由于在各个平动自由度中并没有哪一个具有特别的优势,因而**平均来讲**,各平动自由度就具有相等的平均动能。

这种能量的分配,在分子有转动的情况下,应该还扩及转动自由度。这就是说,在分子的无规则碰撞过程中,平动和转动之间以及各转动自由度之间也可以交换能量(试想两个枣仁状的橄榄球在空中的任意碰撞),而且就能量来说这些自由度中也没有哪个是特殊的。因而就得出更为一般的结论:各自由度的平均动能都是相等的。在理论上,经典统计物理可以更严格地证明:**在温度为 T 的平衡态下,气体分子每个自由度的平均动能都相等,而且等于 $\frac{1}{2} kT$。**这一结论称为**能量均分定理**。在经典物理中,这一结论也适用于液体和固体分子的无规则运动。

根据能量均分定理,如果一个气体分子的总自由度数是 i,则它的**平均总动能**就是

$$\bar{\varepsilon}_{k} = \frac{i}{2} kT \tag{7.31}$$

将表 7.3 的 i 值代入,可得几种气体分子的平均总动能如下:

单原子分子 $\qquad\qquad\qquad \bar{\varepsilon}_{k} = \frac{3}{2} kT$

刚性双原子分子 $\qquad\qquad\qquad \bar{\varepsilon}_{k} = \frac{5}{2} kT$

刚性多原子分子 $\qquad\qquad\qquad \bar{\varepsilon}_{k} = 3kT$

作为质点系的总体,宏观上气体具有**内能**。气体的内能是指它所包含的所有分子的无规则运动的动能和分子间的相互作用势能的总和。对于理想气体,由于分子之间无相互作用力,所以分子之间无势能,因而理想气体的内能就是它的所有分子的动能的总和。以 N 表示一定的理想气体的分子总数,由于每个分子的平均动能由式(7.31)决定,所以这理想气体的内能就应是

$$E = N \bar{\varepsilon}_{k} = N \frac{i}{2} kT$$

由于 $k=R/N_A$, $N/N_A=\nu$, 即气体物质的量, 所以上式又可写成

$$E=\frac{i}{2}\nu RT \tag{7.32}$$

对已讨论的几种理想气体, 它们的内能如下:

单原子分子气体　　　　　　　$E=\frac{3}{2}\nu RT$

刚性双原子分子气体　　　　　$E=\frac{5}{2}\nu RT$

刚性多原子分子气体　　　　　$E=3\nu RT$

这些结果都说明一定的理想气体的内能只是**温度的函数**, 而且和热力学温度成正比。这个经典统计物理的结果在与室温相差不大的温度范围内和实验近似地符合。在本篇中也只按这种结果讨论有关理想气体的能量问题。

7.9 麦克斯韦速率分布律

7-11

在 7.6 节中关于理想气体的气体动理论的统计假设中, 有一条是每个分子运动速度各不相同, 而且通过碰撞不断发生变化。对任何一个分子来说, 在任何时刻它的速度的方向和大小受到许多偶然因素的影响, 因而是不能预知的。但从整体上统计地说, 气体分子的速度还是有规律的。早在 1859 年(当时分子概念还是一种假说)麦克斯韦就用概率论证明了在平衡态下, 理想气体的分子按速度的分布是有确定的规律的, 这个规律现在就叫**麦克斯韦速度分布律**。如果不管分子运动速度的方向如何, 只考虑分子按速度的大小即速率的分布, 则相应的规律叫作**麦克斯韦速率分布律**。作为统计规律的典型例子, 我们在本节介绍麦克斯韦速率分布律。

先介绍**速率分布函数**的意义。从微观上说明一定质量的气体中所有分子的速率状况时, 因为分子数极多, 而且各分子的速率通过碰撞又在不断地改变, 所以不可能逐个加以说明。因此就采用统计的说明方法, 也就是指出在总数为 N 的分子中, 具有各种速率的分子各有多少或它们各占分子总数的百分比多大。这种说明方法就叫给出**分子按速率的分布**。正像为了说明一个学校的学生年龄的总状况时, 并不需要指出每个学生的年龄, 而只要给出各个年龄段的学生是多少, 即学生数目按年龄的分布, 就可以了。

按经典力学的概念, 气体分子的速率 v 可以连续地取 0 到无限大的任何数值。因此, 说明分子按速率分布时就需要采取按速率区间分组的办法, 例如可以把速率以 10 m/s 的间隔划分为 $0\sim10,10\sim20,20\sim30$ m/s, $\cdots$ 的区间, 然后说明各区间的分子数是多少。一般地讲, 速率分布就是要指出速率在 v 到 $v+dv$ 区间的分子数 dN_v 是多少, 或是 dN_v 占分子总数 N 的百分比, 即 dN_v/N 是多少。这一百分比在各速率区间是不相同的, 即它应是速率 v 的函数。同时, 在速率区间 dv 足够小的情况下, 这一百分比还应和区间的大小成正比, 因此, 应该有

$$\frac{dN_v}{N}=f(v)dv \tag{7.33}$$

7-12　或

$$f(v)=\frac{dN_v}{Ndv} \tag{7.34}$$

式中,函数 $f(v)$ 就叫速率分布函数,它的物理意义是:**速率在速率 v 所在的单位速率区间内的分子数占分子总数的百分比**。

将式(7.33)对所有速率区间积分,将得到所有速率区间的分子数占总分子数百分比的总和。它显然等于1,因而有

$$\int_0^N \frac{\mathrm{d}N_v}{N} = \int_0^\infty f(v)\mathrm{d}v = 1 \tag{7.35}$$

所有分布函数必须满足的这一条件叫作**归一化条件**。

速率分布函数的意义还可以用**概率**的概念来说明。各个分子的速率不同,可以说成是一个分子具有各种速率的概率不同。式(7.33)的 $\mathrm{d}N_v/N$ 就是一个分子的速率在速率 v 所在的 $\mathrm{d}v$ 区间内的概率,式(7.34)中的 $f(v)$ 就是一个分子的速率在速率 v 所在的单位速率区间的概率。在概率论中,$f(v)$ 叫作分子速率分布的**概率密度**。它对所有可能的速率积分就是一个分子具有所有可能速率的概率。这个"总概率"当然等于1,这也就是式(7.35)所表示的归一化条件的概率意义。

麦克斯韦速率分布律就是在一定条件下的速率分布函数的具体形式。它指出:**在平衡态下,气体分子速率在 v 到 $v+\mathrm{d}v$ 区间内的分子数占总分子数的百分比为**

$$\frac{\mathrm{d}N_v}{N} = 4\pi \left(\frac{m}{2\pi kT}\right)^{3/2} v^2 \mathrm{e}^{-mv^2/2kT} \mathrm{d}v \tag{7.36}$$

和式(7.33)对比,可得**麦克斯韦速率分布函数**为

$$f(v) = 4\pi \left(\frac{m}{2\pi kT}\right)^{3/2} v^2 \mathrm{e}^{-mv^2/2kT} \tag{7.37}$$

式中,T 是气体的热力学温度,m 是一个分子的质量,k 是玻耳兹曼常量。由式(7.37)可知,对一给定的气体(m 一定),麦克斯韦速率分布函数只和温度有关。以 v 为横轴,以 $f(v)$ 为纵轴,画出的图线叫作**麦克斯韦速率分布曲线**(图7.11),它能形象地表示出气体分子按速率分布的情况。图中曲线下面宽度为 $\mathrm{d}v$ 的小窄条面积就等于在该区间内的分子数占分子总数的百分比 $\mathrm{d}N_v/N$。

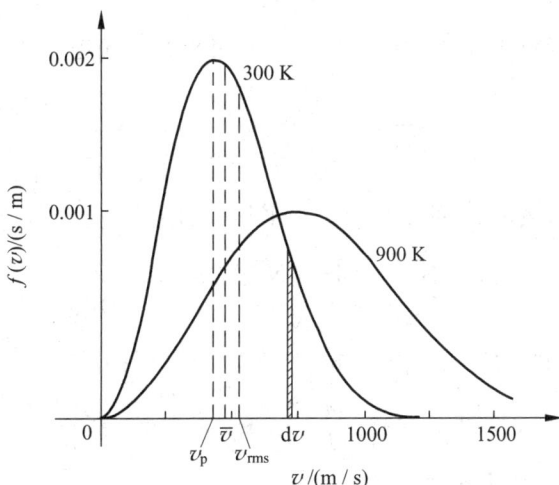

图 7.11　N_2 气体的麦克斯韦速率分布曲线

　　从图 7.11 中可以看出,按麦克斯韦速率分布函数确定的速率很小和速率很大的分子数都很少。在某一速率 v_p 处函数有一极大值,v_p 叫**最概然速率**,它的物理意义是:若把整个速率范围分成许多相等的小区间,则 v_p 所在的区间内的分子数占分子总数的百分比最大。v_p 可以由下式求出:

$$\left.\frac{\mathrm{d}f(v)}{\mathrm{d}v}\right|_{v_p}=0$$

由此得

$$v_p=\sqrt{\frac{2kT}{m}}=\sqrt{\frac{2RT}{M}}\approx 1.41\sqrt{\frac{RT}{M}} \tag{7.38}$$

而 $v=v_p$ 时,

$$f(v_p)=\frac{1}{\mathrm{e}}\sqrt{\frac{8m}{\pi kT}} \tag{7.39}$$

式(7.38)表明,v_p 随温度的升高而增大,又随 m 增大而减小。图 7.11 画出了氮气在不同温度下的速率分布函数,可以看出温度对速率分布的影响,温度越高,最概然速率越大,$f(v_p)$ 越小。由于曲线下的面积恒等于 1,所以温度升高时曲线变得平坦些,并向高速区域扩展。也就是说,温度越高,速率较大的分子数越多。这就是通常所说的温度越高,分子运动越剧烈的真正含义。

　　应该指出,麦克斯韦速率分布定律是一个统计规律,它只适用于大量分子组成的气体。由于分子运动的无规则性,在任何速率区间 v 到 $v+\mathrm{d}v$ 内的分子数都是不断变化的。式(7.36)中的 $\mathrm{d}N_v$ 只表示在这一速率区间的分子数的统计平均值。为使 $\mathrm{d}N_v$ 有确定的意义,区间 $\mathrm{d}v$ 必须是宏观小微观大的。如果区间是微观小的,$\mathrm{d}N_v$ 的数值将十分不确定,因而失去实际意义。至于说速率正好是某一确定速率 v 的分子数是多少,那就根本没有什么意义了。

　　已知速率分布函数,可以求出分子运动的**平均速率**。平均速率的定义是

$$\bar{v}=\frac{\sum\limits_{i}^{N}v_i}{N}=\frac{\int v\,\mathrm{d}N_v}{N}=\int_0^\infty vf(v)\,\mathrm{d}v \tag{7.40}$$

将麦克斯韦速率分布函数式(7.37)代入式(7.40),可求得平衡态下理想气体分子的平均速率为

$$\bar{v}=\sqrt{\frac{8kT}{\pi m}}=\sqrt{\frac{8RT}{\pi M}}\approx 1.60\sqrt{\frac{RT}{M}} \tag{7.41}$$

还可以利用速率分布函数求 v^2 的平均值。由平均值的定义

$$\overline{v^2}=\frac{\sum\limits_{i}^{N}v_i^2}{N}=\frac{\int v^2\,\mathrm{d}N_v}{N}=\int_0^\infty v^2 f(v)\,\mathrm{d}v$$

将麦克斯韦速率分布函数式(7.37)代入,可得

$$\overline{v^2}=\int_0^\infty v^4\,4\pi\left(\frac{m}{2\pi kT}\right)^{3/2}\mathrm{e}^{-mv^2/2kT}\,\mathrm{d}v=\frac{3kT}{m}$$

这一结果的平方根,即方均根速率为

$$v_{\mathrm{rms}}=\sqrt{\overline{v^2}}=\sqrt{\frac{3kT}{m}}=\sqrt{\frac{3RT}{M}}\approx 1.73\sqrt{\frac{RT}{M}} \tag{7.42}$$

此结果与式(7.29)相同。

由式(7.38)、式(7.41)、式(7.42)确定的三个速率值 $v_p,\bar{v},v_{rms}$ 都是在统计意义上说明大量分子的运动速率的典型值。它们都与 $\sqrt{T}$ 成正比,与 $\sqrt{m}$ 成反比。其中 v_{rms} 最大,$\bar{v}$ 次之,v_p 最小。三种速率有不同的应用,例如,讨论速率分布时要用 v_p,计算分子的平均平动动能时要用 v_{rms},讨论分子的碰撞次数时要用 $\bar{v}$。

例 7.5　大气组成。计算 He 原子和 N_2 分子在 20℃时的方均根速率,并以此说明地球大气中为何没有氦气和氢气而富有氮气和氧气。

解　由式(7.42)可得

$$v_{rms,He} = \sqrt{\frac{3RT}{M_{He}}} = \sqrt{\frac{3 \times 8.31 \times 293}{4.00 \times 10^{-3}}}\ km/s = 1.35\ km/s$$

$$v_{rms,N_2} = \sqrt{\frac{3RT}{M_{N_2}}} = \sqrt{\frac{3 \times 8.31 \times 293}{28.0 \times 10^{-3}}}\ km/s = 0.417\ km/s$$

地球表面的逃逸速度为 11.2 km/s,例 7.5 中算出的 He 原子的方均根速率约为此逃逸速率的 1/8,还可算出 H_2 分子的方均根速率约为此逃逸速率的 1/6。这样,似乎 He 原子和 H_2 分子都难以逃脱地球的引力而散去。但是由于速率分布的原因,还有相当多的 He 原子和 H_2 分子的速率超过了逃逸速率而可以散去。现在知道宇宙中原始的化学成分(现在仍然如此)大部分是氢(约占总质量的 3/4)和氦(约占总质量的 1/4)。地球形成之初,大气中应该有大量的氢和氦。正是由于相当数目的 H_2 分子和 He 原子的方均根速率超过了逃逸速率,它们不断逃逸。几十亿年过去后,如今地球大气中就没有氢气和氦气了。与此不同的是,N_2 和 O_2 分子的方均根速率只有逃逸速率的 1/25,这些气体分子逃逸的可能性就很小了。于是地球大气今天就保留了大量的氮气(约占大气质量的 76%)和氧气(约占大气质量的 23%)。

实际上大气化学成分的起因是很复杂的,许多因素还不清楚。就拿氦气来说,1963 年根据人造卫星对大气上层稀薄气体成分的分析,证实在几百千米的高空(此处温度可达 1000 K),空气已稀薄到接近真空,那里有一层氦气,叫"氦层",其上更有一层"氢层",实际上是"质子层"。

玻耳兹曼分布律

麦克斯韦首先得到的是速度分布律。它给出,在平衡态下,气体中的分子,其速度在 $v_x \sim v_x + dv_x$,$v_y \sim v_y + dv_y$ 和 $v_z \sim v_z + dv_z$ 区间的分子数与总分子数的百分比为 $F(\boldsymbol{v})dv_x dv_y dv_z$,其中

$$F(\boldsymbol{v}) = \left(\frac{m}{2\pi kT}\right)^{3/2} e^{-mv^2/2kT} \tag{7.43}$$

叫麦克斯韦速度分布律,而 $v^2 = v_x^2 + v_y^2 + v_z^2$。由此公式可以导出速率分布函数式(7.37)。

注意到式(7.43)的指数中 $mv^2/2$ 为一个分子的平动能,玻耳兹曼将此分布律公式推广到各种运动自由度的情形,而认为一般的分布函数 $\mathscr{F}$ 应具有

$$\mathscr{F} \propto e^{-E/kT} \tag{7.44}$$

的形式,其中 E 是一个分子的总能量。例如,考虑大气中分子的位置分布时,能量 E 中就应包含势能 mgh(h 是该分子处于的高度)一项。式(7.44)就称为玻耳兹曼分布律,$e^{-E/kT}$ 称为**玻耳兹曼因子**。玻耳兹曼分布律是一条经典统计规律,它表明,在平衡态下,能量越高的粒子数越少。大气中越高的地方分子数密度越小就是一个实例。

7.10　麦克斯韦速率分布律的实验验证

由于未能获得足够高的真空,所以在麦克斯韦导出速率分布律的当时,还不能用实验验证它。直到 20 世纪 20 年代后由于真空技术的发展,这种验证才有了可能。史特

恩(Stern)于 1920 年最早测定分子速率,1934 年我国物理学家葛正权曾测定过铋(Bi)蒸气分子的速率分布,实验结果都与麦克斯韦分布律大致相符。下面介绍 1955 年密勒(Miller)和库什(P.Kusch)做的实验[①],它比较精确地验证麦克斯韦速率分布定律。

他们的实验所用的仪器如图 7.12 所示。图 7.12(a)中 O 是蒸气源,选用钾或铯的蒸气。在一次实验中所用铯蒸气的温度是 870 K,其蒸气压为 0.4256 Pa。R 是一个用铝合金制成的圆柱体,图 7.12(b)表示其真实结构。该圆柱长 $L=20.40$ cm,半径 $r=10.00$ cm,可以绕中心轴转动,它用来精确地测定从蒸气源开口逸出的金属原子的速率,为此在它上面沿纵向刻了很多条螺旋形细槽,槽宽 $l=0.0424$ cm,图中画出了其中一条。细槽的入口狭缝处和出口狭缝处的半径之间夹角为 $\varphi=4.8°$。在出口狭缝后面是一个检测器 D,用它测定通过细槽的原子射线的强度,整个装置放在抽成高真空(1.33×10^{-5} Pa)的容器中。

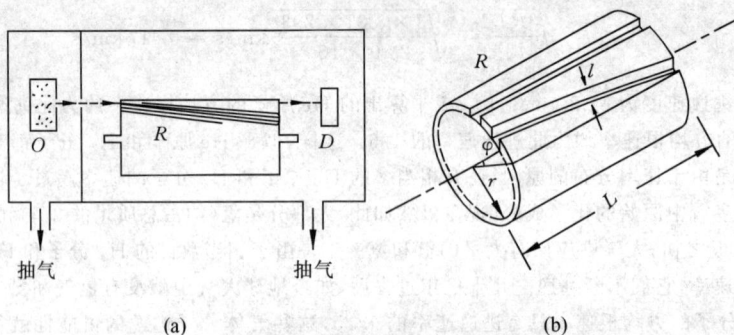

图 7.12   密勒-库什的实验装置

当 R 以角速度 ω 转动时,从蒸气源逸出的各种速率的原子都能进入细槽,但并不都能通过细槽从出口狭缝飞出,只有那些速率 v 满足关系式

$$\frac{L}{v}=\frac{\varphi}{\omega}$$

或

$$v=\frac{\omega}{\varphi}L$$

的原子才能通过细槽,而其他速率的原子将沉积在槽壁上。因此,R 实际上是个滤速器,改变角速度 ω,就可以让不同速率的原子通过。槽有一定宽度,相当于夹角 φ 有一 $\Delta\varphi$ 的变化范围,相应地,对于一定的 ω,通过细槽飞出的所有原子的速率并不严格地相同,而是在一定的速率范围 v 到 $v+\Delta v$ 之内。改变 ω,对不同速率范围内的原子射线检测其强度,就可以验证原子速率分布是否与麦克斯韦速率分布律给出的一致。

需要指出的是,**通过细槽**的原子和从**蒸气源逸出**的射线中的原子以及**蒸气源内**原子的速率分布都不同。在蒸气源内速率在 v 到 $v+\Delta v$ 区间内的原子数与 $f(v)\Delta v$ 成正比。由于速率较大的原子有更多的机会逸出,所以在原子射线中,在相应的速率区间的原子数还应和 v 成

① 麦克斯韦速率分布定律本是对理想气体建立的。但由于这里指的分子的速率是分子质心运动的速率,又由于质心运动的动能总是作为分子总能的独立的一项出现,所以,即使对非理想气体,麦克斯韦速率分布仍然成立。实验结果就证明了这一点,因为实验中所用的气体都是实际气体而非真正的理想气体。

正比,因而应和 $vf(v)\Delta v$ 成正比。据上面求速率的公式可知,能通过细槽的原子的速率区间 $|\Delta v|=\dfrac{\omega L}{\varphi^2}\Delta\varphi=\dfrac{v}{\varphi}\Delta\varphi$,因而通过细槽的速率在 Δv 区间的原子数应与 $v^2 f(v)\Delta\varphi$ 成正比。由于 $\Delta\varphi=l/r$ 是常数,所以由式(7.37)可知,通过细槽到达检测器的、速率在 v 到 $v+\Delta v$ 的原子数以及相应的强度应和 $v^4 e^{-mv^2/2kT}$ 成正比,其极大值应出现在 $v'_p=(4kT/m)^{1/2}$ 处。图 7.13 中的理论曲线(实线)就是根据这一关系画出的,横轴表示 v/v'_p,纵轴表示检测到的原子射线强度。图中小圆圈和三角黑点是密勒和库什的两组实验值,实验结果与理论曲线的密切符合,说明蒸气源内的原子的速率分布是遵守麦克斯韦速率分布律的。

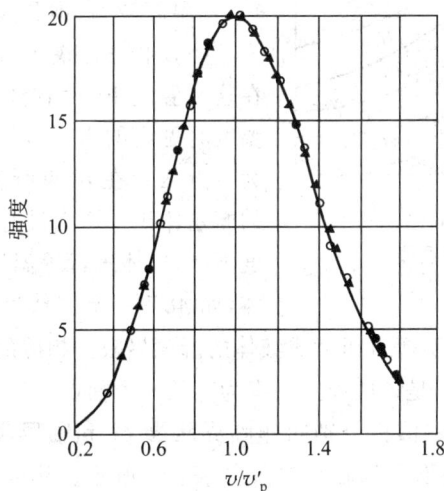

图 7.13 密勒-库什的实验结果

在通常情况下,实际气体分子的速率分布和麦克斯韦速率分布律能很好地符合,但在密度大的情况下就不符合了,这是因为在密度大的情况下,经典统计理论的基本假设不成立了。在这种情况下必须用量子统计理论才能说明气体分子的统计分布规律。

7.11 实际气体等温线

7.6 节用气体动理论说明了理想气体的性质,它也能近似地解释实际气体在通常温度和压强范围内的宏观表现。下面我们要用气体动理论说明在温度和压强更大的范围内实际气体的性质。首先介绍由实验得出的实际气体等温线。

在 p-V 图上理想气体的等温线是双曲线($pV=$ 常数)。实验测得的实际气体等温线,特别在较大压强和较低温度范围内,与双曲线有明显的背离。1869 年安德鲁斯首先仔细地对 CO_2 气体的等温变化做了实验,得出的几条等温线如图 7.14 所示(图中横坐标为摩尔体积 V_m)。在较高温度(如 48.1℃)时,等温线与双曲线接近,CO_2 气体表现得和理想气体近似。在较低温度(如 13℃)下,等温压缩气体时,最初随着体积的减小,气体的压强逐渐增大(图中 AB 段)。当压强增大到约 49 atm 后,进一步压缩气体时,气体的压强将保持不变(图中 BC 段),但汽缸中出现了液体,压缩只能使气体等压地向液体转变。在这个过程中**液体与其蒸气共存而且能处于平衡的状态**。这时的蒸气叫饱和蒸气,对应的压强叫**饱和蒸气压**。

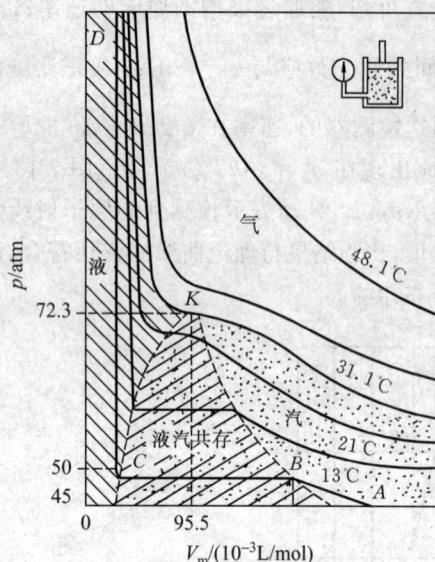

图 7.14 CO_2 的等温线

在一定的温度下饱和蒸气压有一定的值。当蒸气全部液化(C 点)后，再增大压强只能引起液体体积的微小收缩（图中 CD 段），这说明液体的可压缩性很小。

在稍高一些的温度下压缩气体，也观察到同样的过程，只是温度越高时，气体开始液化时的摩尔体积越小，而完全变成液体时的摩尔体积越大，致使表示液汽共存的水平饱和线段越来越短，且温度越高，饱和蒸气压越大。

CO_2 的 31.1℃ 等温线是一条特殊的等温线。在这一温度下，没有液汽共存的转变过程。较低温度时见到的水平线段（BC 段）在这一温度时缩为一点 K。在 K 点所表示的状态下，气体和液体的摩尔体积一样而没有区别。在高于 31.1℃ 的温度下，对气体进行等温压缩，它就再不会转变为液体，如 48.1℃ 等温线所示。我们把 31.1℃ 称临界温度 T_c，它是区别气体能否被等温压缩成液体的温度界限。相应的等温线叫临界等温线。在临界等温线上汽液转变点 K 是该曲线上斜率为零的一个拐点。K 点叫作临界点，它所表示的状态叫临界态，其压强和摩尔体积分别叫作临界压强 p_c 和临界摩尔体积 $V_{m,c}$，而 T_c，p_c 和 $V_{m,c}$ 统称为临界参量。几种物质的临界参量如表 7.4 所示。从表中可以看出，有些物质（如 NH_3，H_2O）的临界温度高于室温，所以在常温下压缩就可以使之液化。但有些物质（如氧、氮、氢、氦等）的临界温度很低，所以在 19 世纪上半叶还没有办法使它们液化。当时还未发现临界温度的规律，于是人们就称这些气体为"永久气体"或"真正气体"。在认识到物质具有临界温度这一事实后，人们就努力发展低温技术。在 19 世纪后半叶到 20 世纪初所有气体都能被液化了。在进一步发展低温技术后，还能做到使所有的液体都凝成固体。最后一个被液化的气体是氦，它在 1908 年被液化，并在 1928 年被进一步凝成固体。

表 7.4   几种物质的临界参量

物质种类	T_c/K	$p_c/(1.013×10^5 \text{Pa})$	$V_{m,c}/(10^{-3}\text{L/mol})$
He	5.3	2.26	57.6
H_2	33.3	12.8	64.9
N_2	126.1	33.5	84.6
O_2	154.4	49.7	74.2
CO_2	304.3	72.3	95.5
NH_3	408.3	113.3	72.5
H_2O	647.2	217.7	45.0
C_2H_5OH	516	63.0	153.9

从图 7.14 可看出，临界等温线和联结各等温线上的液化开始点（如 B 点）和液化终了点（如 C 点）的曲线（如图中虚线），把物质的 p-V 图分成了四个区域。在临界等温线以上的

区域是气态,其性质近似于理想气体。在临界等温线以下,KB 曲线右侧,物质也是气态,但由于能通过等温压缩被液化而称为**蒸气**或**汽**。BKC 曲线以下是液汽共存的饱和状态。在临界等温线和 KC 曲线以左的状态是液态。

实际气体所以表现得和理想气体不同(特别在低温高压下),是由于实际气体的分子都具有一定的体积,而且分子之间有相互作用力。这些因素都要影响气体分子对容器壁碰撞所产生的压强,理想气体是忽略了这些因素的。

还需要指出的是,图 7.14 所描绘的实际气体等温线,特别是其中液气转化部分,是在一般条件下的实验结果。在特殊条件下,例如,若蒸气中基本上没有尘埃或带电粒子作为**凝结核**,当它沿着图 7.14 中的 AB 曲线被压缩时,虽然达到了饱和状态 B 仍可能不凝结,甚至在超过同温度的饱和蒸气压的压强下仍以蒸气状态存在,而体积不断缩小(即 AB 曲线过 B 点后继续斜向上方延续一段)。这时的蒸气称为**过饱和蒸气**。这是一种不太稳定的状态,只要引入一些微尘或带电粒子,蒸气分子就会以它们为核心而迅速凝结,过饱和蒸气也就立即回到 BC 直线上饱和蒸气和液体共存的状态。类似地,如果液体中没有尘埃或带电粒子作**汽化核**,当它沿着图 7.14 中 DC 曲线被减压时,虽然达到饱和状态 C 仍可能不蒸发,甚至当液体所受压强比同温度下饱和蒸气压还小时仍不蒸发,而保持液态不变,但体积不断膨胀(即 DC 曲线过 C 点后继续向斜下方延续一段)。这时的液体叫**过热液体**,也是一种不太稳定的状态。

近代研究宇宙射线或粒子反应的实验中常利用过饱和蒸气和过热液体这两种现象来探测高速微观粒子,利用过饱和蒸气现象的装置叫云室,利用过热液体现象的装置叫气泡室。当高速粒子射入云室(或气泡室)时,会与室内分子相碰撞在沿途产生许多离子,形成离子化轨迹,云室中的蒸气分子以这些离子为核心凝结成小液珠(气泡室中的这些离子使过热液体汽化成小气泡),从而显示出射入粒子的径迹。图 7.15 是欧洲核子研究中心的气泡室(装有 38 m^3 过热液态氢)的外形和利用气泡室拍摄的高速粒子径迹的照片。

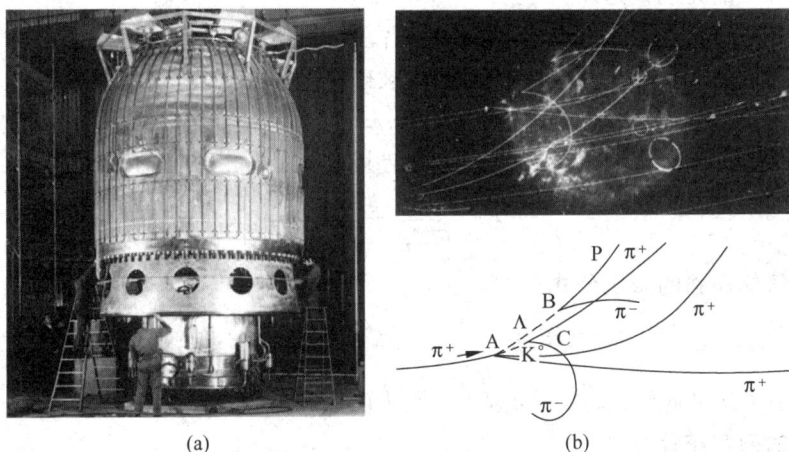

(a)   (b)

图 7.15   气泡室的外形和高速粒子径迹的照片

✐　提　要

1. 平衡态：一个系统的各种性质不随时间改变的状态。处于平衡态的系统，其状态可用少数几个宏观状态参量描写。从微观的角度看，平衡态是分子运动的**动态平衡**。

2. 温度：其处于平衡态的物体，它们的温度相等。温度相等的平衡态叫热平衡。

3. 热力学第零定律：如果物体 A 和物体 B 能分别与物体 C 的同一状态处于平衡态，那么当把这时的 A 和 B 放到一起时，二者也必定处于平衡态。这一定律是制造温度计，建立温标，定量地计量温度的基础。

4. 理想气体温标：建立在玻意耳定律（$pV=$ 常量）的基础上，选定水的三相点温度为 $T_3 = 273.16\ \mathrm{K}$，以此制造气体温度计。

在理想气体温标有效的范围内，它和热力学温标完全一致。

摄氏温标 $t(℃)$ 和热力学温标 $T(\mathrm{K})$ 的关系：

$$t = T - 273.15$$

5. 热力学第三定律：热力学（绝对）零度不能达到。

6. 理想气体状态方程：在平衡态下，对理想气体有

$$pV = \nu RT = \frac{m}{M}RT$$

或

$$pV = nkT$$

其中，摩尔气体常量 $\qquad R = 8.31\ \mathrm{J/mol \cdot K}$

玻耳兹曼常量 $\qquad k = R/N_A = 1.38 \times 10^{-23}\ \mathrm{J/K}$

7. 气体分子的无规则运动：

平均自由程（$\bar{\lambda}$）：气体分子无规则运动中各段自由路程的平均值。

平均碰撞频率（$\bar{z}$）：气体分子单位时间内被碰撞次数的平均值。

$$\bar{\lambda} = \bar{v}/\bar{z}$$

碰撞截面（σ）：一个气体分子运动中可能与其他分子发生碰撞的截面面积，

$$\bar{\lambda} = \frac{1}{\sqrt{2}\sigma n} = \frac{kT}{\sqrt{2}\sigma p}$$

8. 理想气体压强的微观公式：

$$p = \frac{1}{3}nm\overline{v^2} = \frac{2}{3}n\bar{\varepsilon}_t$$

式中各量都是统计平均值，应用于宏观小微观大的区间。

9. 温度的微观统计意义：

$$\bar{\varepsilon}_t = \frac{3}{2}kT$$

10. 能量均分定理：在平衡态下，分子热运动的每个自由度的平均动能都相等，且等于 $\frac{1}{2}kT$。以 i 表示分子热运动的总自由度，则一个分子的总平均动能为

$$\overline{\varepsilon}_{\text{k}} = \frac{i}{2}kT$$

物质的量为 ν 的理想气体的内能,只包含有气体分子的无规则运动动能,

$$E = \frac{i}{2}\nu RT$$

11. 速率分布函数:指气体分子速率在速率 v 所在的单位速率区间内的分子数占总分子数的百分比,也是分子速率分布的概率密度,

$$f(v) = \frac{\mathrm{d}N_v}{N\,\mathrm{d}v}$$

麦克斯韦速率分布函数:对在平衡态下,分子质量为 m 的气体,

$$f(v) = 4\pi\left(\frac{m}{2\pi kT}\right)^{3/2} v^2 \mathrm{e}^{-mv^2/2kT}$$

三种速率:

最概然速率 $\qquad v_{\text{p}} = \sqrt{\dfrac{2kT}{m}} = \sqrt{\dfrac{2RT}{M}} \approx 1.41\sqrt{\dfrac{RT}{M}}$

平均速率 $\qquad \overline{v} = \sqrt{\dfrac{8kT}{\pi m}} = \sqrt{\dfrac{8RT}{\pi M}} \approx 1.60\sqrt{\dfrac{RT}{M}}$

方均根速率 $\qquad v_{\text{rms}} = \sqrt{\dfrac{3kT}{m}} = \sqrt{\dfrac{3RT}{M}} \approx 1.73\sqrt{\dfrac{RT}{M}}$

12. 实际气体等温线:在某些温度和压强下,可能存在液汽共存的状态,这时的蒸气叫饱和蒸气。温度高于某一限度,则不可能有这种液汽共存的平衡态出现,因而此时只靠压缩不能使气体液化,这一温度限度叫临界温度。

思 考 题

7.1 什么是热力学系统的平衡态? 为什么说平衡态是热动平衡?

7.2 怎样根据平衡态定性地引进温度的概念? 对于非平衡态能否用温度概念?

7.3 用温度计测量温度是根据什么原理?

7.4 理想气体温标是利用气体的什么性质建立的?

7.5 设大气的温度不随高度改变,则分子数密度随高度按指数规律减小。试由式(7.16)证明这一结论。

7.6 在大气中随着高度的增加,氢气分子数密度与氧气分子数密度的比值也增大,为什么?

7.7 图 7.16 是用扫描隧穿显微镜(STM)取得的石墨晶体表面碳原子排列队形的照片。试根据此照片估算一个碳原子的直径。

7.8 一定质量的气体,保持体积不变。当温度升高时分子运动得更剧烈,因而平均碰撞次数增多,平均自由程是否也因此而减小? 为什么?

7.9 在平衡态下,气体分子速度 v 沿各坐标方向的分量的平均值 $\overline{v}_x$,$\overline{v}_y$ 和 $\overline{v}_z$ 各应为多少?

7.10 对一定量的气体来说,当温度不变时,气体的压强随体积的减小而增大;当体积不变时,压强随温度的升高而增大。从宏观来看,这两种变化同样使压强增大,从微观来看它们有何区别?

7.11 一个分子的平均平动动能 $\overline{\varepsilon}_t = \dfrac{3}{2}kT$ 应如何理解? 对于某一个分子,能否根据此式计算它的动能?

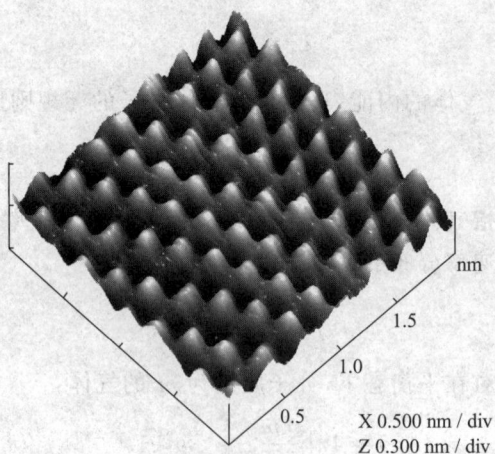

图 7.16   思考题 7.7 用图

7.12   地球大气层上层的电离层中,电离气体的温度可达 2000 K,但每立方厘米中的分子数不超过 10^5 个。这温度是什么意思? 一块锡放到该处会不会被熔化? 已知锡的熔点是 505 K。

7.13   在相同温度下氢气和氧气分子的速率分布的概率密度是否一样? 试比较它们的 v_p 值以及 v_p 处概率密度的大小。

7.14   最概然速率和平均速率的物理意义各是什么? 有人认为最概然速率就是速率分布中的最大速率,对不对?

7.15   液体的蒸发过程是不是其表面一层一层地变成蒸气? 为什么蒸发时液体的温度会降低?

7.16   测定气体分子速率分布实验为什么要求在高度真空的容器内进行? 假若真空度较差,问容器内允许的气体压强受到什么限制?

7.17   在深秋或冬日的清晨,有时你会看到蓝天上一条笔直的白练在不断延伸。再仔细看去,那是一架正在向左飞行的喷气式飞机留下的径迹(图 7.17)。喷气式飞机在飞行时喷出的"废气"中充满了带电粒子,那条白练实际上是小水珠形成的雾条。你能解释这白色雾条形成的原因吗?

图 7.17   残月白练映蓝天

习题

7.1   等体气体温度计的测温气泡放入水的三相点管的槽内时,气体的压强为 6.65×10^3 Pa。

(1)用此温度计测量 373.15 K 的温度时,气体的压强是多大?

(2) 当气体压强为 2.20×10^3 Pa 时,待测温度是多少 K？多少℃？

7.2　"28"自行车车轮直径为 71.12 cm(相当于 28 英寸),内胎截面直径为 3 cm。在 -3℃的天气里向空胎里打气。打气筒长 30 cm,截面半径 1.5 cm。打了 20 下,气打足了,问此时车胎内压强是多少？设车胎内最后气体温度为 7℃。

7.3　在 90 km 高空,大气的压强为 0.18 Pa,密度为 3.2×10^{-6} kg/m³。求该处的温度和分子数密度。空气的摩尔质量取 29.0 g/mol。

7.4　一个大热气球的容积为 2.1×10^4 m³,气球本身和负载质量共 4.5×10^3 kg,若其外部空气温度为 20℃,要想使气球上升,其内部空气最低要加热到多少度？

7.5　某柴油机的汽缸充满空气,压缩前其中空气的温度为 47℃,压强为 8.61×10^4 Pa。当活塞急剧上升时,可把空气压缩到原体积的 1/17,其时压强增大到 4.25×10^6 Pa,求这时空气的温度(分别以 K 和℃表示)。

7.6　一氢气球在 20℃充气后,压强为 1.2 atm,半径为 1.5 m。到夜晚时,温度降为 10℃,气球半径缩为 1.4 m,其中氢气压强减为 1.1 atm。求已经漏掉的氢气的质量。

7.7　目前可获得的极限真空度为 1.00×10^{-18} atm。求在此真空度下,体积 1 cm³ 空气内平均有多少个分子？设温度为 20℃。

7.8　"火星探路者"航天器发回的 1997 年 7 月 26 日火星表面白天天气情况是:气压为 6.71 mbar(1 bar＝10^5 Pa),温度为 -13.3℃,这时火星表面 1 cm³ 内平均有多少个分子？

7.9　星际空间氢云内的氢原子数密度可达 10^{10}/m³,温度可达 10^4 K。求这云内的压强。

7.10　设地球大气是等温的,温度为 5.0℃。已知海平面上气压为 750 mmHg 时,某山顶上的气压是 590 mmHg。求山顶的高度。空气的摩尔质量以 29.0 g/mol 计。

7.11　氮分子的有效直径为 3.8×10^{-10} m,求它在标准状态下的平均自由程和连续两次碰撞间的平均时间间隔。

7.12　真空管的线度为 10^{-2} m,其中真空度为 1.33×10^{-3} Pa,设空气分子的有效直径为 3×10^{-10} m,求 27℃时单位体积内的空气分子数、平均自由程和平均碰撞频率。

7.13　在 160 km 高空,空气密度为 1.5×10^{-9} kg/m³,温度为 500 K。分子直径以 3.0×10^{-10} m 计,求该处空气分子的平均自由程与连续两次碰撞相隔的平均时间。

7.14　在气体放电管中,电子不断与气体分子碰撞。因电子的速率远大于气体分子的平均速率,所以气体分子可以认为是不动的。设电子的"有效直径"比起气体分子的有效直径 d 来可以忽略不计。求:(1)电子与气体分子的碰撞截面;(2)电子与气体分子碰撞的平均自由程(以 n 表示气体分子数密度)。

7.15　一篮球充气后,其中有氮气 8.5 g,温度为 17℃,在空中以 65 km/h 作高速飞行。求:

(1) 一个氮分子(设为刚性分子)的热运动平均平动动能、平均转动动能和平均总动能;

(2) 球内氮气的内能;

(3) 球内氮气的轨道动能。

7.16　温度为 27℃时,1 mol 氦气、氢气和氧气各有多少内能？1 g 的这些气体各有多少内能？

7.17　某些恒星的温度达到 10^8 K 的数量级,在这温度下原子已不存在,只有质子存在,试求:(1)质子的平均动能是多少电子伏特？(2)质子的方均根速率多大？

7.18　日冕的温度为 2×10^6 K,求其中电子的方均根速率。星际空间的温度为 2.7 K,其中气体主要是氢原子,求那里氢原子的方均根速率。1994 年曾用激光冷却的方法使一群 Na 原子几乎停止运动,相应的温度是 2.4×10^{-11} K,求这些 Na 原子的方均根速率。

7.19　火星的质量为地球质量的 0.108 倍,半径为地球半径的 0.531 倍,火星表面的逃逸速度多大？以表面温度 240 K 计,火星表面 CO_2 和 H_2 分子的方均根速率多大？以此说明火星表面有 CO_2 而无 H_2(实际上,火星表面大气中 96% 是 CO_2)。

木星质量为地球的 318 倍,半径为地球半径的 11.2 倍,木星表面的逃逸速度多大？以表面温度 130 K 计,木星表面 H_2 分子的方均根速率多大？以此说明木星表面有 H_2(实际上木星大气 78% 质量为

H_2,其余的是 He,其上盖有冰云,木星内部为液态甚至固态氢)。

7.20 烟粒悬浮在空气中受空气分子的无规则碰撞作布朗运动的情况可用普通显微镜观察,它和空气处于同一平衡态。一颗烟粒的质量为 $1.6×10^{-16}$ kg,求在 300 K 时它悬浮在空气中的方均根速率。此烟粒如果是在 300 K 的氢气中悬浮,它的方均根速率与在空气中的相比会有不同吗?

7.21 质量为 $6.2×10^{-14}$ g 的碳粒悬浮在 27℃ 的液体中,观察到它的方均根速率为 1.4 cm/s。试由气体普适常量 R 值及此实验结果求阿伏伽德罗常量的值。

7.22 摩尔质量为 89 g/mol 的氨基酸分子和摩尔质量为 $5.0×10^4$ g/mol 的蛋白质分子在 37℃ 的活细胞内的方均根速率各是多少?

7.23 一汽缸内封闭有水和饱和水蒸气,其温度为 100℃,压强为 1 atm,已知这时水蒸气的摩尔体积为 $3.01×10^4$ cm³/mol。

(1) 每 cm³ 水蒸气中含有多少个水分子?

(2) 等温压进活塞使水蒸气的体积缩小一半后,水蒸气的压强是多少?

7.24 证明:在平衡态下,两分子热运动相对速率的平均值 $\bar{u}$ 与分子的平均速率 $\bar{v}$ 有下述关系:

$$\bar{u} = \sqrt{2}\,\bar{v}$$

(提示:写 u_{12} 和 v_1,v_2 的关系式,然后求平均值。)

大爆炸和宇宙膨胀

第 8 章

热 力 学 第 一 定 律

第 7章讨论了热力学系统,特别是气体处于平衡态时的一些性质和规律。除说明其宏观规律外,还引进统计概念说明了气体分子的微观本质。本章说明热力学系统状态发生变化时在能量上所遵循的规律,这一规律实际上就是能量守恒定律。能量守恒的概念源于18世纪末人们认识到热是一种运动,作为能量守恒定律真正得到公认则是在 19 世纪中叶迈耶(J.R.Mayer)关于热功当量的计算,特别是焦耳(J.P.Joule)关于热功当量的实验结果发表之后(焦耳的最重要的实验是利用重物下落带动叶片转动,叶片搅动水使水的温度升高,

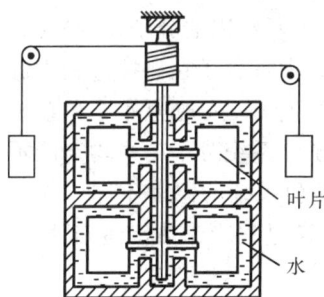

叶片

水

图 8.1 焦耳实验示意图

见图 8.1)。随着物质结构的分子学说的建立,人们对热的本质及热功转换有了更具体更实在的认识,并有可能用经典力学对机械能和热的转换和守恒作出说明,这一转换和守恒可以说是能量守恒定律的最基本或最初的形式。本章讨论的热力学第一定律就限于能量守恒定律这一"最初形式"。

热力学第一定律及有关概念,如功、热量、内能、绝热过程等大家在中学物理课程中也都学过,对它们都有一定的认识和理解。本章所讨论的内容,包括定律本身及相关概念,包括热容量、各种单一过程、循环过程等都更加全面和深入,不但讲了它们的宏观意义,而且还尽可能说明其微观本质。希望读者仔细领会,不但多知道些热学知识,而且对热学的思维方法也能有所体会。

8.1 功 热量 热力学第一定律

在 4.6 节中曾导出了机械能守恒定律(式(4.24)),即

$$A_{\text{ext}} + A_{\text{int,n-cons}} = E_B - E_A$$

并把它应用于保守系统,即 $A_{\text{int,n-cons}} = 0$,得式(4.25),即

$$A_{\text{ext}} = E_B - E_A = \Delta E \quad (\text{保守系统})$$

此式说明,**对于一个保守系统,外力对它做的功等于它的机械能的增量。**

现在让我们在分子理论的基础上把这一机械能守恒定律应用于我们讨论的单一组分的热力学系统,组成这种热力学系统的"质点"就是分子。由于分子间的作用力是保守力,因此

这种热力学系统就是保守系统。由于我们只考虑这种的热现象而不考虑其整体运动,所以就把系统中分子的有规则运动排除在外了。这样,式(4.25)中的机械能 E 就是系统内所有分子的无规则运动动能和分子间势能的总和,这一总和在热学中称为系统的**内能**。它由系统的状态决定,因而是一个**状态量**。

理想气体的内能已由式(7.32)给出,即

$$E = \frac{i}{2}\nu RT$$

外力,或说外界,对系统内各分子做功的情况,从分子理论的观点看来,可以分两种情况。一种情况和系统的边界发生宏观位移相联系。例如以汽缸内的气体为系统,当活塞移动时,气体和活塞相对的表面就要发生宏观位移而使气体体积发生变化。在这一过程中,活塞将对气体做功:气体受压缩时,活塞对它做正功;气体膨胀时,活塞对它做负功。这种宏观功都会改变气体的内能。从分子理论的观点看来,这一做功过程是外界(如此例中的活塞)分子的有规则运动动能和系统内(如此例中的气体)分子的无规则运动能量之间传递和转化的过程,表现为宏观的机械能和系统内能之间传递和转化的过程。由于这一过程中做功的多少,亦即所传递的能量的多少,可以直接用力学中功的定义计算,所以这种情况下外界对系统做的功可称为**宏观功**,以后就直接称之为**功**,并以 A' 表示。

另一种外界对系统内分子做功的情况是在没有宏观位移的条件下发生的。例如,把冷水倒入热锅中后,在没有任何宏观位移的情况下,热锅(作为外界)也会向冷水(作为系统)传递能量。从分子理论的观点看来,这种做功过程是由于水分子不断和锅的分子发生碰撞,在碰撞过程中两种分子间的作用力会在它们的微观位移中做功。大量分子在碰撞过程中做的这种**微观功**的总效果就是锅的分子无规则运动能量传给了水的分子,表现为外界和系统之间的内能传递。这种内能的传递,从微观上说,只有在外界分子和系统分子的平均动能不相同时才有可能。从宏观上说,也就是这种内能的传递需要外界和系统的温度不同。这种由于外界和系统的温度不同,通过分子做微观功而进行的内能传递过程叫作**热传递**,而所传递的能量叫**热量**。通常以 Q 表示热量,它的单位就是能量的单位 J。

综合上述宏观功和微观功两种情况可知,从分子理论的观点看来,公式(4.25)中外力对系统做的功 A_{ext} 可写成

$$A_{ext} = A' + Q$$

而式(4.25)就变为

$$A' + Q = \Delta E \qquad (8.1)$$

此式说明,在一给定过程中,外界对系统做的功和传给系统的热量之和等于系统的内能的增量。这一结论现在叫作**热力学第一定律**。

如果以 A 表示过程中系统对外界做的功,则由于总有 $A = -A'$,所以式(8.1)又可以写成

$$Q = \Delta E + A \qquad (8.2)$$

这是热力学第一定律常用的又一种表示式。本书后面将采用这一表示式。

式(8.1)实际上就是能量守恒定律的"最初形式"。因为,从微观上来说,它只涉及分子运动的能量。从上面的讨论看来,它是可以从经典力学导出的,因而它具有狭隘的机械的性

8-2

质[①]。但是,不要因此而轻视它的重要意义。实际上,认识到物质由分子组成而把能量概念扩展到分子的运动,建立内能的概念,从而认识到热的本质,是科学史上一个重要的里程碑,从此打开了通向普遍的能量概念以及普遍的能量守恒定律的大门。随着人们对自然界的认识的扩展和深入,功的概念扩大了,并且引入电磁能、光能、原子核能等多种形式的能量。如果把这些能量也包括在式(8.1)的能量 E 中,则式(8.1)就成了普遍的能量守恒的表示式。当然,对式(8.1)的这种普遍性的理解已不再是经典力学的结果,而是守恒思想和实验结果的共同产物了。

8.2　准静态过程

一个系统的状态发生变化时,我们说系统在经历一个**过程**。在过程进行中的任一时刻,系统的状态当然不是平衡态。例如,推进活塞压缩汽缸内的气体时,气体的体积、密度、温度或压强都将发生变化

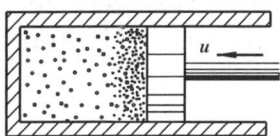

图 8.2　压缩气体时气体内各处密度不同

(图 8.2),在这一过程中任一时刻,气体各部分的密度、压强、温度并不完全相同。靠近活塞表面的气体密度要大些,压强也要大些,温度也高些。在热力学中,为了能利用系统处于平衡态时的性质来研究过程的规律,引入了**准静态过程**的概念。准静态过程是指**在过程中任意时刻,系统都无限地接近平衡态**,因而任何时刻系统的状态都可以当平衡态处理。这也就是说,准静态过程是由一系列依次接替的平衡态所组成的过程。

准静态过程是一种理想过程。实际过程进行得越缓慢,经过一段确定时间系统状态的变化就越小,各时刻系统的状态就越接近平衡态。当实际过程进行得无限缓慢时,各时刻系统的状态也就无限地接近平衡态,而过程也就成了准静态过程。因此,准静态过程就是实际过程无限缓慢进行时的极限情况。这里"无限"一词,应从相对意义上理解。一个系统如果最初处于非平衡态,经过一段时间过渡到了一个平衡态,这一过渡时间叫**弛豫时间**。在一个实际过程中,如果系统的状态发生一个可以被实验查知的微小变化所需的时间比弛豫时间长得多,那么在任何时刻进行观察时,系统都有充分时间达到平衡态。这样的过程就可以当成准静态过程处理。例如,原来汽缸内处于平衡态的气体受到压缩后再达到平衡态所需的时间,即弛豫时间,大约是 10^{-3} s 或更小,如果在实验中压缩一次所用的时间是 1 s,这时间是上述弛豫时间的 10^3 倍,气体的这一压缩过程就可以认为是准静态过程。实际内燃机汽缸内气体经历一次压缩的时间大约是 10^{-2} s,这个时间也已是上述弛豫时间的 10 倍以上。从理论上对这种压缩过程作初步研究时,也把它当成准静态过程处理。

准静态过程可以用系统的**状态图**,如 p-V 图(或 p-T 图、V-T 图)中的一条曲线表示。在状态图中,任何一点都表示系统的一个平衡态,所以一条曲线就表示由一系列平衡态组成的准静态过程,这样的曲线叫**过程曲线**。在图 8.3 的 p-V 图中画出了几种**等值过程**的曲线:a 是**等压过程**曲线,b 是**等体[积]过程**曲线,c 是**等温过程**(理想气体的)曲线。非平衡态不能用一定的状态参量描述,非准静态过程也就不能用状态图上的一条线来表示。

[①]　见王竹溪.热力学.高等教育出版社,1955,p.58。

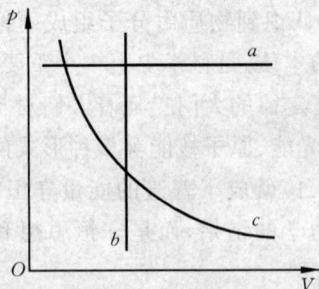

图 8.3 p-V 图上几条等值过程曲线

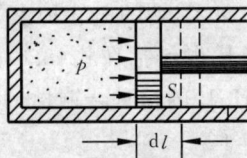

图 8.4   气体膨胀时做功的计算

对于准静态过程,在无损耗情况下(这样的过程是可逆过程,详见 9.6 节),功的大小可以直接利用系统的状态参量来计算。在系统保持静止的情况下,常讨论的功是和系统体积变化相联系的机械功。如图 8.4 所示,设想汽缸内的气体进行无摩擦的准静态的膨胀过程,以 S 表示活塞的面积,以 p 表示气体的压强。气体对活塞的压力为 pS,当气体推动活塞向外缓慢地移动一段微小位移 $\mathrm{d}l$ 时,**气体对外界做的微量功**为

$$\mathrm{d}A = pS\,\mathrm{d}l$$

由于

$$S\,\mathrm{d}l = \mathrm{d}V$$

是气体体积 V 的增量,所以上式又可写为

$$\mathrm{d}A = p\,\mathrm{d}V \tag{8.3}$$

这一公式是通过图 8.5 的特例导出的,但可以证明它是准静态过程中"**体积功**"的一般计算公式。它是用系统的状态参量表示的。很明显,如果 $\mathrm{d}V > 0$,则 $\mathrm{d}A > 0$,即系统体积膨胀时,系统对外界做功;如果 $\mathrm{d}V < 0$,则 $\mathrm{d}A < 0$,表示系统体积缩小时,系统对外界做负功,实际上是外界对系统做功。

当系统经历了一个有限的准静态过程,体积由 V_1 变化到 V_2 时,**系统对外界做的总功**就是

$$A = \int \mathrm{d}A = \int_{V_1}^{V_2} p\,\mathrm{d}V \tag{8.4}$$

如果知道过程中系统的压强随体积变化的具体关系式,将它代入此式就可以求出功来。

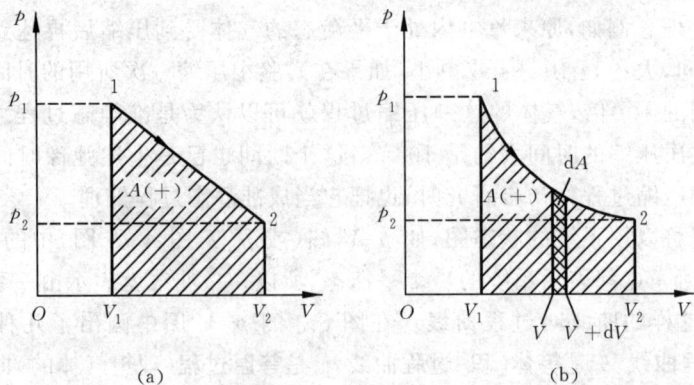

(a)

(b)

图 8.5   功的图示

由积分的意义可知,用式(8.4)求出的功的大小等于 p-V 图上过程曲线下的**面积**,如

图 8.5 所示。比较图 8.5(a),(b)两图还可以看出,使系统从某一初态 1 过渡到另一末态 2,功 A 的数值与过程进行的**具体形式**,即过程中压强随体积变化的具体关系直接有关,只知道初态和末态并不能确定功的大小。因此,**功是"过程量"**。不能说系统处于某一状态时,具有多少功,即功不是状态的函数。因此,微量功不能表示为某个状态函数的全微分。这就是在式(8.3)中我们用 dA 表示微量功而不用全微分表示式 dA 的原因。

在式(8.2)中,内能 E 是由系统的状态决定的而与过程无关,因而称为"状态量"。既然功是过程量,内能是状态量,则由式(8.2)可知,热量 Q 也一定是"过程量",即取决于过程的形式。说系统处于某一状态时具有多少热量是没有意义的。对于微量热量,我们也将以 dQ 表示而不用 dQ。

例 8.1 气体等温过程。物质的量为 ν 的理想气体在保持温度 T 不变的情况下,体积从 V_1 经过准静态过程变化到 V_2。求在这一等温过程中气体对外做的功和它从外界吸收的热。

解 理想气体在准静态过程中,压强 p 随体积 V 按下式变化:

$$pV = \nu RT$$

由这一关系式求出 p 代入式(8.4),并注意到温度 T 不变,可求得在**等温过程**中气体对外做的功为

$$A = \int_{V_1}^{V_2} p \, dV = \int_{V_1}^{V_2} \frac{\nu RT}{V} dV = \nu RT \int_{V_1}^{V_2} \frac{dV}{V} = \nu RT \ln \frac{V_2}{V_1} \tag{8.5}$$

此结果说明,气体等温膨胀时($V_2 > V_1$),气体对外界做正功;气体等温压缩时($V_2 < V_1$),气体对外界做负功,即外界对气体做功。

理想气体的内能由公式(7.30)

$$E = \frac{i}{2} \nu RT$$

给出。在等温过程中,由于 T 不变,$\Delta E = 0$,再由热力学第一定律公式(8.2)可得气体从外界吸收的热量为

$$Q = \Delta E + A = A = \nu RT \ln \frac{V_2}{V_1} \tag{8.6}$$

此结果说明,气体等温膨胀时,$Q > 0$,气体从外界吸热;气体等温压缩时,$Q < 0$,气体对外界放热。

例 8.2 汽化过程。压强为 1.013×10^5 Pa 时,1 mol 的水在 100℃ 变成水蒸气,它的内能增加多少?已知在此压强和温度下,水和水蒸气的摩尔体积分别为 $V_{l,m} = 18.8$ cm^3/mol 和 $V_{g,m} = 3.01 \times 10^4$ cm^3/mol,而水的汽化热 $L = 4.06 \times 10^4$ J/mol。

解 水的汽化是等温等压相变过程。这一过程可设想为下述准静态过程:汽缸内装有 100℃ 的水,其上用一质量可忽略且与汽缸内壁无摩擦的活塞封闭起来,活塞外面为大气,其压强为 1.013×10^5 Pa,汽缸底部导热,置于温度比 100℃ 高一无穷小值的热库上(图 8.6)。这样水就从热库缓缓吸热汽化,而水汽将缓缓地推动活塞向上移动而对外做功。在 $\nu = 1$ mol 的水变为水汽的过程中,水从热库吸的热量为

$$Q = \nu L = 1 \times 4.06 \times 10^4 \text{ J} = 4.06 \times 10^4 \text{ J}$$

水汽对外做的功为

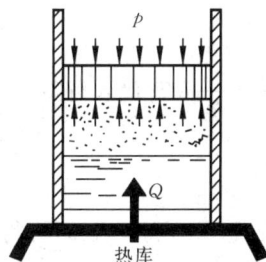

图 8.6 水的等温等压汽化

$$A = p(V_{g,m} - V_{l,m})$$
$$= 1.013 \times 10^5 \times (3.01 \times 10^4 - 18.8) \times 10^{-6} \text{ J}$$
$$= 3.05 \times 10^3 \text{ J}$$

根据式(8.2),水的内能增量为

$$\Delta E = E_2 - E_1 = Q - A = 4.06 \times 10^4 \text{ J} - 3.05 \times 10^3 \text{ J}$$
$$= 3.75 \times 10^4 \text{ J}$$

8.3 热容

很多情况下,系统和外界之间的热传递会引起系统本身温度的变化,这一温度的变化和热传递的关系用**热容**表示。不同物质升高相同温度时吸收的热量一般不相同。1 mol 的物质温度升高 dT 时,如果吸收的热量为 $\text{d}Q$,则该物质的**摩尔热容**定义为

$$C_{\text{m}} = \frac{\text{d}Q}{\text{d}T} \tag{8.7}$$

由于热量是过程量,同种物质的摩尔热容也就随过程不同而不同。常用的摩尔热容有等压热容和等体热容两种,分别由等压和等体条件下物质吸收的热量决定。对于液体和固体,由于体积随压强的变化甚小,所以摩尔等压热容和摩尔等体热容常可不加区别。气体的这两种摩尔热容则有明显的不同。下面就来讨论理想气体的摩尔热容。

对 ν mol 理想气体进行的压强不变的准静态过程,式(8.2)和式(8.3)给出在一微小过程中气体吸收的热量为

$$(\text{d}Q)_p = \text{d}E + p\,\text{d}V$$

气体的摩尔等压热容为

$$C_{p,\text{m}} = \frac{1}{\nu}\left(\frac{\text{d}Q}{\text{d}T}\right)_p = \frac{1}{\nu}\frac{\text{d}E}{\text{d}T} + \frac{p}{\nu}\left(\frac{\text{d}V}{\text{d}T}\right)_p$$

将 $E = \frac{i}{2}\nu RT$ 和 $pV = \nu RT$ 代入,可得

$$C_{p,\text{m}} = \frac{i}{2}R + R \tag{8.8}$$

对于体积不变的过程,由于 $\text{d}A = p\,\text{d}V = 0$,在一微小过程中气体吸收的热量为

$$(\text{d}Q)_V = \text{d}E$$

由此得摩尔等体热容为

$$C_{V,\text{m}} = \frac{1}{\nu}\left(\frac{\text{d}Q}{\text{d}T}\right)_V = \frac{1}{\nu}\frac{\text{d}E}{\text{d}T}$$

将 $E = \frac{i}{2}\nu RT$ 代入可得

$$C_{V,\text{m}} = \frac{i}{2}R \tag{8.9}$$

比较式(8.8)和式(8.9)可得

$$C_{p,\text{m}} - C_{V,\text{m}} = R \tag{8.10}$$

迈耶在 1842 年利用该公式算出了热功当量,对建立能量守恒作出了重要贡献,这一公式就叫**迈耶公式**。

以 γ 表示摩尔等压热容和摩尔等体热容的比,叫**比热比**,则对理想气体,根据式(8.8)和式(8.9),就有

$$\gamma = \frac{C_{p,m}}{C_{V,m}} = \frac{i+2}{i} \tag{8.11}$$

对单原子分子气体，

$$i=3, \quad C_{V,m}=\frac{3}{2}R, \quad C_{p,m}=\frac{5}{2}R, \quad \gamma=\frac{5}{3}=1.67$$

对刚性双原子分子气体，

$$i=5, \quad C_{V,m}=\frac{5}{2}R, \quad C_{p,m}=\frac{7}{2}R, \quad \gamma=1.40$$

对刚性多原子分子气体，

$$i=6, \quad C_{V,m}=3R, \quad C_{p,m}=4R, \quad \gamma=\frac{4}{3}=1.33$$

表 8.1 列出了一些气体的摩尔热容和 γ 值的理论值与实验值。对单原子分子气体及双原子分子气体来说符合得相当好，而对多原子分子气体，理论值与实验值有较大差别。

表 8.1 室温下一些气体的 $C_{V,m}/R$、$C_{p,m}/R$ 与 γ 值

气 体	理 论 值			实 验 值		
	$C_{V,m}/R$	$C_{p,m}/R$	γ	$C_{V,m}/R$	$C_{p,m}/R$	γ
He	1.5	2.5	1.67	1.52	2.52	1.67
Ar	1.5	2.5	1.67	1.51	2.51	1.67
H_2	2.5	3.5	1.40	2.46	3.47	1.41
N_2	2.5	3.5	1.40	2.48	3.47	1.40
O_2	2.5	3.5	1.40	2.55	3.56	1.40
CO	2.5	3.5	1.40	2.69	3.48	1.29
H_2O	3	4	1.33	3.00	4.36	1.33
CH_4	3	4	1.33	3.16	4.28	1.35

上述经典统计理论给出的理想气体的热容是与温度无关的，实验测得的热容则随温度变化。图 8.7 所示为实验测得的氢气的摩尔等压热容和普适气体常量的比值 $C_{p,m}/R$ 同温度的关系，这个图线有三个台阶。在很低温度($T<50$ K)下，$C_{p,m}/R\approx5/2$，氢分子的总自由度数为 $i=3$；在室温($T\approx300$ K)附近，$C_{p,m}/R\approx7/2$，氢分子的总自由度数 $i=5$；在很高温度时，$C_{p,m}/R\approx9/2$，氢分子的总自由度数变成了 $i=7$。可见，在图示的温度范围内氢气的摩尔热容是明显地随温度变化的。这种热容随温度变化的关系是经典理论所不能解释的。

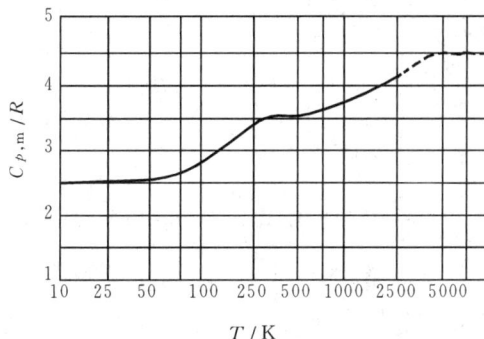

图 8.7 氢气的 $C_{p,m}/R$ 与温度的关系

经典理论之所以有这一缺陷,后来认识到,其根本原因在于,上述热容的经典理论是建立在能量均分定理之上,而这个定理是以粒子能量可以连续变化这一经典概念为基础的。实际上原子、分子等微观粒子的运动遵从量子力学规律,经典概念只在一定的限度内适用,只有量子理论才能对气体热容作出较完满的解释。

例 8.3 等体和等压过程。 20 mol 氧气由状态 1 变化到状态 2 所经历的过程如图 8.8 所示。试求这一过程的 A 与 Q 以及氧气内能的变化 $E_2 - E_1$。氧气当成刚性分子理想气体看待。

图 8.8 例 8.3 用图

解 图示过程分为两步:$1 \rightarrow a$ 和 $a \rightarrow 2$。

对于 $1 \rightarrow a$ 过程,由于是**等体过程**,所以由式(8.4),$A_{1a} = 0$,

$$Q_{1a} = \nu C_{V,\mathrm{m}}(T_a - T_1) = \frac{i}{2}\nu R(T_a - T_1)$$

$$= \frac{i}{2}(p_2 V_1 - p_1 V_1)$$

$$= \frac{i}{2}(p_2 - p_1)V_1$$

$$= \frac{5}{2}(20 - 5) \times 1.013 \times 10^5 \times 50 \times 1 \times 10^{-3} \text{ J}$$

$$= 1.90 \times 10^5 \text{ J}$$

此结果为正,表示气体从外界吸了热。

$$(\Delta E)_{1a} = \nu C_{V,\mathrm{m}}(T_a - T_1) = Q_{1a} = 1.90 \times 10^5 \text{ J}$$

气体内能增加了 1.90×10^5 J。

对于 $a \rightarrow 2$ 过程,由于是**等压过程**,所以式(8.4)给出

$$A_{a2} = \int_{V_1}^{V_2} p\,\mathrm{d}V = p\int_{V_1}^{V_2}\mathrm{d}V = p_2(V_2 - V_1)$$

$$= 20 \times 1.013 \times 10^5 \times (10 - 50) \times 10^{-3} \text{ J}$$

$$= -0.81 \times 10^5 \text{ J}$$

此结果的负号表示气体的内能减少了 0.81×10^5 J。

$$Q_{a2} = \nu C_{p,\mathrm{m}}(T_2 - T_a) = \frac{i+2}{2}\nu R(T_2 - T_a)$$

$$= \frac{i+2}{2}p_2(V_2 - V_1)$$

$$= \frac{5+2}{2} \times 20 \times 1.013 \times 10^5 \times (10 - 50) \times 10^{-3} \text{ J}$$

$$= -2.84 \times 10^5 \text{ J}$$

负号表明气体向外界放出了 2.84×10^5 J 的热量。

$$(\Delta E)_{a2} = \nu C_{V,\mathrm{m}}(T_2 - T_a) = \frac{i}{2}\nu R(T_2 - T_a)$$

$$= \frac{i}{2}p_2(V_2 - V_1)$$

$$= \frac{5}{2} \times 20 \times 1.013 \times 10^5 \times (10 - 50) \times 10^{-3} \text{ J}$$

$$= -2.03 \times 10^5 \text{ J}$$

负号表示气体的内能减少了 2.03×10^5 J。

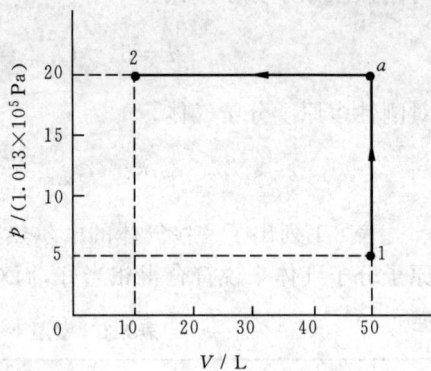

对于整个 $1 \rightarrow a \rightarrow 2$ 过程，
$$A = A_{1a} + A_{a2} = 0 + (-0.81 \times 10^5) \text{ J} = -0.81 \times 10^5 \text{ J}$$
气体对外界做了负功或外界对气体做了 0.81×10^5 J 的功。
$$Q = Q_{1a} + Q_{a2} = 1.90 \times 10^5 \text{ J} - 2.84 \times 10^5 \text{ J} = -0.94 \times 10^5 \text{ J}$$
气体向外界放出了 0.94×10^5 J 的热量。
$$\Delta E = E_2 - E_1 = (\Delta E)_{1a} + (\Delta E)_{a2}$$
$$= 1.90 \times 10^5 \text{ J} - 2.03 \times 10^5 \text{ J}$$
$$= -0.13 \times 10^5 \text{ J}$$
气体内能减小了 0.13×10^5 J。

以上分别独立地计算了 A，Q 和 ΔE，从结果可以验证 $1 \rightarrow a$ 过程、$a \rightarrow 2$ 过程以及整个过程，它们都符合热力学第一定律，即 $Q = \Delta E + A$。

例 8.4 **特殊过程**。20 mol 氮气由状态 1 到状态 2 经历的过程如图 8.9 所示，其过程图线为一斜直线。求这一过程的 A 与 Q 及氮气内能的变化 $E_2 - E_1$。氮气当成刚性分子理想气体看待。

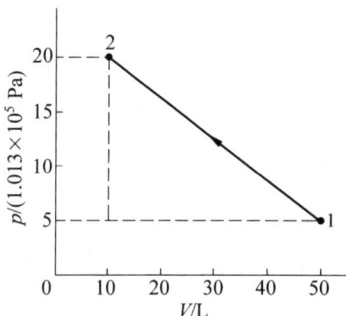

图 8.9 例 8.4 用图

解 对图示过程求功，如果还利用式(8.4)积分求解，必须先写出压强 p 作为体积的函数。这虽然是可能的，但比较繁琐。我们知道，任一过程的功等于 p-V 图中该过程曲线到 V 轴之间的面积，所以可以通过计算斜线下梯形的面积而求出该过程的功，即气体对外界做的功为
$$A = -\frac{p_1 + p_2}{2}(V_1 - V_2)$$
$$= -\frac{5 + 20}{2} \times 1.013 \times 10^5 \times (50 - 10) \times 10^{-3} \text{ J}$$
$$= -0.51 \times 10^5 \text{ J}$$
负号表示外界对气体做了 0.51×10^5 J 的功。

图示过程既非等体，亦非等压，故不能直接利用 $C_{V,m}$ 和 $C_{p,m}$ 求热量，但可以先求出内能变化 ΔE，然后用热力学第一定律求出热量来。由状态 1 到状态 2 气体内能的变化为
$$\Delta E = \nu C_{V,m}(T_2 - T_1)$$
$$= \frac{i}{2}\nu R(T_2 - T_1)$$
$$= \frac{i}{2}(p_2 V_2 - p_1 V_1)$$
$$= \frac{5}{2} \times (20 \times 10 - 5 \times 50) \times 1.013 \times 10^5 \times 10^{-3} \text{ J}$$
$$= -0.13 \times 10^5 \text{ J}$$
负号表示气体内能减少了 0.13×10^5 J。

再由热力学第一定律，得
$$Q = \Delta E + A = -0.13 \times 10^5 \text{ J} - 0.51 \times 10^5 \text{ J} = -0.64 \times 10^5 \text{ J}$$
是气体向外界放了热。

8.4 绝热过程

绝热过程是系统在和外界无热量交换的条件下进行的过程，用隔能壁（或叫绝热壁）把系统和外界隔开就可以实现这种过程。实际上没有理想的隔能壁，因此用这个方法只能实现近

似的绝热过程。如果过程进行得很快，以致在过程中系统来不及和外界进行显著的热交换，这种过程也近似于绝热过程。蒸汽机或内燃机汽缸内的气体所经历的急速压缩和膨胀，空气中声音传播时引起的局部膨胀或压缩过程都可以近似地当成绝热过程处理就是这个原因。

下面我们讨论理想气体的绝热过程的规律。举两个例子，一是准静态的，另一是非准静态的。

1. 准静态绝热过程

我们研究理想气体经历一个**准静态**绝热过程时，其能量变化的特点及各状态参量之间的关系。

因为是绝热过程，所以过程中 $Q=0$，根据热力学第一定律得出的能量关系是

$$E_2 - E_1 + A = 0 \tag{8.12}$$

或

$$E_2 - E_1 = -A$$

此式表明在绝热过程中，外界对系统做的功等于系统内能的增量。对于微小的绝热过程应有

$$\mathrm{d}E + \mathrm{d}A = 0$$

由于是理想气体，所以有

$$\mathrm{d}E = \frac{i}{2}\nu R \mathrm{d}T$$

又由于是准静态过程，所以又有

$$\mathrm{d}A = p\mathrm{d}V$$

因而绝热条件给出

$$\frac{i}{2}\nu R \mathrm{d}T + p\mathrm{d}V = 0 \tag{8.13}$$

此式是由能量守恒给定的状态参量之间的关系。

在准静态过程中的任意时刻，理想气体都应满足状态方程

$$pV = \nu R T$$

对此式求微分可得

$$p\mathrm{d}V + V\mathrm{d}p = \nu R \mathrm{d}T \tag{8.14}$$

在式(8.13)与式(8.14)中消去 $\mathrm{d}T$，可得

$$(i+2)p\mathrm{d}V + iV\mathrm{d}p = 0$$

再利用 γ 的定义式(8.11)，可以将上式写成

$$\frac{\mathrm{d}p}{p} + \gamma \frac{\mathrm{d}V}{V} = 0$$

这是理想气体的状态参量在准静态绝热过程中必须满足的微分方程式。在实际问题中，γ 可当作常数。这时对上式积分可得

$$\ln p + \gamma \ln V = C$$

或

$$pV^\gamma = C_1 \tag{8.15}$$

式中，C 为常数，C_1 为常量。式(8.15)叫**泊松公式**。利用理想气体状态方程，还可以由此

得到

$$TV^{\gamma-1} = C_2 \tag{8.16}$$

$$p^{\gamma-1}T^{-\gamma} = C_3 \tag{8.17}$$

式中,C_2,C_3 也是常量。除状态方程外,理想气体在准静态绝热过程中,各状态参量还需要满足式(8.15)、式(8.16)或式(8.17),这些关系式叫绝热过程的**过程方程**。

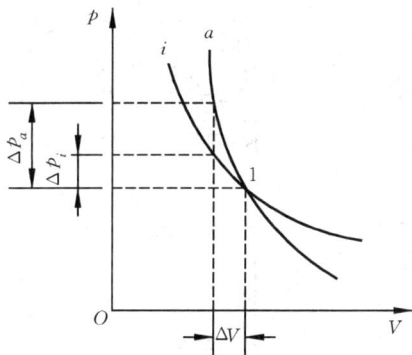

图 8.10 绝热线 a 与等温线 i 的比较

在图 8.10 所示的 p-V 图上画出了理想气体的绝热过程曲线 a,同时还画出了一条等温线 i 进行比较。可以看出,绝热线比等温线陡,这可以用数学方法通过比较两种过程曲线的斜率来证明。

从气体动理论的观点看绝热线比等温线陡是很容易解释的。例如同样的气体都从状态 1 出发,一次用绝热压缩,一次用等温压缩,使其体积都减小 ΔV。在等温条件下,随着体积的减小,气体分子数密度将增大,但分子平均动能不变,根据公式 $p = \frac{2}{3}n\bar{\varepsilon}_t$,气体的压强将增大 Δp_i。在绝热条件下,随

着体积的减小,不但分子数密度要同样地增大,而且由于外界做功增大了分子的平均动能,所以气体的压强增大得更多了,即 $\Delta p_a > \Delta p_i$,因此绝热线要比等温线陡些。

例 8.5 绝热过程。一定质量的理想气体,从初态(p_1,V_1)开始,经过准静态绝热过程,体积膨胀到 V_2,求在这一过程中气体对外做的功。设该气体的比热比为 γ。

解 由泊松公式(8.15)得

$$pV^\gamma = p_1V_1^\gamma$$

由此得

$$p = p_1V_1^\gamma/V^\gamma$$

将此式代入计算功的式(8.4),可直接求得功为

$$A = \int_{V_1}^{V_2} p\,dV = p_1V_1^\gamma \int_{V_1}^{V_2} \frac{dV}{V^\gamma}$$

$$= p_1V_1^\gamma \frac{1}{1-\gamma}(V_2^{1-\gamma} - V_1^{1-\gamma})$$

$$= \frac{p_1V_1}{\gamma-1}\left[1 - \left(\frac{V_1}{V_2}\right)^{\gamma-1}\right] \tag{8.18}$$

此式也可以利用绝热条件求得。由式(8.12)可得

$$A = E_1 - E_2 = \frac{i}{2}\nu R(T_1 - T_2)$$

再利用式(8.11),可得

$$A = \frac{\nu R}{\gamma-1}(T_1 - T_2) = \frac{1}{\gamma-1}(\nu RT_1 - \nu RT_2)$$

$$= \frac{1}{\gamma-1}(p_1V_1 - p_2V_2) \tag{8.19}$$

再利用泊松公式,就可以得到与式(8.18)相同的结果。

2. 绝热自由膨胀过程

考虑一绝热容器,其中有一隔板将容器容积分为左右相等的两半。左半部充以理想气体,

右半部抽成真空(图 8.11)。左半部气体原处于平衡态,现在抽去隔板,则气体将冲入右半部,最后可以在整个容器内达到一个新的平衡态。这种过程叫**绝热自由膨胀**。在此过程中任一时刻气体显然不处于平衡态,因而过程是非准静态过程。

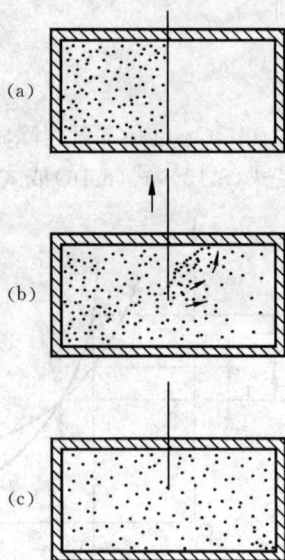

(a)

(b)

(c)

虽然自由膨胀是非准静态过程,它仍应服从热力学第一定律。由于过程是绝热的,即 $Q=0$,因而有

$$E_2 - E_1 + A = 0$$

又由于气体是向真空冲入,所以它对外界不做功,即 $A=0$。因而进一步可得

$$E_2 - E_1 = 0$$

即气体经过自由膨胀,内能保持不变。对于理想气体,由于内能只包含分子热运动动能,它只是温度的函数,所以经过自由膨胀,理想气体再达到平衡态时,它的温度将复原,即

$$T_2 = T_1 \quad \text{(理想气体绝热自由膨胀)} \tag{8.20}$$

根据状态方程,对于初、末状态应分别有

图 8.11 气体的自由膨胀
(a) 膨胀前(平衡态);
(b) 过程中某一时刻(非平衡态);
(c) 膨胀后(平衡态)

$$p_1 V_1 = \nu R T_1$$
$$p_2 V_2 = \nu R T_2$$

因为 $T_1 = T_2$, $V_2 = 2V_1$,这两式就给出

$$p_2 = \frac{1}{2} p_1$$

应该着重指出的是,上述状态参量的关系都是对气体的初态和末态说的。虽然自由膨胀的初、末态温度相等,但不能说自由膨胀是等温过程,因为在过程中每一时刻系统并不处于平衡态,不可能用一个温度来描述它的状态。又由于自由膨胀是非准静态过程,所以式(8.15)、式(8.16)、式(8.17)诸过程方程也都不适用了。

8.5 循环过程

在历史上,热力学理论最初是在研究热机工作过程的基础上发展起来的。热机是利用热来做功的机器,例如蒸汽机、内燃机、汽轮机等都是热机。在热机中被用来吸收热量并对外做功的物质叫**工作物质**,简称工质。各种热机都是重复地进行着某些过程而不断地吸热做功的。为了研究热机的工作过程,引入循环过程的概念。**一个系统**,如热机中的工质,**经历一系列变化后又回到初始状态的整个过程叫循环过程**,简称循环。研究循环过程的规律在实践上(如热机的改进)和理论上都有很重要的意义。

先以热电厂内水的状态变化为例说明循环过程的意义。水所经历的循环过程如图 8.12 所示。一定量的水先从锅炉 B 中吸收热量 Q_1 变成高温高压的蒸汽,然后进入汽缸 C,在汽缸中蒸汽膨胀推动汽轮机的叶轮对外做功 A_1。做功后蒸汽的温度和压强都大为降低而成为"废气",废气进入冷凝器 R 后凝结为水时放出热量 Q_2。最后由泵 P 对此冷凝水做功 A_2 将它压回到锅炉中去而完成整个循环过程。

如果一个系统所经历的循环过程的各个阶段都是准静态过程,这个循环过程就可以在状态图(如 p-V 图)上用一个闭合曲线表示。图 8.13 就画了一个闭合曲线表示任意的一个循环过程，其过程进行的方向如箭头所示。从状态 a 经状态 b 达到状态 c 的过程中，系统对外做功，其数值 A_1 等于曲线段 abc 下面到 V 轴之间的面积；从状态 c 经状态 d 回到状态 a 的过程中，外界对系统做功，其数值 A_2 等于曲线段 cda 下面到 V 轴之间的面积。整个循环过程中系统对外做的**净功**的数值为 $A=A_1-A_2$，在图 8.13 中它就等于循环过程曲线所包围的面积。在 p-V 图中，循环过程沿顺时针方向进行时，像图 8.13 中那样，系统对外做功，这种循环叫**正循环**(或热循环)。循环过程沿逆时针方向进行时，外界将对系统做净功，这种循环叫**逆循环**(或致冷循环)。

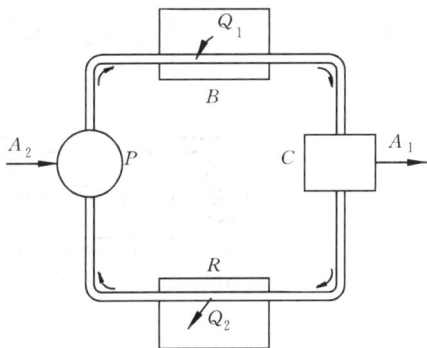

图 8.12   热电厂内水的循环过程示意图   图 8.13   用闭合曲线表示循环过程

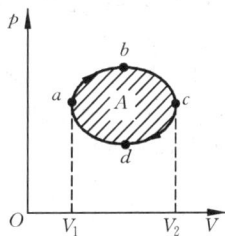

在图 8.12 中，水进行的是正循环，该循环过程中的能量转化和传递的情况具有正循环的一般特征：一定量的工作物质在一次循环过程中要从**高温热库**(如锅炉)吸热 Q_1，对外做净功 A，又向**低温热库**(如冷凝器)放出热量 Q_2 (只表示数值)。由于工质回到了初态，所以内能不变。根据热力学第一定律，工质吸收的**净热量** (Q_1-Q_2) 应该等于它对外做的净功 A，即

$$A=Q_1-Q_2 \tag{8.21}$$

这就是说，工质以传热方式从高温热库得到的能量，有一部分仍以传热的方式放给低温热库，二者的**差额**等于工质对外做的净功。

对于热机的正循环，实践上和理论上都要讨论它的**效率**。循环的效率是**在一次循环过程中工质对外做的净功占它从高温热库吸收的热量的比率**。这是热机效能的一个重要标志。以 η 表示循环的效率，则按定义，应该有

$$\eta=\frac{A}{Q_1} \tag{8.22}$$

再利用式(8.21)，可得

$$\eta=1-\frac{Q_2}{Q_1} \tag{8.23}$$

例 8.6   空气标准奥托循环。燃烧汽油的四冲程内燃机中进行的循环过程叫作奥托循环，它实际上进行的过程如下：先是将空气和汽油的混合气吸入汽缸，然后进行急速压缩，压缩至混合气的体积最小时用电火花点火引起爆燃。汽缸内气体得到燃烧放出的热量，温度、压强迅速增大，从而能推动活塞对外做功。做功后的废气被排出汽缸，然后再吸入新的混合气进行下一个循环。这一过程并非同一工质反复进行的循环过程，而且经过燃烧，汽缸内的气体还发生了化学变化。在理论上研究上述实际过程中的能量转化关系时，总是用一定质量的空气(理想气体)进行的下述准静态循环过程来代替实际的过程。这样的理想循环

过程就叫**空气标准奥托循环**，它由下列四步组成（图 8.14）：

（1）绝热压缩 $a{\rightarrow}b$，气体从 (V_1, T_1) 状态变化到 (V_2, T_2) 状态；

（2）等体吸热（相当于点火爆燃过程）$b{\rightarrow}c$，气体由 (V_2, T_2) 状态变化到 (V_2, T_3) 状态；

（3）绝热膨胀（相当于气体膨胀对外做功的过程）$c{\rightarrow}d$，气体由 (V_2, T_3) 状态变化到 (V_1, T_4) 状态；

（4）等体放热 $d{\rightarrow}a$，气体由 (V_1, T_4) 状态变回到 (V_1, T_1) 状态。

求这个理想循环的效率。

解　在 $b{\rightarrow}c$ 的等体过程中气体吸收的热量为

$$Q_1 = \nu C_{V,\mathrm{m}}(T_3 - T_2)$$

在 $d{\rightarrow}a$ 的等体过程中气体放出的热量为

$$Q_2 = \nu C_{V,\mathrm{m}}(T_4 - T_1)$$

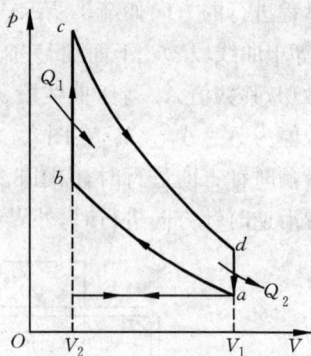

图 8.14　空气标准奥托循环

代入式（8.23），可得此循环效率为

$$\eta = 1 - \frac{Q_2}{Q_1} = 1 - \frac{T_4 - T_1}{T_3 - T_2}$$

由于 $a{\rightarrow}b$ 是绝热过程，所以

$$\frac{T_2}{T_1} = \left(\frac{V_1}{V_2}\right)^{\gamma-1}$$

又由于 $c{\rightarrow}d$ 也是绝热过程，所以又有

$$\frac{T_3}{T_4} = \left(\frac{V_1}{V_2}\right)^{\gamma-1}$$

由以上两式可得

$$\frac{T_3}{T_4} = \frac{T_2}{T_1} = \frac{T_3 - T_2}{T_4 - T_1}$$

将此关系代入上面的效率公式中，可得

$$\eta = 1 - \frac{1}{\dfrac{T_2}{T_1}} = 1 - \frac{1}{\left(\dfrac{V_1}{V_2}\right)^{\gamma-1}}$$

定义**压缩比**为 $V_1/V_2 = r$，则上式又可写成

$$\eta = 1 - \frac{1}{r^{\gamma-1}}$$

由此可见空气标准奥托循环的效率取决于压缩比。现代汽油内燃机的压缩比约为 10，更大时当空气和汽油的混合气在尚未压缩到 b 状态时，温度就已升高到足以引起混合气燃烧了。设 $r=10$，空气的 γ 值取 1.4，则上式给出

$$\eta = 1 - \frac{1}{10^{0.4}} = 0.60 = 60\%$$

实际的汽油机的效率比这小得多，一般只有 30% 左右。

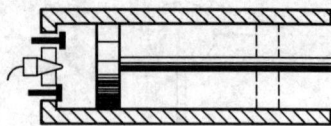

8-8

8.6　卡诺循环

在 19 世纪上半叶，为了提高热机效率，不少人进行了理论上的研究。1824 年法国青年工程师卡诺提出了一个理想循环，该循环体现了热机循环的最基本的特征。该循环是一种

无损耗的准静态循环,在循环过程中工质**只和两个恒温热库交换热量**。这种循环叫**卡诺循环**,按卡诺循环工作的热机叫**卡诺机**。

下面讨论以理想气体为工质的卡诺循环,它由下列几步准静态过程(图8.15)组成。

$1\rightarrow2$:使汽缸和温度为 T_1 的高温热库接触,使气体做等温膨胀,体积由 V_1 增大到 V_2。在这一过程中,它从高温热库吸收的热量按式(8.6)为

$$Q_1 = \nu R T_1 \ln\frac{V_2}{V_1}$$

$2\rightarrow3$:将汽缸从高温热库移开,使气体做绝热膨胀,体积变为 V_3,温度降到 T_2。

$3\rightarrow4$:使汽缸和温度为 T_2 的低温热库接触,等温地压缩气体直到它的体积缩小到 V_4,而状态4和状态1位于同一条绝热线上。在这一过程中,气体向低温热库放出的热量为

$$Q_2 = \nu R T_2 \ln\frac{V_3}{V_4}$$

$4\rightarrow1$:将汽缸从低温热库移开,沿绝热线压缩气体,直到它回复到起始状态1而完成一次循环。

在一次循环中,气体对外做的净功为

$$A = Q_1 - Q_2$$

卡诺循环中的能量交换与转化的关系可用图8.16那样的能流图表示。

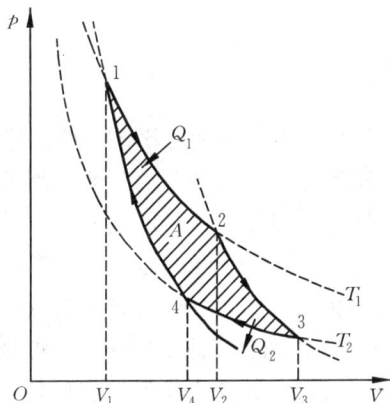

图 8.15　理想气体的卡诺循环　　　　　图 8.16　卡诺机的能流图

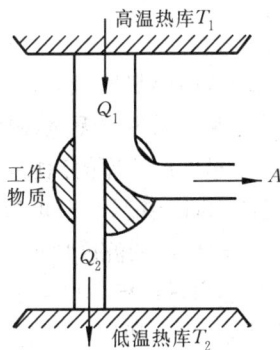

根据循环效率的定义,上述理想气体卡诺循环的效率为

$$\eta_C = 1 - \frac{Q_2}{Q_1} = 1 - \frac{T_2 \ln\dfrac{V_3}{V_4}}{T_1 \ln\dfrac{V_2}{V_1}}$$

又由理想气体绝热过程方程,对两个绝热过程应有如下关系:

$$T_1 V_2^{\gamma-1} = T_2 V_3^{\gamma-1}$$
$$T_1 V_1^{\gamma-1} = T_2 V_4^{\gamma-1}$$

两式相比,可得

$$\frac{V_3}{V_4} = \frac{V_2}{V_1}$$

据此,上面的效率表示式可简化为

$$\eta_C = 1 - \frac{T_2}{T_1} \tag{8.24}$$

这就是说,以理想气体为工作物质的卡诺循环的效率,只由热库的温度决定。可以证明(见例 9.1),在同样两个温度 T_1 和 T_2 之间工作的**各种工质**的卡诺循环的效率都由上式给定,而且是实际热机的可能效率的最大值。这是卡诺循环的一个基本特征。

现代热电厂利用的水蒸气温度可达 580℃,冷凝水的温度约 30℃,若按卡诺循环计算,其效率应为

$$\eta_C = 1 - \frac{303}{853} = 64.5\%$$

实际的蒸汽循环的效率最高只到 36%,这是因为实际的循环和卡诺循环相差很多。例如热库并不是恒温的,因而工质可以随处和外界交换热量,而且它进行的过程也不是准静态的。尽管如此,式(8.24)还是有一定的实际意义。因为它指出了提高高温热库的温度是提高效率的途径之一,现代热电厂中要尽可能提高水蒸气的温度就是这个道理。降低冷凝器的温度虽然在理论上对提高效率有作用,但要降到室温以下,实际上很困难,而且经济上不合算,所以都不这样做。

卡诺循环有一个重要的理论意义就是用它可以定义一个温标。对比式(8.23)和式(8.24)可得

$$\frac{Q_1}{Q_2} = \frac{T_1}{T_2} \tag{8.25}$$

即卡诺循环中工质从高温热库吸收的热量与放给低温热库的热量之比等于两热库的温度之比。由于这一结论和工质种类无关,因而可以利用任何进行卡诺循环的工质与高低温热库所交换的热量之比来度量两热库的温度,或说定义两热库的温度。这样的定义当然只能根据热量之比给出两温度的比值。如果再取水的三相点作为计量温度的定点,并规定它的值为273.16,则由式(8.25)给出的温度比值就可以确定任意温度的值了。这种计量温度的方法是开尔文引入的,叫作**热力学温标**。如果工质是理想气体,则因理想气体温标的定点也是水的三相点,而且也规定为 273.16,所以在理想气体概念有效的范围内,热力学温标和理想气体温标将给出相同的数值,这样式(8.24)的卡诺循环效率公式中的温度也就可以用热力学温标表示了。

8.7   致冷循环

如果工质作逆循环,即沿着与热机循环相反的方向进行循环过程,则在一次循环中,工质将从低温热库吸热 Q_2,向高温热库放热 Q_1,而外界必须对工质做功 A,其能量交换与转换的关系如图 8.17 的能流图所示。由热力学第一定律,得

$$A = Q_1 - Q_2$$

或者

$$Q_1 = Q_2 + A$$

这就是说,工质把从低温热库吸收的热和外界对它做的功——

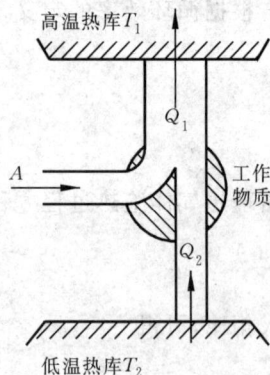

图 8.17 致冷机的能流图

并以热量的形式传给高温热库。由于从低温物体的吸热有可能使它的温度降低,所以这种循环又叫**致冷循环**。按这种循环工作的机器就是**致冷机**。

在致冷循环中,从低温热库吸收热量 Q_2 是我们冀求的效果,而必须对工质做的功 A 是我们要付的"本钱"。因此致冷循环的效能用 Q_2/A 表示,吸热越多,做功越少,则致冷机性能越好。这一比值叫致冷循环的**致冷系数**,以 w 表示,则有

$$w = \frac{Q_2}{A} \tag{8.26}$$

由于 $A = Q_1 - Q_2$,所以又有

$$w = \frac{Q_2}{Q_1 - Q_2} \tag{8.27}$$

以理想气体为工质的**卡诺致冷循环**的过程曲线如图 8.18 所示,很容易证明这一循环的致冷系数为

$$w_C = \frac{T_2}{T_1 - T_2} \tag{8.28}$$

这一致冷系数也是在 T_1 和 T_2 两温度间工作的各种致冷机的致冷系数的最大值。

常用的致冷机——冰箱——的构造与工作原理可用图 8.19 说明。工质用较易液化的物质,如氨。氨气在压缩机内被急速压缩,它的压强增大,而且温度升高,进入冷凝器(高温热库)后,由于向冷却水(或周围空气)放热而凝结为液态氨。液态氨经节流阀的小口通道后,降压降温,再进入蒸发器。此处由于压缩机的抽吸作用因而压强很低。液态氨将从冷库(低温热库)中吸热,使冷库温度降低而自身全部蒸发为蒸气。此氨蒸气最后被吸入压缩机进行下一循环。

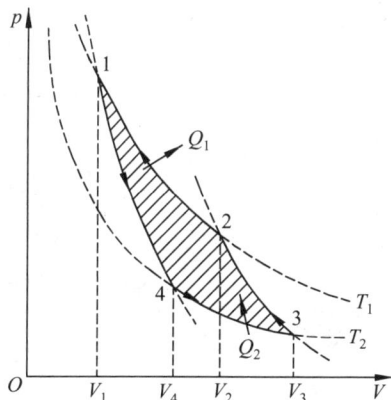

图 8.18 理想气体的卡诺致冷循环

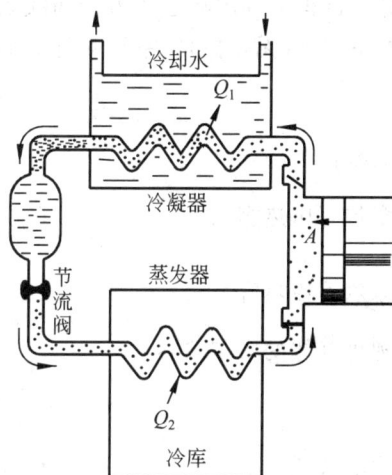

图 8.19 冰箱循环示意图

在夏天,可将房间作为低温热库,以室外的大气或河水为高温热库,用类似图 8.19 的致冷机使房间降温,这就是空调器的原理。在冬天则以室外大气或河水为低温热库,以房间为高温热库,可使房间升温变暖,为此目的设计的致冷机又叫**热泵**。空调器和热泵,目前已应用于许多家庭和建筑中。

例如,家用电冰箱的箱内要保持 $T_2 = 270\ \text{K}$,如果箱外空气温度为 $T_1 = 300\ \text{K}$,按卡诺

致冷循环计算,则致冷系数为

$$w_C = \frac{T_2}{T_1 - T_2} = \frac{270}{300 - 270} = 9$$

这表示从做功吸热角度看来,使用致冷机是相当合算的,实际冰箱的致冷系数要比这个数小些。

提 要

1. 功的微观本质:外界对系统做功而交换能量有两种情形。

做功是系统内分子的无规则运动能量和外界分子的有规则运动能量通过宏观功相互转化与传递的过程。体积功总和系统的边界的宏观位移相联系。

功是过程量。

热传递是系统和外界(或两个物体)的分子的无规则运动能量(内能)通过分子碰撞时的微观功相互传递的过程。热传递只有在系统和外界的温度不同时才能发生,所传递的内能叫热量。

热量也是过程量。

2. 热力学第一定律:

$$Q = E_2 - E_1 + A, \quad \mathrm{d}Q = \mathrm{d}E + \mathrm{d}A$$

其中,Q 为系统吸收的热量,A 为系统对外界做的功。

3. 准静态过程:过程进行中的每一时刻,系统的状态都无限接近于平衡态。

准静态过程可以用状态图上的曲线表示。

准静态过程(无摩擦)中系统对外做的体积功:

$$\mathrm{d}A = p\,\mathrm{d}V, \quad A = \int_{V_1}^{V_2} p\,\mathrm{d}V$$

4. 热容:

摩尔等压热容 $\qquad\qquad C_{p,\mathrm{m}} = \frac{1}{\nu}\left(\frac{\mathrm{d}Q}{\mathrm{d}T}\right)_p$

摩尔等体热容 $\qquad\qquad C_{V,\mathrm{m}} = \frac{1}{\nu}\left(\frac{\mathrm{d}Q}{\mathrm{d}T}\right)_V$

理想气体的摩尔热容

$$C_{V,\mathrm{m}} = \frac{i}{2}R, \quad C_{p,\mathrm{m}} = \frac{i+2}{2}R$$

迈耶公式 $\qquad\qquad C_{p,\mathrm{m}} - C_{V,\mathrm{m}} = R$

比热比 $\qquad\qquad \gamma = \frac{c_p}{c_V} = \frac{C_{p,\mathrm{m}}}{C_{V,\mathrm{m}}} = \frac{i+2}{i}$

5. 绝热过程:

$$Q = 0, \quad A = E_1 - E_2$$

理想气体的准静态绝热过程:

$$pV^\gamma = 常量, \quad A = \frac{1}{\gamma - 1}(p_1 V_1 - p_2 V_2)$$

绝热自由膨胀　理想气体的内能不变,温度复原,即初末态温度相同。

6. 循环过程:

热循环　系统从高温热库吸热,对外做功,向低温热库放热。效率为

$$\eta = \frac{A}{Q_1} = 1 - \frac{Q_2}{Q_1}$$

致冷循环　系统从低温热库吸热,接受外界做功,向高温热库放热。

致冷系数

$$w = \frac{Q_2}{A} = \frac{Q_2}{Q_1 - Q_2}$$

7. 卡诺循环: 系统只和两个恒温热库进行热交换的无损耗准静态循环过程。

正循环的效率

$$\eta_C = 1 - \frac{T_2}{T_1}$$

逆循环的致冷系数

$$w_C = \frac{T_2}{T_1 - T_2}$$

8. 热力学温标: 利用卡诺循环的热交换定义的温标,定点为水的三相点,$T_3 = 273.16$ K。

思考题

8.1　内能和热量的概念有何不同?下面两种说法是否正确?

(1) 物体的温度愈高,则热量愈多;

(2) 物体的温度愈高,则内能愈大。

*8.2　在 p-V 图上用一条曲线表示的过程是否一定是准静态过程?理想气体经过自由膨胀由状态 (p_1, V_1) 改变到状态 (p_2, V_2) 而温度复原这一过程能否用一条等温线表示?

8.3　汽缸内有单原子理想气体,若绝热压缩使体积减半,问气体分子的平均速率变为原来平均速率的几倍?若为双原子理想气体,又为几倍?

8.4　有可能对系统加热而不致升高系统的温度吗?有可能不作任何热交换,而使系统的温度发生变化吗?

8.5　一定量的理想气体对外做了 500 J 的功。

(1) 如果过程是等温的,气体吸了多少热?

(2) 如果过程是绝热的,气体的内能改变了多少?是增加了,还是减少了?

8.6　试计算物质的量为 ν(mol)理想气体在下表所列准静态过程中的 A, Q 和 ΔE,以分子的自由度数和系统初、末态的状态参量表示之,并填入下表:

过程	A	Q	ΔE
等体			
等温			
绝热			
等压			

8.7　有两个卡诺机共同使用同一个低温热库,但高温热库的温度不同。在 p-V 图上,它们的循环曲线所包围的面积相等,它们对外所做的净功是否相同? 热循环效率是否相同?

8.8　一个卡诺机在两个温度一定的热库间工作时,如果工质体积膨胀得多些,它做的净功是否就多些? 它的效率是否就高些?

8.9　在一个房间里,有一台电冰箱正工作着。如果打开冰箱的门,会不会使房间降温? 会使房间升温吗? 用一台热泵为什么能使房间降温?

习　题

8.1　使一定质量的理想气体的状态按图 8.20 中的曲线沿箭头所示的方向发生变化,图线的 BC 段是以 p 轴和 V 轴为渐近线的双曲线。

(1) 已知气体在状态 A 时的温度 $T_A = 300$ K,求气体在 B,C 和 D 状态时的温度。

(2) 从 A 到 D 气体对外做的功总共是多少?

(3) 将上述过程在 V-T 图上画出,并标明过程进行的方向。

8.2　一热力学系统由如图 8.21 所示的状态 a 沿 acb 过程到达状态 b 时,吸收了 560 J 的热量,对外做了 356 J 的功。

(1) 如果它沿 adb 过程到达状态 b 时,对外做了 220 J 的功,它吸收了多少热量?

(2) 当它由状态 b 沿曲线 ba 返回状态 a 时,外界对它做了 282 J 的功,它将吸收多少热量? 是真吸了热,还是放了热?

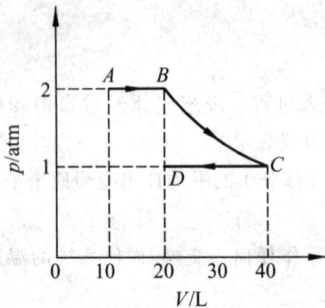

图 8.20　习题 8.1 用图

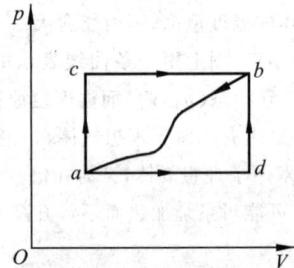

图 8.21　习题 8.2 用图

8.3　64 g 氧气的温度由 0℃升至 50℃,(1)保持体积不变;(2)保持压强不变。在这两个过程中氧气各吸收了多少热量? 各增加了多少内能? 对外各做了多少功?

8.4　10 g 氢气吸收 10^3 J 的热量时压强未发生变化,它原来的温度是 300 K,最后的温度是多少?

8.5　一定量氢气在保持压强为 4.00×10^5 Pa 不变的情况下,温度由 0.0℃升高到 50.0℃时,吸收了 6.0×10^4 J 的热量。

(1) 氢气的量是多少摩尔?

(2) 氢气内能变化多少?

(3) 氢气对外做了多少功?

(4) 如果这氢气的体积保持不变而温度发生同样变化,它该吸收多少热量?

8.6　一定量的氮气,压强为 1 atm,体积为 10 L,温度为 300 K。当其体积缓慢绝热地膨胀到 30 L 时,其压强和温度各是多少? 在过程中它对外界做了多少功? 内能改变了多少?

8.7　3 mol 氧气在压强为 2 atm 时体积为 40 L,先将它绝热压缩到一半体积,接着再令它等温膨胀到原体积。

（1）求这一过程的最大压强和最高温度;

（2）求这一过程中氧气吸收的热量、对外做的功以及内能的变化;

（3）在 p-V 图上画出整个过程的过程曲线。

8.8　如图 8.22 所示,有一汽缸由绝热壁和绝热活塞构成。最初汽缸内体积为 30 L,有一隔板将其分为两部分:体积为 20 L 的部分充以 35 g 氮气,压强为 2 atm;另一部分为真空。今将隔板上的孔打开,使氮气充满整个汽缸。然后缓慢地移动活塞使氮气膨胀,体积变为 50 L。

（1）求最后氮气的压强和温度;

（2）求氮气体积从 20 L 变到 50 L 的整个过程中氮气对外做的功及氮气内能的变化;

（3）在 p-V 图中画出整个过程的过程曲线。

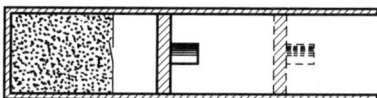

图 8.22　习题 8.8 用图

8.9　两台卡诺热机串联运行,即以第一台卡诺热机的低温热库作为第二台卡诺热机的高温热库。试证明它们各自的效率 η_1 及 η_2 和该联合机的总效率 η 有如下的关系:

$$\eta = \eta_1 + (1-\eta_1)\eta_2$$

再用卡诺热机效率的温度表示式证明该联合机的总效率和一台工作于最高温度与最低温度的热库之间的卡诺热机的效率相同。

8.10　有可能利用表层海水和深层海水的温差来制成热机。已知热带水域表层水温约 25℃,300 m 深处水温约 5℃。

（1）在这两个温度之间工作的卡诺热机的效率多大?

（2）如果一电站在此最大理论效率下工作时获得的机械功率是 1 MW,它将以何速率排出废热?

（3）此电站获得的机械功和排出的废热均来自 25℃ 的水冷却到 5℃ 所放出的热量,问此电站将以何速率取用 25℃ 的表层水?

8.11　一台冰箱工作时,其冷冻室中的温度为 −10℃,室温为 15℃。若按理想卡诺致冷循环计算,则此致冷机每消耗 10^3 J 的功,可以从冷冻室中吸出多少热量?

8.12　当外面气温为 32℃ 时,用空调器维持室内温度为 21℃。已知漏入室内热量的速率是 3.8×10^4 kJ/h,求所用空调器需要的最小机械功率是多少?

8.13　有一暖气装置如下:用一热机带动一致冷机,致冷机自河水中吸热而供给暖气系统中的水,同时暖气中的水又作为热机的冷却器。热机的高温热库的温度是 $t_1 = 210℃$,河水温度是 $t_2 = 15℃$,暖气系统中的水温为 $t_3 = 60℃$。设热机和致冷机都以理想气体为工质,分别以卡诺循环和卡诺逆循环工作,那么每燃烧 1 kg 煤,暖气系统中的水得到的热量是多少? 是煤所发热量的几倍? 已知煤的燃烧值是 3.34×10^7 J/kg。

8.14　美国马戏团曾有将人体作为"炮弹"发射的节目。图 8.23 是 2005 年 8 月 27 日在墨西哥边境将著名美国人体"炮弹"戴维·史密斯发射到美国境内的情景。

假设炮筒直径为 0.80 m,炮筒长 4.0 m。史密斯原来屈缩在炮筒底部,火药爆发后产生的气体在推动他之前的体积为 2.0 m^3,压强为 2.7 atm,然后经绝热膨胀把他推出炮筒。如果气体推力对他做的功的 75% 用来推他前进,而史密斯的质量是 70 kg,则史密斯在出口处速率多大? 当时的大气压强按 1.0 atm 计算,火药产生的气体的比热比 γ 取 1.4。

图 8.23　人体"炮弹"发射

第9章

热力学第二定律

第8章讲了热力学第一定律,说明在一切热力学过程中,能量一定守恒。但满足能量守恒的过程是否都能实现呢?许多事实说明,**不一定!** 一切实际的热力学过程都只能按一定的方向进行,反方向的热力学过程不可能发生。本章所要介绍的热力学第二定律就是关于自然过程的方向的规律,它决定了实际过程是否能够发生以及沿什么方向进行,所以也是自然界的一条基本的规律。

9.1 自然过程的方向

自古人生必有死,这是一个自然规律,它说明人生这个自然过程总体上是沿着向死的方向进行,是不可逆的。鸡蛋从高处落到水泥地板上,碎了,蛋黄蛋清流散了(图 9.1),此后再也不会聚会在一起恢复成原来那个鸡蛋了。鸡蛋被打碎这个自然过程也是不可逆的。实际经验告诉我们,一切自然过程都是不可逆的,是按一定方向进行的。上面的例子太复杂了,热力学研究最简单但也是最基本的情况,下面举三个典型的例子。

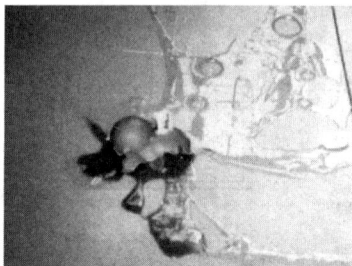

图 9.1 鸡蛋碎了,不能复原

1. 功热转换

转动着的飞轮,撤除动力后,总是要由于轴处的摩擦而逐渐停下来。在这一过程中飞轮的机械能转变为轴和飞轮的内能。相反的过程,即轴和飞轮自动地冷却,其内能转变为飞轮的机械能使飞轮转起来的过程从来没有发生过,尽管它并不违反热力学第一定律。这一现象还可以更典型地用焦耳实验(图 8.1)来说明。在该实验中,重物可以**自动**下落,使叶片在水中转动,和水相互摩擦而使水温上升。这是机械能转变为内能的过程,或简而言之,是功变热的过程。与此相反的过程,即水温自动降低,产生水流,推动叶片转动,带动重物上升的过程,是热**自动**地转变为功的过程。这一过程是不可能发生的。这个事实我们说,**通过摩擦而使功变热的过程是不可逆的。**

"热自动地转换为功的过程不可能发生"也常说成是**不引起其他任何变化**,因而唯一效果是一定量的内能(热)全部转变成了机械能(功)的过程是不可能发生的。当然热变功的过程是有的,如各种热机的目的就是使热转变为功,但实际的热机都是工作物质从高温热库吸收热量,其中一部分用来对外做功,同时还有一部分热量不能做功,而传给了低温热库。因此热机循环除热变功这一效果以外,还产生了其他效果,即一定热量从高温热库传给了低温热库。热全部转变为功的过程也是有的,如理想气体的等温膨胀过程。但在这一过程中除气体把从热库吸的热全部转变为对外做的功外,还引起了其他变化,表现在过程结束时,理想气体的体积增大了。

上面的例子说明,自然界里的功热转换过程具有**方向性**。功变热是实际上经常发生的过程,但是在热变功的过程中,如果其**唯一效果**是热全部转变为功,那这种过程在实际上就不可能发生。

2. 热传导

两个温度不同的物体互相接触(这时二者处于非平衡态),热量总是**自动地**由高温物体传向低温物体,从而使两物体温度相同而达到热平衡。从未发现过与此相反的过程,即热量**自动地**由低温物体传给高温物体,而使两物体的温差越来越大,虽然这样的过程并不违反能量守恒定律。对于这个事实我们说,**热量由高温物体传向低温物体的过程是不可逆的**。

这里也需要强调"自动地"这几个字,它是说在传热过程中不引起其他任何变化。因为热量从低温物体传向高温物体的过程在实际中也是有的,如致冷机就是。但是致冷机是要通过外界做功才能把热量从低温热库传向高温热库的,这就不是热量自动地由低温物体传向高温物体了。实际上,外界由于做功,必然发生了某些变化。

3. 气体的绝热自由膨胀

如图 9.2 所示,当绝热容器中的隔板被抽去的瞬间,气体都聚集在容器的左半部,这是一种非平衡态。此后气体将自动地迅速膨胀充满整个容器,最后达到一平衡态。而相反的过程,即充满容器的气体自动地收缩到只占原体积的一半,而另一半变为真空的过程,是不可能实现的。对于这个事实,我们说,**气体向真空中绝热自由膨胀的过程是不可逆的**。

以上三个典型的实际过程都是**按一定的方向进行的,是不可逆的**。相反方向的过程不能自动地发生,或者说,可以发生,但必然会产生其他后果。由于自然界中一切与热现象有关的**实际宏观过程**都涉及热功转换或热传导,特别是,都是由非平衡态向平衡态的转化,因此可以说,**一切与热现象有关的实际宏观过程都是不可逆的**。

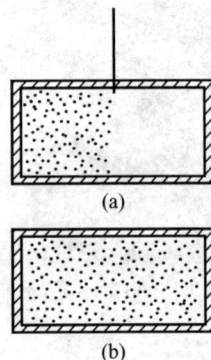

图 9.2　气体的绝热自由膨胀
(a) 膨胀前;(b) 膨胀后

自然过程进行的方向性遵守什么规律,这是热力学第一定律所不能概括的。这个规律是什么?它的微观本质如何?如何定量地表示这一规律?这就是本章要讨论的问题。

9.2　不可逆性的相互依存

关于各种自然的(或实际的)宏观过程的不可逆性,有一条重要规律:它们都是**相互依存的**。意思是说,一种实际宏观过程的不可逆性保证了另一种实际过程的不可逆性,或者反之,如果一种实际过程的不可逆性消失了,那么其他的实际过程的不可逆性也就随之消失了。下面通过例子来说明这一点。

假设功变热的不可逆性消失了,即热量可以自动地通过某种假想装置全部转变为功,这样我们可以利用这种装置从一个温度为 T_0 的热库吸热 Q 而对外做功 $A(A=Q)$(图 9.3(a)),然后利用这功来使焦耳实验装置中的转轴转动,搅动温度为 $T(T>T_0)$ 的水,从而使水的内能增加 $\Delta E=A$。把这样的假想装置和转轴看成一个整体,它们就自行动作,而把热量由低温热库传到了高温的水(图 9.3(b))。这也就是说,热量由高温传向低温的不可逆性也消失了。

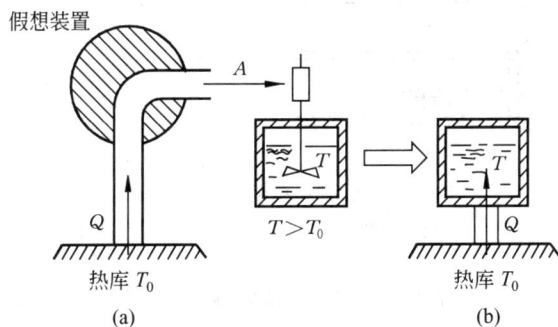

图 9.3 假想的自动传热机构

如果假定热量由高温传向低温的不可逆性消失了,即热量能自动地经过某种假想装置从低温传向高温。这时我们可以设计一部卡诺热机,如图 9.4(a),使它在一次循环中由高温热库吸热 Q_1,对外做功 A,向低温热库放热 $Q_2(Q_2=Q_1-A)$,这种热机能自动进行动作。然后利用那个假想装置使热量 Q_2 自动地传给高温热库,而使低温热库恢复原来状态。当我们把该假想装置与卡诺热机看成一个整体时,它们就能从热库 T_1 吸出热量 Q_1-Q_2 而全部转变为对外做的功 A,而不引起其他任何变化(图 9.4(b))。这就是说,功变热的不可逆性也消失了。

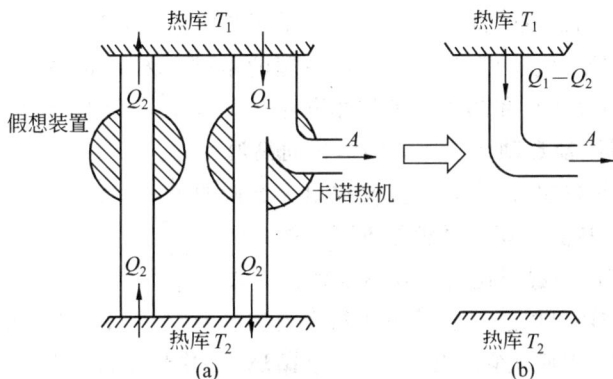

图 9.4 假想的热自动变为功的机构

再假定理想气体绝热自由膨胀的不可逆性消失了,即气体能够自动收缩。这时,如图 9.5(a)~(c)所示,我们可以利用一个热库,使装有理想气体的侧壁绝热的汽缸底部和它接触,其中气体从热库吸热 Q,作等温膨胀而对外做功 $A=Q$,然后让气体自动收缩回到原体积,再把绝热的活塞移到原位置(注意这一移动不必做功)。这个过程的唯一效果将是一定的热量变成了功,而没有引起任何其他变化(图 9.5(d))。也就是说,功变热的不可逆性也消失了。

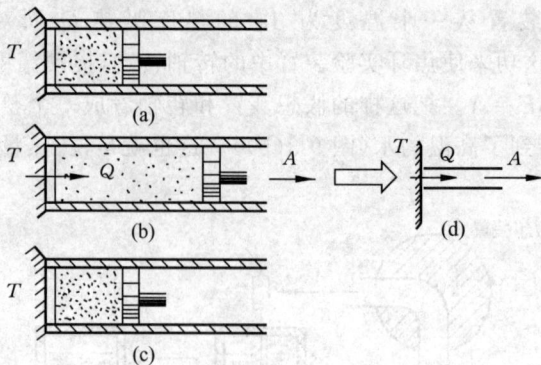

图 9.5　假想的热自动变为功的过程
(a) 初态;(b) 吸热做功;(c) 自动收缩回复到初态;(d) 总效果

　　类似的例子还可举出很多,它们都说明各种宏观自然过程的不可逆性都是互相联系在一起或者说是相互依存的,只需承认其中之一的不可逆性,便可以论证其他过程的不可逆性。

9.3　热力学第二定律及其微观意义

9-2

　　以上两节说明了自然宏观过程是不可逆的,而且都是按确定的方向进行的。**说明自然宏观过程进行的方向的规律叫作热力学第二定律。**由于各种实际自然过程的不可逆性是相互依存的,所以要说明关于各种实际过程进行的方向的规律,就无须把各个特殊过程列出来一一加以说明,而只要任选一种实际过程并指出其进行的方向就可以了。这就是说,任何一个实际过程进行的方向的说明都可以作为热力学第二定律的表述。

　　历史上热力学理论是在研究热机的工作原理的基础上发展的,最早提出的并沿用至今的热力学第二定律的表述是和热机的工作相联系的。克劳修斯 1850 年提出的热力学第二定律的表述为:**热量不能自动地从低温物体传向高温物体。**

　　开尔文在 1851 年提出(后来普朗克又提出了类似的说法)的热力学第二定律的表述为:**其唯一效果是热全部转变为功的过程是不可能的。**

　　在 9.2 节中我们已经说明这两种表述是完全等效的。

　　结合热机的工作还可以进一步说明开尔文说法的意义。如果能制造一台热机,**它只利用一个恒温热库工作**,工质从它吸热,经过一个**循环**后,热量全部转变为功而未引起其他效果,这样我们就实现了一个“其唯一效果是热全部转变为功”的过程。这是不可能的,因而只利用一个恒温热库进行工作的热机是不可能制成的。这种假想的热机叫**单热源热机**。不需要能量输入而能继续做功的机器叫**第一类永动机**,它的不可能是由于违反了热力学第一定律。有能量输入的单热源热机叫**第二类永动机**,由于违反了热力学第二定律,它也是不可能的。

以上是从**宏观的**观察、实验和论证得出了热力学第二定律。如何从微观上理解这一定律的意义呢？

从微观上看,任何热力学过程总包含大量分子的无序运动状态的变化。热力学第一定律说明了热力学过程中能量要遵守的规律,热力学第二定律则说明大量分子运动的无序程度变化的规律,下面通过已讲过的三个实例定性说明这一点。

(1) 热功转换。功转变为热是机械能(或电能)转变为内能的过程。从微观上看,是大量分子的有序(这里是指分子速度的方向)运动向无序运动转化的过程,这是可能的。而相反的过程,即无序运动自动地转变为有序运动,是不可能的。因此从微观上看,在功热转换现象中,自然过程总是沿着使大量分子的运动从有序状态向无序状态的方向进行。

(2) 热传导。两个温度不同的物体放在一起,热量将自动地由高温物体传到低温物体,最后使它们的温度相同。温度是大量分子无序运动平均动能大小的宏观标志。初态温度高的物体分子平均动能大,温度低的物体分子平均动能小。这意味着虽然两物体的分子运动都是无序的,但还能按分子的平均动能的大小区分两个物体。到了末态,两物体的温度变得相同,所有分子的平均动能都一样了,按平均动能区分两物体也成为不可能的了。这就是大量分子运动的无序性(这里是指分子的动能或分子速度的大小)由于热传导而增大了。相反的过程,即两物体的分子运动从平均动能完全相同的无序状态自动地向两物体分子平均动能不同的较为有序的状态进行的过程,是不可能的。因此从微观上看,在热传导过程中,自然过程总是沿着使大量分子的运动向更加无序的方向进行的。

(3) 气体绝热自由膨胀。自由膨胀过程是气体分子整体从占有较小空间的初态变到占有较大空间的末态。经过这一过程,从分子运动状态(这里指分子的位置分布)来说是更加无序了(这好比把一块空地上乱丢的东西再乱丢到更大的空地上去,这时要想找出某个东西在什么地方就更不容易了)。我们说末态的无序性增大了。相反的过程,即分子运动自动地从无序(从位置分布上看)向较为有序的状态变化的过程,是不可能的。因此从微观上看,自由膨胀过程也说明,自然过程总是沿着使大量分子的运动向更加无序的方向进行。

综上分析可知:**一切自然过程总是沿着分子热运动的无序性增大的方向进行。**这是不可逆性的微观本质,它说明了热力学第二定律的微观意义。

热力学第二定律既然是涉及大量分子运动的无序性变化的规律,因而它就是一条**统计规律**。这就是说,它只适用于包含大量分子的集体,而不适用于只有少数分子的系统。例如对功热转换来说,把一个单摆挂起来,使它在空中摆动,自然的结果毫无疑问是单摆最后停下来,它最初的机械能都变成了空气和它自己的内能,无序性增大了。但如果单摆的质量和半径非常小,以致在它周围作无序运动的空气分子,任意时刻只有少数分子从不同的且非对称的方向和它相撞,那么这时静止的单摆就会被撞得摆动起来,空气的内能就自动地变成单摆的机械能,这不是违背了热力学第二定律吗？(当然空气分子的无序运动又有同样的可能使这样摆动起来的单摆停下来)又例如,气体的自由膨胀过程,对于有大量分子的系统是不可逆的。但如果容器左半部只有 4 个分子,那么隔板打开后,由于无序运动,这 4 个分子将分散到整个容器内,但仍有较多的机会使这 4 个分子又都同时进入左半部,这样就实现了"气体"的自动收缩,这不又违背了热力学第二定律吗？(当然,这 4 个分子的无序运动又会立即使它们散开)是的！但这种现象都只涉及少数分子的集体。对于由大量分子组成的热力学系统,是不可能观察到上面所述的违背热力学第二定律的现象的。因此说,热力学第二定律是一个统计规律,它只适用于大量分子的集体。由于宏观热力学过程总涉及极大量的分子,对它们来说,热力学第二定律总是正确的。也正因为这样,它就成了自然科学中最基本而又最普遍的规律之一。

9.4 热力学概率与自然过程的方向

9.3 节说明了热力学第二定律的宏观表述和微观意义,下面进一步介绍如何用数学形式把热力学第二定律表示出来。最早把上述热力学第二定律的微观本质用数学形式表示出来的是玻耳兹曼,他的基本概念是:"从微观上来看,对于一个系统的状态的宏观描述是非常不完善的,系统的同一个宏观状态实际上可能对应于非常非常多的微观状态,而这些微观状态是粗略的宏观描述所不能加以区别的。"现在我们以气体自由膨胀中分子的位置分布的经典理解为例来说明这个意思。

设想有一长方体容器,中间有一隔板把它分成左、右两个**相等**的部分,左半部有气体,右半部为真空。让我们讨论打开隔板后,容器中气体分子的位置分布。

设容器中有 4 个分子 a,b,c,d(图 9.6),它们在无规则运动中任一时刻可能处于左或右任意一侧。这个由 4 个分子组成的系统的任一微观状态是指**这个**或**那个**分子各处于左或右哪一侧。而宏观描述无法区分各个分子,所以宏观状态只能指出左、右两侧各有**几个**分子。这样区别的微观状态与宏观状态的分布如表 9.1 所示。

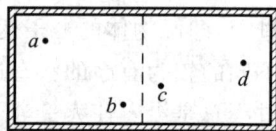

图 9.6   4 个分子在容器中

表 9.1   4 个分子的位置分布

微 观 状 态		宏 观 状 态		一种宏观状态对应的微观状态数 Ω
左	右			
$a\,b\,c\,d$	无	左 4	右 0	1
$a\,b\,c$	d	左 3	右 1	4
$b\,c\,d$	a			
$c\,d\,a$	b			
$d\,a\,b$	c			
$a\,b$	$c\,d$	左 2	右 2	6
$a\,c$	$b\,d$			
$a\,d$	$b\,c$			
$b\,c$	$a\,d$			
$b\,d$	$a\,c$			
$c\,d$	$a\,b$			
a	$b\,c\,d$	左 1	右 3	4
b	$c\,d\,a$			
c	$d\,a\,b$			
d	$a\,b\,c$			
无	$a\,b\,c\,d$	左 0	右 4	1

若容器中有 20 个分子,则与各个宏观状态对应的微观状态数如表 9.2 所示。

表 9.2　20 个分子的位置分布

宏 观 状 态		一种宏观状态对应的微观状态数 Ω
左 20	右 0	1
左 18	右 2	190
左 15	右 5	15 504
左 11	右 9	167 960
左 10	右 10	184 756
左 9	右 11	167 960
左 5	右 15	15 504
左 2	右 18	190
左 0	右 20	1

　　从表 9.1 及表 9.2 已可看出,对于一个宏观状态,可以有许多微观状态与之对应。系统内包含的分子数越多,和一个宏观状态对应的微观状态数就越多。实际上一般气体系统所包含的分子数的量级为 10^{23},这时对应于一个宏观状态的微观状态数就非常大了。这还只是以分子的左、右位置来区别状态,如果再加上以分子速度的不同作为区别微观状态的标志,那么气体在一个容器内的一个宏观状态所对应的微观状态数就会非常非常大了。

　　从表 9.1 及表 9.2 中还可以看出,与每一种宏观状态对应的微观状态数是不同的。在这两个表中,与左、右两侧分子数相等或差不多相等的宏观状态所对应的微观状态数最多,但在分子总数少的情况下,它们占微观状态总数的比例并不大。计算表明,分子总数越多,则左、右两侧分子数相等和差不多相等的宏观状态所对应的微观状态数占微观状态总数的比例就越大。对实际系统所含有的分子总数(10^{23})来说,这一比例几乎是,或**实际上**是百分之百。这种情况如图 9.7 所示,其中横轴表示容器左半部中的分子数 N_L,纵轴表示相应的微观状态数 Ω(注意各分图纵轴的标度)。Ω 在两侧分子数相等处有极大值,而且在此极大值

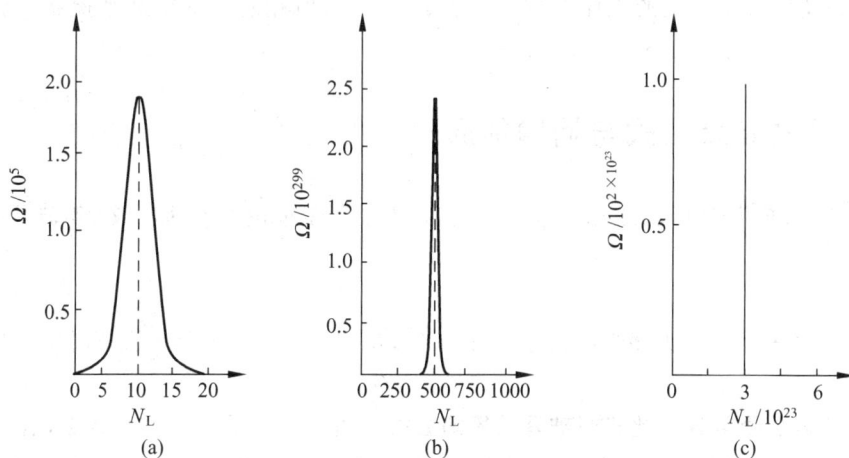

图 9.7　容器中气体的 Ω 和左侧分子数 N_L 的关系图

(a) $N=20$；(b) $N=1000$；(c) $N=6\times10^{23}$

显露处,曲线峰随分子总数 N 的增大越来越尖锐。

在一定宏观条件下,既然有多种可能的宏观状态,那么,哪一种宏观状态是实际上观察到的状态呢? 从微观上说明这一规律时要用到统计理论的一个**基本假设:对于孤立系,各个微观状态出现的可能性(或概率)是相同的**。这样,对应微观状态数目多的宏观状态出现的概率就大。实际上**最可能**观察到的宏观状态就是在一定宏观条件下出现的概率最大的状态,也就是包含微观状态数最多的宏观状态。对上述容器内封闭的气体来说,也就是左、右两侧分子数相等或差不多相等的那些宏观状态。对于实际上分子总数很多的气体系统来说,这些"位置上均匀分布"的宏观状态所对应的微观状态数几乎占微观状态总数的百分之百,因此实际上观察到的总是这种宏观状态。所以**对应于微观状态数最多的宏观状态就是系统在一定宏观条件下的平衡态**。气体的自由膨胀过程是由非平衡态向平衡态转化的过程,在微观上说,是由包含微观状态数目少的宏观状态向包含微观状态数目多的宏观状态进行。相反的过程,在外界不发生任何影响的条件下是不可能实现的。这就是气体自由膨胀过程的不可逆性。

一般地说,为了定量说明宏观状态和微观状态的关系,我们定义:**任一宏观状态所对应的微观状态数称为该宏观状态的热力学概率**,并用 Ω 表示。这样,对于系统的宏观状态,根据基本统计假设,我们可以得出下述结论:

(1) 对孤立系,在一定条件下的平衡态对应于 Ω 为最大值的宏观态。对于一切实际系统来说,Ω 的最大值**实际上就等于该系统在给定条件下的所有可能微观状态数**。

(2) 若系统最初所处的宏观状态的微观状态数 Ω 不是最大值,那就是非平衡态。系统将随着时间的延续向 Ω 增大的宏观状态过渡,最后达到 Ω 为最大值的宏观平衡状态。这就是实际的自然过程的方向的微观定量说明。

9.3 节从微观上定性地分析了自然过程总是沿着使分子运动更加无序的方向进行,这里又定量地说明了自然过程总是沿着使系统的热力学概率增大的方向进行。两者相对比,可知**热力学概率 Ω 是分子运动无序性的一种量度**。的确是这样,宏观状态的 Ω 越大,表明在该宏观状态下系统可能处于的微观状态数越多,从微观上说,系统的状态更是变化多端,这就表示系统的分子运动的无序性越大。和 Ω 为极大值相对应的宏观平衡状态就是在一定条件下系统内分子运动最无序的状态。

9.5 玻耳兹曼熵公式与熵增加原理

一般来讲,热力学概率 Ω 是非常非常大的,为了便于理论上处理,1877 年玻耳兹曼用关系式

$$S \propto \ln \Omega$$

定义的**熵** S 来表示系统无序性的大小。1900 年,普朗克引进了比例系数 k,将上式写为

$$S = k \ln \Omega \tag{9.1}$$

其中 k 是玻耳兹曼常量。此式叫**玻耳兹曼熵公式**。对于系统的某一宏观状态,有一个 Ω 值与之对应,因而也就有一个 S 值与之对应,因此由式(9.1)定义的熵是系统状态的函数。和 Ω 一样,熵的微观意义是系统内分子热运动的无序性的一种量度。对熵的这一本质的认识,现已远远超出了分子运动的领域,它适用于任何作无序运动的粒子系统。甚至对大量的

无序地出现的事件(如大量的无序出现的信息)的研究,也应用了熵的概念。

由式(9.1)可知,熵的量纲与 k 的量纲相同,它的 SI 单位是 J/K。

注意,用式(9.1)定义的熵具有**可加性**。例如,当一个系统由两个子系统组成时,该系统的熵 S 等于两个子系统的熵 S_1 与 S_2 之和,即

$$S = S_1 + S_2 \qquad (9.2)$$

这是因为若分别用 Ω_1 和 Ω_2 表示在一定条件下两个子系统的热力学概率,则在同一条件下系统的热力学概率 Ω,根据概率法则,为

$$\Omega = \Omega_1 \Omega_2$$

这样,代入式(9.1)就有

$$S = k \ln \Omega = k \ln \Omega_1 + k \ln \Omega_2 = S_1 + S_2$$

即式(9.2)。

用熵来代替热力学概率 Ω 后,以上两节所述的热力学第二定律就可以表述如下:**在孤立系中所进行的自然过程总是沿着熵增大的方向进行,它是不可逆的。平衡态相应于熵最大的状态。** 热力学第二定律的这种表述叫**熵增加原理**,其数学表示式为

$$\Delta S > 0 \quad (\text{孤立系,自然过程}) \qquad (9.3)$$

下面我们用熵的概念来说明理想气体的绝热自由膨胀过程的不可逆性。

设物质的量为 ν 的理想气体的体积从 V_1 经绝热自由膨胀到 V_2,气体的初末状态均为平衡态。因为气体的温度复原,所以分子速度分布不变,只有位置分布改变。因此可以只按位置分布来计算气体的热力学概率。设气体在一盒子内处于平衡态,盒子的三边长度分别为 x,y,z。由于平衡态时,一个气体分子到达盒内各处的概率相同,所以它沿 x 方向的位置分布的可能状态数应该和边长成正比(这和一个人在一长排空椅上的可能座次数和这一排椅子的总长成正比相类似),沿 y 和 z 方向的位置分布的可能状态数分别和 y 及 z 成正比。于是一个分子在盒子内任一点的位置分布的可能状态数 ω 将和乘积 xyz,亦即气体的体积 V 成正比。盒子内总共有 νN_A 个分子,由于各分子的位置分布是相互独立的,所以这些分子在体积 V 内的位置分布的可能状态总数 Ω($\Omega = \omega^{\nu N_A}$)就将和 $V^{\nu N_A}$ 成正比,即

$$\Omega \propto V^{\nu N_A} \qquad (9.4)$$

当气体体积从 V_1 增大到 V_2 时,气体的微观状态数 Ω 将增大到 $(V_2/V_1)^{\nu N_A}$ 倍,即 $\Omega_2/\Omega_1 = (V_2/V_1)^{\nu N_A}$。按式(9.1)计算熵的增量应是

$$\Delta S = S_2 - S_1 = k(\ln \Omega_2 - \ln \Omega_1)$$
$$= k \ln(\Omega_2/\Omega_1)$$

即

$$\Delta S = \nu N_A k \ln(V_2/V_1)$$
$$= \nu R \ln(V_2/V_1) \qquad (9.5)$$

因为 $V_2 > V_1$,所以

$$\Delta S > 0$$

这一结果说明,理想气体绝热自由膨胀过程是熵增加的过程,这是符合熵增加原理的。

这里我们对热力学第二定律的不可逆性的统计意义作进一步讨论。根据式(9.3)所表示的熵增加原理,孤立系内自然发生的过程总是向热力学概率更大的宏观状态进行。但这只是一种可能性。由于每个微观状态出现的概率都相同,所以也还可能向那些热力学概率

小的宏观状态进行。只是由于对应于宏观平衡状态的可能微观状态数这一极大值比其他宏观状态所对应的微观状态数无可比拟地大得非常非常多,所以孤立系处于非平衡态时,它将以完全压倒优势的可能性向平衡态过渡。这就是不可逆性的统计意义。反向的过程,即孤立系熵减小的过程,**并不是原则上不可能,而是概率非常非常小**。实际上,在平衡态时,系统的热力学概率或熵总是不停地进行着对于极大值或大或小的偏离。这种偏离叫作**涨落**。对于分子数比较少的系统,涨落很容易观察到,例如布朗运动中粒子的无规则运动就是一种位置涨落的表现,这是因为它总是只受到少数分子无规则碰撞的缘故。对于由大量分子构成的热力学系统,这种涨落相对很小,观测不出来。因而平衡态就显出是静止的模样,而实际过程也就成为不可逆的了。我们再以气体的自由膨胀为例从数量上说明这一点。

设容器内有 1 mol 气体,分子数为 N_A。一个分子任意处在容器左半或右半容积内的状态数是 2,N_A 个分子任意分布在左半或右半的状态总数就是 2^{N_A}。在这些所有可能微观状态中,只有一个微观状态对应于分子都聚集在左半容积内的宏观状态。为了形象化地说明气体膨胀后自行聚集到左半容积的可能性,我们设想将这 2^{N_A} 个微观状态中的每一个都拍成照片,然后再像放电影那样一个接一个地匀速率地放映。平均来讲,要放 2^{N_A} 张照片才能碰上分子集聚在左边的那一张,即显示出气体自行收缩到一半体积的那一张。即使设想 1 秒钟放映 1 亿张(普通电影 1 秒钟放映 24 幅画面),要放完 2^{N_A} 张照片需要多长时间呢?时间是

$$2^{6\times10^{23}}\ \text{s}/10^8 \approx 10^{2\times10^{23}}\ \text{s}$$

这个时间比当今估计的宇宙的年龄 10^{18} s(200 亿年)还要大得无可比拟。因此,并不是原则上不可能出现那张照片,而是实际上"永远"不会出现(而且,即使出现,它也只不过出现一亿分之一秒的时间,立即就又消失了,看不见也测不出)。这就是气体自由膨胀的不可逆性的统计意义:气体自由收缩不是不可能,而是实际上永远不会出现。

以熵增加原理表明的自然过程的不可逆性给出了"时间的箭头":时间的流逝总是沿着熵增加的方向,亦即分子运动更加无序的方向进行的,逆此方向的时间倒流是不可能的。一旦孤立系达到了平衡态,时间对该系统就毫无意义了。电影屏幕上显现着向下奔流的洪水冲垮了房屋,你不会怀疑此惨象的发生。但当屏幕上显现洪水向上奔流,把房屋残片收拢在一块,房屋又被重建起来而洪水向上退去的画面时,你一定想到是电影倒放了,因为实际上这种时间倒流的过程是根本不会发生的。热力学第二定律决定着在能量守恒的条件下,什么事情可能发生,什么事情不可能发生。

9.6 可逆过程

在第 8 章开始研究过程的规律时,为了从理论上分析实际过程的规律,我们曾引入了**准静态过程**这一概念。为了介绍熵的宏观计算方法,需引入热力学中的另一个重要概念:**可逆过程**。它是对准静态过程的进一步理想化,是为了分析过程的方向性而引入的。我们以气体的绝热压缩为例说明这一概念。

设想在具有绝热壁的汽缸内用一绝热的活塞封闭一定量的气体,汽缸壁和活塞之间**没有摩擦**。考虑一**准静态**的压缩过程。要使过程准静态地、无限缓慢地进行,外界对活塞的推力必须在任何时刻都等于(严格说来,应是大一个无穷小的值)气体对它的压力。否则,活塞

将加速运动,压缩将不再是无限缓慢的了。这样的压缩过程具有下述特点,即如果在压缩到某一状态时,使外界对活塞的推力减小一**无穷小的值**以致推力比气体对活塞的压力还小,并且此后逐渐减小这一推力,则气体将能准静态地膨胀而依相反的次序逐一经过被压缩时所经历的各个状态而回到未受压缩前的初态。这时,如果忽略外界在最初减小推力时的无穷小变化,则连**外界也都一起恢复了原状**。显然,如果汽缸壁和活塞之间**有摩擦**,则由于要克服摩擦,外界对活塞的推力只减小一无穷小的值是不足以使过程反向(即膨胀)进行的。推力减小一有限值是可以使过程反向进行而使气体回到初态的,但推力的有限变化必然在外界留下了不能忽略的有限的改变。

一般地说,一个过程进行时,如果使外界条件改变一无穷小的量,这个过程就可以反向进行(其结果是系统和外界能同时回到初态),则这个过程就叫作可逆过程。上述无摩擦的准静态过程就是可逆过程(更一般地说,这里的"摩擦"还包括内摩擦(即黏力)、塑性碰撞,以及电阻通过电流时发热等"耗散"的功变热的因素)。

在有传热的情况下,准静态过程还要求系统和外界在任何时刻的温差是无限小。否则,传热过快也会引起系统的状态不平衡。**温差无限小的热传导**有时就叫"**等温热传导**"。它是有传热的可逆过程的必要条件。

前面已经讲过,实际的自然过程是不可逆的,其根本原因在于如热力学第二定律指出的那些摩擦生热,有限温差条件下的热传导,或系统由非平衡态向平衡态转化等过程中有不可逆因素。由于这些不可逆因素的存在,一旦一个自然过程发生了,系统和外界就不可能同时都回复到原来状态了。和上述可逆过程的定义对比,可知可逆过程实际是排除了这些不可逆因素的理想过程。有些过程,可以忽略不可逆因素(如摩擦)而当成可逆过程处理,这样可以简化处理过程而得到足够近似的结果。

第8章介绍了卡诺循环,那里曾指出工质与热库的热交换是等温热传导。工质所做的功全部对外输出为"有用功"意味着工质做功的过程没有摩擦等耗散因素存在。因此那里讨论的卡诺循环实际上是可逆的循环过程,而式(8.24)给出的是这种可逆循环的效率。

9-7

对于可逆过程,有一个重要的关于系统熵变结论:**孤立系进行可逆过程时熵不变**,即

$$\Delta S = 0 \quad (\text{孤立系,可逆过程}) \tag{9.6}$$

这是因为,在可逆过程中,系统总处于平衡态,平衡态对应于热力学概率取极大值的状态。在不受外界干扰的情况下,系统的热力学概率的极大值是不会改变的,因此就有了式(9.6)的关系。

卡诺定理 在相同的高温热库和相同的低温热库之间工作的一切可逆热机,其效率都相等,与工作物质种类无关,并且和不可逆热机相比,可逆热机的效率最高[①]

证明 设有两部可逆热机 E 和 E',在同一高温热库和同一低温热库之间工作。这样两个可逆热机必定都是**卡诺机**。调节两热机的工作过程使它们在一次循环过程中分别从高温热库吸热 Q_1 和 Q_1',向低温热库放热 Q_2 和 Q_2',而且两热机对外做的功 A 相等。以 η_C 和 η_C' 分别表示两热机的效率,则有

$$\eta_C = \frac{A}{Q_1}, \quad \eta_C' = \frac{A}{Q_1'}$$

让我们证明 $\eta_C' = \eta_C$,为此用反证法。设 $\eta_C' > \eta_C$,由于热机是可逆的,我们可以使 E 机倒转,进行卡

---

① 这是 1824 年法国工程师卡诺用错误的热质说导出的正确结论,现在就叫卡诺定理。

诺逆循环。在一次循环中,它从低温热库吸热 Q_2,接收 E' 机输入的功 A,向高温热库放热 Q_1(图 9.8)。由于 $\eta_C > \eta'_C$,而

$$\eta_C = \frac{A}{Q_1}, \quad \eta'_C = \frac{A}{Q'_1}$$

所以 $Q_1 > Q'_1$

又因为 $Q_2 = Q_1 - A, \quad Q'_2 = Q'_1 - A$

所以 $Q_2 > Q'_2$

两机联合动作进行一次循环后,工质状态都已复原,结果将有 $Q_2 - Q'_2$ 的热量(也等于 $Q_1 - Q'_1$)由低温热库传到高温热库。这样,对于由两个热机和两个热库组成的系统来说,在未发生任

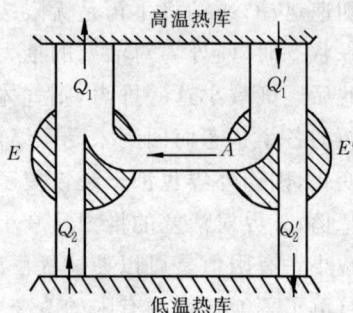
图 9.8　两部热机的联动

何其他变化的情况下,热量就由低温传到了高温。这是直接违反热力学第二定律的克劳修斯表述的,因而是不可能的。因此,η'_C 不能大于 η_C。同理,可以证明 η_C 不能大于 η'_C。于是必然有 $\eta'_C = \eta_C$。注意,这一结论并不涉及工质为何物,这正是要求证明的。

如果 E' 是工作在相同热库之间的不可逆热机,则由于 E' 不能逆运行,所以如上分析只能证明 η'_C 不能大于 η_C,从而得出卡诺机的效率最高的结论。

9.7　克劳修斯熵公式

熵的玻耳兹曼公式,即式(9.1),是从微观上定义的。实际上对热力学过程的分析,总是用宏观状态参量的变化说明的。熵和系统的宏观状态参量有什么关系呢?如何从系统的宏观状态的改变求出熵的变化呢?这对熵的概念的实际应用当然是很重要的。

在玻耳兹曼提出他的(后经普朗克补充)熵公式(9.1)之前的 1865 年,克劳修斯研究热学时得出结论:一个热力学系统由某平衡态 1 **经可逆过程**过渡到另一平衡态 2 时,$ɖQ/T$ 的积分与过程的具体形式(或者说与路径)无关。他由此引进了(证明略去)一个由热力学系统的平衡状态决定的函数并把它叫作熵[①],以 S 表示。于是,有定义

$$S_2 - S_1 =_{\text{rev}} \int_1^2 \frac{ɖQ}{T} \tag{9.7}$$

式中下标 rev 表示过程是可逆的。对于一个可逆的微元过程,应有

$$dS = \frac{ɖQ}{T} \quad \text{(可逆过程)} \tag{9.8}$$

式(9.7)和式(9.8)称为**克劳修斯熵公式**[②]。其后玻耳兹曼在分子论的基础上引进了式(9.1)说明了熵的微观意义。对于热力学系统的平衡态,定义式(9.1)和定义式(9.7)中的 S 的意义是完全一样的,代表同一个量——熵。

以上是对可逆过程而言的。如果过程是不可逆的,则由于任何一个不可逆因素,如摩擦或非平衡过渡(见图 9.1),在外界和系统交换能量的过程中,都会引起系统的微观状态数的额外增加,因而有

[①]　熵的英文名字(entropy)也是克劳修斯取"转变"之意造的,中文的"熵"字则是胡刚复先生根据此物理量等于温度去除热量的"商"再加上火字旁(与热现象有关)而造出的新字。

[②]　由玻耳兹曼熵(式(9.1))导出克劳修斯熵(式(9.8))可参看张三慧编著的《大学物理学(第 5 版)》热学篇 11.7 节。

$$dS > \frac{\text{d}Q}{T} \quad \text{(不可逆过程)} \tag{9.9}$$

对有限的不可逆过程,将有

$$S_2 - S_1 >_{\text{irrev}} \int_1^2 \frac{\text{d}Q}{T} \tag{9.10}$$

式中,下标 irrev 表示过程是不可逆的。式(9.9)和式(9.10)叫作**克劳修斯不等式**,是不可逆过程的热力学第二定律表示式。

根据克劳修斯熵公式和克劳修斯不等式,可以对熵和过程的关系作以下讨论。

对于孤立系中进行的可逆过程,由于 dQ 总等于零,根据式(9.8),就总有

$$dS = 0 \quad \text{(孤立系,可逆过程)}$$

这样我们又得到了式(9.6)。

如果孤立系中进行了不可逆的实际过程,则由于 d$Q=0$,式(9.9)给出

$$dS > 0 \quad \text{(孤立系,不可逆过程)}$$

这样我们又得到了熵增加原理公式(9.3)。

对于任意系统的可逆绝热过程,由于 d$Q=0$,所以也有 $\Delta S=0$。因此,任何系统的可逆绝热过程都是**等熵**过程。

利用第一定律公式 d$Q=\text{d}E+\text{d}A$,对可逆过程又有 d$A=p\,\text{d}V$,再由式(9.8)可得,对于任一系统的可逆过程,

$$T\,\text{d}S = \text{d}E + p\,\text{d}V \tag{9.11}$$

这个结合热力学第一定律和热力学第二定律的公式是热力学的基本关系式。

式(9.7)是用熵的变化来定义熵,因此用式(9.7)只可以计算熵的变化。要想利用这一公式求出任一状态 2 的熵,应先选定某一状态 1 作为参考状态。为了计算方便,常把参考态的熵定为零。在热力工程中计算水和水汽的熵时就取 0℃ 时的纯水的熵值为零,而且常把其他温度时熵值计算出来列成数值表备用。

在用式(9.7)计算熵变时要注意积分路线**必须是连接始、末两态的任一可逆过程**。如果系统由始态实际上是经过不可逆过程到达末态的,那么必须设计一个连接同样始、末两态的可逆过程来计算。由于熵是态函数,与过程无关,所以利用这种过程求出来的熵变也就是原过程始、末两态的熵变。

下面举几个求熵变的例子。

例 9.1 熔冰熵变。1 kg,0℃ 的冰,在 0℃ 时完全熔化成水。已知冰在 0℃ 时的比熔化热 $\lambda=334$ J/g。求冰经过熔化过程的熵变,并计算从冰到水微观状态数增大到几倍。

解 冰在 0℃ 时等温熔化,可以设想它和一个 0℃ 的恒温热源接触而进行可逆的吸热过程,因而

$$\Delta S = \int \frac{\text{d}Q}{T} = \frac{Q}{T} = \frac{m\lambda}{T} = \frac{10^3 \times 334}{273} = 1.22 \times 10^3 \text{ (J/K)}$$

由式(9.1)熵的微观定义式可知

$$\Delta S = k \ln\left(\frac{\Omega_2}{\Omega_1}\right) = 2.30 k \lg\left(\frac{\Omega_2}{\Omega_1}\right)$$

由此得

$$\frac{\Omega_2}{\Omega_1} = 10^{\Delta S/2.30k} = 10^{1.22 \times 10^3/(2.30 \times 1.38 \times 10^{-23})}$$

$$= 10^{3.84 \times 10^{25}}$$

这是一个无比巨大的数!

例 9.2　热水熵变。把 $1\ \text{kg}$,$20℃$ 的水放到 $100℃$ 的炉子上加热,最后达到 $100℃$,水的比热是 $4.18\times10^3\ \text{J/(kg·K)}$。分别求水和炉子的熵变 ΔS_w,ΔS_f。

解　水在炉子上被加热的过程,由于温差有限而是不可逆过程。为了计算熵变需要设计一个可逆过程。设想把水依次与一系列温度逐渐升高,但一次只升高无限小温度 $\text{d}T$ 的热库接触,每次都吸热 $\text{d}Q$ 而达到平衡,这样就可以使水经过准静态的可逆过程而逐渐升高温度,最后达到温度 T。

和每一热库接触的过程,熵变都可以用式(9.7)求出,因而对整个升温过程,就有

$$\Delta S_\text{w} = \int_1^2 \frac{\text{d}Q}{T} = \int_{T_1}^{T_2} \frac{c\,m\,\text{d}T}{T} = c\,m\int_{T_1}^{T_2} \frac{\text{d}T}{T}$$

$$= c\,m\ln\frac{T_2}{T_1} = 4.18\times10^3\times1\times\ln\frac{373}{293}\ \text{J/K}$$

$$= 1.01\times10^3\ \text{J/K}$$

由于熵变与水实际上是怎样加热的过程无关,这一结果也就是把水放在 $100℃$ 的炉子上加热到 $100℃$ 时的水的熵变。

炉子在 $100℃$ 供给水热量 $\Delta Q = cm(T_2 - T_1)$。这是不可逆过程,考虑到炉子温度未变,设计一个可逆等温放热过程来求炉子的熵变,即有

$$\Delta S_t = \int_1^2 \frac{\text{d}Q}{T} = \frac{1}{T_2}\int_1^2 \text{d}Q = -\frac{cm(T_2 - T_1)}{T_2}$$

$$= -\frac{4.18\times10^3\times1\times(373 - 293)}{373}\ \text{J/K}$$

$$= -9.01\times10^2\ \text{J/K}$$

例 9.3　气体熵变。$1\ \text{mol}$ 理想气体由初态 (T_1, V_1) 经某一过程到达末态 (T_2, V_2),求熵变。设气体的 $C_{V,\text{m}}$ 为常量。

解　利用式(9.11),可得

$$\Delta S = \int_1^2 \text{d}S = \int_1^2 \frac{\text{d}E + p\,\text{d}V}{T} = \int_1^2 \frac{C_{V,\text{m}}\text{d}T}{T} + R\int_1^2 \frac{\text{d}V}{V}$$

$$= C_{V,\text{m}}\ln\frac{T_2}{T_1} + R\ln\frac{V_2}{V_1}$$

例 9.4　焦耳实验熵变。计算利用重物下降使水温度升高的焦耳实验(图 8.1)中当水温由 T_1 升高到 T_2 时水和外界(重物)总的熵变。

解　把水和外界(重物)都考虑在内,这是一个孤立系内进行的不可逆过程。为了计算此过程水的熵变,可设想一个可逆等压(或等体)升温过程,以 c 表示水的比热(等压比热和等体比热基本一样),以 m 表示水的质量,则对这一过程

$$\text{d}Q = c\,m\,\text{d}T$$

由式(9.7)可得

$$S_2 - S_1 = \int_{T_1}^{T_2} \frac{\text{d}Q}{T} = \int_{T_1}^{T_2} c\,m\,\frac{\text{d}T}{T}$$

把水的比热当作常数,则

$$S_2 - S_1 = c\,m\ln\frac{T_2}{T_1} \tag{9.12}$$

因为 $T_2 > T_1$,所以水的熵变 $S_2 - S_1 > 0$。重物下落只是机械运动,熵不变,所以水的熵变也就是水和重物组成的孤立系统的熵变。上面的结果说明这一孤立系统在这个不可逆过程中总的熵是增加的。

例 9.5 **绝热自由膨胀熵变**。求 ν mol 理想气体体积从 V_1 绝热自由膨胀到 V_2 时的熵变。

解 绝热自由膨胀是个不可逆过程。绝热容器中的理想气体是一孤立系统,已知理想气体的体积由 V_1 膨胀到 V_2,而始末温度相同,设都是 T_0,故可以设计一个可逆等温膨胀过程,使气体与温度也是 T_0 的一恒温热库接触吸热而体积由 V_1 缓慢膨胀到 V_2。由式(9.7)得这一过程中气体的熵变 ΔS 为

$$\Delta S = \int \frac{\mathrm{d}Q}{T_0} = \frac{1}{T_0} \int \mathrm{d}Q = \nu R \ln(V_2/V_1)$$

这一结果和前面用玻耳兹曼熵公式得到的结果式(9.5)相同。因为 $V_2 > V_1$,所以 $\Delta S > 0$。这说明理想气体经过绝热自由膨胀这个不可逆过程熵是增加的。又因为这时的理想气体是一个孤立系,所以又说明一孤立系经过不可逆过程总的熵是增加的。

* 9.8 熵和能量退降

为了说明熵的宏观意义和不可逆过程的后果,我们介绍一下能量退降的规律。这个规律说明:不可逆过程在能量利用上的后果总是使一定的能量 E_d 从能做功的形式变为不能做功的形式,即成了"**退降的**"能量,而且 E_d 的大小和不可逆过程所引起的熵的增加成正比。所以从这个意义上说,**熵的增加是能量退降的量度**。

下面通过有限温差热传导这个具体例子看 E_d 与熵的关系。

设两个物体 A,B 的温度分别为 T_A 和 T_B,且 $T_A > T_B$。当它们刚接触后,发生一不可逆传热过程,使 $|\mathrm{d}Q|$ 热量由 A 传向 B。由于传热只发生在 A,B 之间,所以可以把它们看作一个孤立系统。现在求这一孤立系由于传热 $|\mathrm{d}Q|$ 而引起的熵的变化。由于 $|\mathrm{d}Q|$ 很小,A 和 B 的温度基本未变,因此计算 A 的熵变时可设想它经历了一个可逆等温过程放热 $|\mathrm{d}Q|$。由式(9.8),得它的熵变为

$$\mathrm{d}S_A = \frac{-|\mathrm{d}Q|}{T_A}$$

同理,B 的熵变为

$$\mathrm{d}S_B = \frac{|\mathrm{d}Q|}{T_B}$$

整个孤立系的总熵的变化为

$$\mathrm{d}S = \mathrm{d}S_A + \mathrm{d}S_B = |\mathrm{d}Q| \left(\frac{1}{T_B} - \frac{1}{T_A} \right) \tag{9.13}$$

由于 $T_A > T_B$,所以 $\mathrm{d}S > 0$。这说明,两个物体组成的孤立系的熵在**有限温差热传导**这个不可逆过程中也是增加的。

考虑到利用能量做功时,$|\mathrm{d}Q|$ 这么多能量原来是以内能的形式存在 A 中的,为了利用这些能量做功,可以借助于周围温度最低(T_0)的热库,而使用卡诺热机。这时,从 A 中吸出 $|\mathrm{d}Q|$ 可以做功的最大值为

$$A_i = |\mathrm{d}Q| \, \eta_c = |\mathrm{d}Q| \left(1 - \frac{T_0}{T_A} \right)$$

传热过程进行以后,$|\mathrm{d}Q|$ 到了 B 内,这时再利用它能做的功的最大值变成了

$$A_f = |\mathrm{d}Q| \left(1 - \frac{T_0}{T_B} \right)$$

前后相比,可转化为功的能量减少了,其数量,即退降了的能量为

$$E_d = A_i - A_f = \mid dQ \mid T_0 \left(\frac{1}{T_B} - \frac{1}{T_A} \right)$$

将此式和式(9.13)对比,即可得

$$E_d = T_0 \Delta S$$

这就说明了退降的能量 E_d 与系统熵的增加成正比。由于在自然界中所有的实际过程都是不可逆的,这些不可逆过程的不断进行,将使得能量不断地转变为不能做功的形式。能量虽然是守恒的,但是越来越多地不能被用来做功了。这是自然过程的不可逆性,也是熵增加的一个直接后果。

就能量的转换和传递来说,对于自然过程,热力学第一定律告诉我们,能量的数量是守恒的;热力学第二定律告诉我们,就做功来说,能量的品质越来越降低了。这正像一句西方谚语所说的:"你不可能赢,甚至打平手也不可能!"(You can't get ahead,and you can't even break even!)

提 要

1. **不可逆**:各种自然的宏观过程都是不可逆的,而且它们的不可逆性又是相互沟通的。

   三个实例:功热转换、热传导、气体绝热自由膨胀。

2. **热力学第二定律**:

   克劳修斯表述:热量不能自动地由低温物体传向高温物体。

   开尔文表述:其唯一效果是热全部转变为功的过程是不可能的。

   微观意义:自然过程总是沿着使分子运动更加无序的方向进行。

3. **热力学概率 Ω**:和同一宏观状态对应的可能微观状态数。自然过程沿着向 Ω 增大的方向进行。平衡态相应于一定宏观条件 Ω 最大的状态。

4. **玻耳兹曼熵公式**:

   熵的定义:$S = k \ln \Omega$

   熵增加原理:对孤立系的各种自然过程,总有

   $$\Delta S > 0$$

   这是一条统计规律。

5. **可逆过程**:外界条件改变无穷小的量就可以使其反向进行的过程(其结果是系统和外界能同时回到初态)。无摩擦的以及与外界进行等温热传导的准静态过程都是可逆过程。

6. **克劳修斯熵公式**:熵 S 是系统的平衡态的态函数。

   $$dS = \frac{dQ}{T} \quad (可逆过程)$$

   $$S_2 - S_1 =_{rev} \int_1^2 \frac{dQ}{T}$$

   克劳修斯不等式:对于不可逆过程　$dS > \frac{dQ}{T}$

熵增加原理：$\Delta S \geqslant 0$（孤立系，等号用于可逆过程）

7. 能量的退降：过程的不可逆性引起能量的退降即做功数量的减小，退降的能量和过程的熵的增加成正比。

思考题

9.1 试设想一个过程，说明：如果功变热的不可逆性消失了，则理想气体自由膨胀的不可逆性也随之消失。

9.2 试根据热力学第二定律判别下列两种说法是否正确。

(1) 功可以全部转化为热，但热不能全部转化为功；

(2) 热量能够从高温物体传到低温物体，但不能从低温物体传到高温物体。

9.3 瓶子里装一些水，然后将瓶口密闭起来。忽然表面的一些水温度升高而蒸发成汽，余下的水温变低，这件事可能吗？它违反热力学第一定律吗？它违反热力学第二定律吗？

9.4 一条等温线与一条绝热线是否能有两个交点？为什么？

9.5 下列过程是可逆过程还是不可逆过程？说明理由。

(1) 恒温加热使水蒸发。

(2) 由外界做功使水在恒温下蒸发。

(3) 在体积不变的情况下，用温度为 T_2 的炉子加热容器中的空气，使它的温度由 T_1 升到 T_2。

(4) 高速行驶的卡车突然刹车停止。

9.6 一杯热水置于空气中，它总是要冷却到与周围环境相同的温度。在这一自然过程中，水的熵减小了，这与熵增加原理矛盾吗？

9.7 一定量气体经历绝热自由膨胀。既然是绝热的，即 $\mathrm{d}Q = 0$，那么熵变也应该为零。对吗？为什么？

习题

9.1 1 mol氧气（当成刚性分子理想气体）经历如图9.9所示的过程由 a 经 b 到 c。求在此过程中气体对外做的功、吸的热以及熵变。

9.2 求在一个大气压下 30 g，$-40℃$ 的冰变为 $100℃$ 的蒸气时的熵变。已知冰的比热 $c_1 = 2.1$ J/(g·K)，水的比热 $c_2 = 4.2$ J/(g·K)，在 1.013×10^5 Pa 气压下冰的熔化热 $\lambda = 334$ J/g，水的汽化热 $L = 2260$ J/g。

9.3 你一天大约向周围环境散发 8×10^6 J 热量，试估算你一天产生多少熵？忽略你进食时带进体内的熵，环境的温度按 273 K 计算。

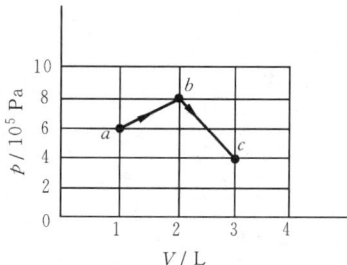
图9.9 习题9.1用图

9.4 在冬日一座房子散热的速率为 2×10^8 J/h。设室内温度是 $20℃$，室外温度是 $-20℃$，这一散热过程产生熵的速率（J/(K·s)）是多大？

9.5 一汽车匀速开行时，消耗在各种摩擦上的功率是 20 kW。求由于这个原因而产生熵的速率（J/(K·s)）是多大？设气温为 $12℃$。

9.6　长白山瀑布的落差为 68 m(图 9.10)。当其流量为 23 m³/s,气温为 12℃时,此瀑布每秒钟产生多少熵?

9.7　(1) 1 kg,0℃的水放到 100℃的恒温热库上,最后达到平衡,求这一过程引起的水和恒温热库所组成的系统的熵变,是增加还是减少。

(2) 如果 1 kg,0℃的水,先放到 50℃的恒温热库上使之达到平衡,然后再把它移到 100℃的恒温热库上使之达到平衡。求这一过程引起的整个系统(水和两个恒温热库)的熵变,并与(1)比较。

9.8　一金属筒内放有 2.5 kg 水和 0.7 kg 冰,温度为 0℃而处于平衡态。

(1) 今将金属筒置于比 0℃稍有不同的房间内使筒内达到水和冰质量相等的平衡态。求在此过程中冰水混合物的熵变以及它和房间的整个熵变各是多少。

(2) 现将筒再放到温度为 100℃的恒温箱内使筒内的冰水混合物状态复原。求此过程中冰水混合物的熵变以及它和恒温箱的整个熵变各是多少。

9.9　一理想气体开始处于 $T_1 = 300$ K, $p_1 = 3.039 \times 10^5$ Pa, $V_1 = 4$ m³ 的平衡态。该气体等温地膨胀到体积为 16 m³,接着经过一等体过程达到某一压强,从这个压强再经一绝热压缩就可使气体回到它的初态。设全部过程都是可逆的。

(1) 在 p-V 图上画出上述循环过程。

(2) 计算每段过程和循环过程气体所做的功和它的熵的变化(已知 $\gamma = 1.4$)。

图 9.10　习题 9.6 用图

耗散结构

物理常量表

名　称	符号	计算用值	2006 最佳值[①]
真空中的光速	c	3.00×10^8 m/s	2.997 924 58（精确）
普朗克常量	h	6.63×10^{-34} J·s	6.626 070 147
	$\hbar$	$= h/2\pi$	
		$= 1.05 \times 10^{-34}$ J·s	1.054 571 835
玻耳兹曼常量	k	1.38×10^{-23} J/K	1.380 6504(24)
真空磁导率	μ_0	$4\pi \times 10^{-7}$ N/A^2	（精确）
		$= 1.26 \times 10^{-6}$ N/A^2	1.256 637 061…
真空介电常量	ε_0	$= 1/\mu_0 c^2$	（精确）
		$= 8.85 \times 10^{-12}$ F/m	8.854 187 817
引力常量	G	6.67×10^{-11} N·m^2/kg^2	6.674 28(67)
阿伏伽德罗常量	N_A	6.02×10^{23} mol^{-1}	6.022 141 79(30)
元电荷	e	1.60×10^{-19} C	1.602 176 487(40)
电子静质量	m_e	9.11×10^{-31} kg	9.109 382 15(45)
		5.49×10^{-4} u	5.485 799 0943(23)
		0.5110 MeV/c^2	0.510 998 910(13)
质子静质量	m_p	1.67×10^{-27} kg	1.672 621 637(83)
		1.0073 u	1.007 276 466 77(10)
		938.3 MeV/c^2	938.272 013(23)
中子静质量	m_n	1.67×10^{-27} kg	1.674 927 211(84)
		1.0087 u	1.008 664 915 97(43)
		939.6 MeV/c^2	939.565 346(23)
α 粒子静质量	m_α	4.0026 u	4.001 506 179 127(62)
玻尔磁子	μ_B	9.27×10^{-24} J/T	9.274 009 15(23)
电子磁矩	μ_e	-9.28×10^{-24} J/T	-9.284 763 77(23)
核磁子	μ_N	5.05×10^{-27} J/T	5.050 783 24(13)
质子磁矩	μ_p	1.41×10^{-26} J/T	1.410 606 662(37)
中子磁矩	μ_n	-0.966×10^{-26} J/T	-0.966 236 41(23)
里德伯常量	R	1.10×10^7 m^{-1}	1.097 373 156 8527(73)
玻尔半径	a_0	5.29×10^{-11} m	5.291 772 0859(36)
经典电子半径	r_e	2.82×10^{-15} m	2.817 940 2894(58)
电子康普顿波长	$\lambda_{C,e}$	2.43×10^{-12} m	2.426 310 2175(33)
斯特藩-玻耳兹曼常量	σ	5.67×10^{-8} W·m^{-2}·K^{-4}	5.670 400(40)

[①]　所列最佳值摘自《2006 CODATA INTERNATIONALLY RECOMMEDED VALUES OF THE FUNDAMENTAL PHYSICAL CONSTANTS》(www.physics.nist.gov)。

一些天体数据

名　称	计算用值
我们的银河系	
质量	10^{42} kg
半径	10^5 l.y.
恒星数	1.6×10^{11}
太阳	
质量	1.99×10^{30} kg
半径	6.96×10^8 m
平均密度	1.41×10^3 kg/m^3
表面重力加速度	274 m/s^2
自转周期	25 d(赤道),37 d(靠近极地)
对银河系中心的公转周期	2.5×10^8 a
总辐射功率	4×10^{26} W
地球	
质量	5.98×10^{24} kg
赤道半径	6.378×10^6 m
极半径	6.357×10^6 m
平均密度	5.52×10^3 kg/m^3
表面重力加速度	9.81 m/s^2
自转周期	1 恒星日 $= 8.616 \times 10^4$ s
对自转轴的转动惯量	8.05×10^{37} kg · m^2
到太阳的平均距离	1.50×10^{11} m
公转周期	1 a $= 3.16 \times 10^7$ s
公转速率	29.8 km/s
月球	
质量	7.35×10^{22} kg
半径	1.74×10^6 m
平均密度	3.34×10^3 kg/m^3
表面重力加速度	1.62 m/s^2
自转周期	27.3 d
到地球的平均距离	3.82×10^8 m
绕地球运行周期	1 恒星月 $= 27.3$ d

几个换算关系

名　称	符号	计算用值	1998 最佳值
1[标准]大气压	atm	1 atm $= 1.013 \times 10^5$ Pa	$1.013\ 250 \times 10^5$
1 埃	Å	1 Å $= 1 \times 10^{-10}$ m	(精确)
1 光年	l.y.	1 l.y. $= 9.46 \times 10^{15}$ m	
1 电子伏	eV	1 eV $= 1.602 \times 10^{-19}$ J	$1.602\ 176\ 462(63)$
1 特[斯拉]	T	1 T $= 1 \times 10^4$ G	(精确)
1 原子质量单位	u	1 u $= 1.66 \times 10^{-27}$ kg	$1.660\ 538\ 73(13)$
		$= 931.5$ MeV/c^2	$931.494\ 013(37)$
1 居里	Ci	1 Ci $= 3.70 \times 10^{10}$ Bq	(精确)

习题答案

第 1 章

1.1 849 m/s

1.2 未超过，400 m

1.3 会，46 km/h

1.4 36.3 s

1.5 34.5 m，24.7 L

1.6 (1) $y = x^2 - 8$；

　　(2) 位置：$2i - 4j, 4i + 8j$；　速度：$2i + 8j, 2i + 16j$；　加速度：$8j, 8j$

1.7 (1) 可以过；　(2) 界外

1.8 (1) 269 m；　(2) 空气阻力影响

1.9 不能，12.3 m

1.10 (1) 3.28 m/s²，12.7 s；　(2) 1.37 s；

　　 (3) 10.67 m；　　　　　　(4) 西岸桥面低 4.22 m

1.11 两炮弹可能在空中相碰。但二者速率必须大于 45.6 m/s

1.12 4×10^5

1.13 356 m/s，2.59×10^{-2} m/s²

1.14 6.6×10^{15} Hz，9.1×10^{22} m/s²

1.15 2.4×10^{14}

1.16 0.25 m/s²；　0.32 m/s²，与 v 夹角为 128°40′

*1.17 (1) 69.4 min；　(2) 26 rad/s，-3.31×10^{-3} rad/s²

1.18 374 m/s，314 m/s，343 m/s

1.19 36 km/h，竖直向下偏西 30°

1.20 917 km/h，西偏南 40°56′

　　 917 km/h，东偏北 40°56′

1.21 931 m/s

第 2 章

2.1 (1) $\dfrac{\mu_s Mg}{\cos\theta - \mu_s \sin\theta}$，$\dfrac{\mu_k Mg}{\cos\theta - \mu_k \sin\theta}$；

(2) $\arctan \dfrac{1}{\mu_s}$

2.2　(1) 3.32 N, 3.75 N;　(2) 17.0 m/s^2

2.3　(1) 6.76×10^4 N;　(2) 1.56×10^4 N

2.4　(1) 368 N;　(2) 0.98 m/s^2

2.5　39.3 m

2.6　19.4 N

2.7　(1) $\dfrac{m_1 + m_2}{(M + m_1)(m_1 + m_2) + m_1 m_2}\left[F - \dfrac{m_1 m_2}{m_1 + m_2} g\right]$;　(2) $(m_1 + m_2 + M)\dfrac{m_2}{m_1} g$

2.8　(1) 1.88×10^3 N, 635 N;　(2) 66.0 m/s

2.9　50.7 km/h

2.10　1.89×10^{27} kg

2.11　(2) 6.9×10^3 s;　(3) 0.12

2.12　$\sqrt[4]{48}\,\pi R^{3/2} / \sqrt{GM}$

2.13　$\dfrac{v_0 R}{R + v_0 \mu_k t}$, $\dfrac{R}{\mu_k}\ln\left(1 + \dfrac{v_0 \mu_k t}{R}\right)$

2.14　(1) 0.56×10^5, 2.80×10^5;　(2) 1.97×10^4 N,　2.01 t;

　　　(3) 4.6×10^{-16} N

2.15　534

2.16　$w^2[m_1 L_1 + m_2(L_1 + L_2)]$, $w^2 m_2(L_1 + L_2)$

2.17　2.9 m/s

*2.18　1560 N, 156 kW

第 3 章

3.1　$-kA/\omega$

3.2　1.41 N·s

3.3　1.21×10^3 N

3.4　11.6 N

3.5　4.24×10^4 N,　沿 90°平分线向外

3.6　1.07×10^{-20} kg·m/s,　与 $\boldsymbol{p}_1$ 的夹角为 149°58′

3.7　7290 m/s, 8200 m/s, 都向前

3.8　必有一辆车超速

3.9　108 m/s

3.10　0.632

3.11　在两氢原子张角的分角线上,距氧原子中心 0.006 48 nm

3.12　对称半径上距圆心 4/3π 半径处

3.13　立方体中心上方 0.061a 处

3.14　5.26×10^{12} m

3.15　$v_0 r_0 / r$

第 4 章

4.1　(1) 1.36×10^4 N, 0.83×10^4 N；(2) 3.95×10^3 J；(3) 1.96×10^4 J

4.2　$mgR[(1-\sqrt{2}/2)+\sqrt{2}\mu_k/2]$, $mgR(\sqrt{2}/2-1)$, $-\sqrt{2}mgR\mu_k/2$

4.3　4.52×10^9 J, 0.982 t

4.4　113 W

4.5　2.8 m/s

4.6　(1) $\dfrac{1}{2}mv^2\left[\left(\dfrac{m}{m+M}\right)^2-1\right]$, $\dfrac{1}{2}M\left(\dfrac{mv}{m+M}\right)^2$

4.7　0.23 m

4.8　(1) 31.8 m, 22.5 m/s；(2) 不会

4.9　$mv_0\left[\dfrac{M}{k(M+m)(2M+m)}\right]^{1/2}$

4.10　(1) $\sqrt{\dfrac{2MgR}{M+m}}$, $m\sqrt{\dfrac{2gR}{M(M+m)}}$；(2) $\dfrac{m^2gR}{M+m}$；(3) $\left(3+\dfrac{2m}{M}\right)mg$

4.12　(1) $\dfrac{GmM}{6R}$；(2) $-\dfrac{GmM}{3R}$；(3) $-\dfrac{GmM}{6R}$

4.14　(1) 8.2 km/s；(2) 4.1×10^4 km/s

4.15　2.95 km, 1.85×10^{19} kg/m³, 80 倍

4.16　4.20 MeV

4.17　$\dfrac{12A}{x^{13}}-\dfrac{6B}{x^7}$, $\sqrt[6]{\dfrac{2A}{B}}$

4.18　$\dfrac{5}{4}\dfrac{ke^2}{m_p v_0^2}$

4.19　4.46×10^3 m³/h

4.20　0.19 m³/min

第 5 章

5.1　(1) 25.0 rad/s；(2) 39.8 rad/s²；(3) 0.628 s

5.2　(1) $\omega_0=20.9$ rad/s, $\omega=314$ rad/s, $\alpha=41.9$ rad/s²；

　　(2) 1.17×10^3 rad, 186 圈

5.3　-9.6×10^{-22} rad/s²

5.4　$4.63 \times 10^2 \cos\lambda$ m/s, 与 $O'P$ 垂直

　　$3.37 \times 10^{-2} \cos\lambda$ m/s², 指向 O'

5.5　9.59×10^{-11} m, 104°54′

5.6　(1) 1.01×10^{-39} kg·m²；(2) 4.56×10^8 Hz

5.7　1.95×10^{-46} kg·m², 1.37×10^{-12} s

5.8　分针: 1.18 kg·m²/s, 1.03×10^{-3} J；时针: 2.12×10^{-2} kg·m²/s, 1.54×10^{-6} J

5.9　$\dfrac{13}{24}mR^2$

5.10 $\dfrac{m_1-\mu_k m_2}{m_1+m_2+m/2}g$, $\dfrac{(1+\mu_k)m_2+m/2}{m_1+m_2+m/2}m_1 g$,

$\dfrac{(1+\mu_k)m_1+\mu_k m/2}{m_1+m_2+m/2}m_2 g$

5.11   10.5 rad/s²,   4.58 rad/s

5.12   37.5 r/min,   不守恒。臂内肌肉做功,   3.70 J

5.13   (1) 8.89 rad/s;   (2) 94°18′

5.14   0.496 rad/s

5.15   (1) 4.8 rad/s;   (2) 4.5×10⁵ J

5.16   (1) 4.95 m/s;   (2) 8.67×10⁻³ rad/s;   (3) 19 圈

5.17   1.1×10⁴² kg·m²/s,   3.3%

*5.18   (1) −2.3×10⁻⁹ rad/s²;   (2) 2.6×10³¹ J/s;   (3) 1300 a

*5.19   2.14×10²⁹ J, 2.6×10⁹ kW,   11,   3.5×10¹⁶ N·m

5.20   3.1 min

第 6 章

6.1 $l\left[1-\cos^2\theta\,\dfrac{u^2}{c^2}\right]^{1/2}$, $\arctan\left[\tan\theta\left(1-\dfrac{u^2}{c^2}\right)^{-1/2}\right]$

6.2 $a^3\left(1-\dfrac{u^2}{c^2}\right)^{1/2}$

6.3 $1/\sqrt{1-u^2/c^2}$ m,在 S′系中观察,x_2 端那支枪先发射,x_1 端那支枪后发射

6.4   能

6.5   6.71×10⁸ m

6.6   0.577×10⁻⁹ s

*6.7   (1) 0.95 c;   (2) 4.00 s

6.8   在 S 系中光线与 x 轴的夹角为 $\arctan\dfrac{\sin\theta'\sqrt{1-u^2/c^2}}{\cos\theta'+u/c}$

6.9   0.866 c,   0.786 c

6.10   (1) 5.02 m/s;   (2) 1.49×10⁻¹⁸ kg·m/s;

      (3) 1.2×10⁻¹¹ N,   0.25 T

6.11   2.22 MeV,   0.12%,   1.45×10⁻⁶%

6.12   (1) 4.15×10⁻¹² J;   (2) 0.69%;   (3) 6.20×10¹⁴ J;

      (4) 6.29×10¹¹ kg/s;   (5) 7.56×10¹⁰ a

6.13   5.6 GeV,   3.1×10⁴ GeV

第 7 章

7.1   (1) 9.08×10³ Pa;   (2) 90.4 K, −182.8 ℃

7.2   2.8 atm

7.3   196 K, 6.65×10¹⁹ m⁻³

7.4　84℃

7.5　929 K，　656℃

7.6　0.32 kg

7.7　25 cm^{-3}

7.8　1.87×10^{17} cm^{-3}

7.9　1.4×10^{-9} Pa

7.10　1.95×10^{3} m

7.11　5.8×10^{-8} m，　1.3×10^{-10} s

7.12　3.2×10^{17} m^{-3}，　10^{-2} m(分子间很难相互碰撞)，分子与器壁的平均碰撞频率为 4.7×10^{4} s^{-1}

7.13　80 m，　0.13 s

7.14　(1) $\pi d^{2}/4$；　(2) $4/(\pi d^{2} n)$

7.15　(1) 6.00×10^{-21} J，　4.00×10^{-21} J，　10.00×10^{-21} J；
　　(2) 1.83×10^{3} J；　(3) 1.39 J

7.16　3.74×10^{3} J/mol，　6.23×10^{3} J/mol，　6.23×10^{3} J/mol；
　　0.935×10^{3} J/mol，　3.12×10^{3} J，　0.195×10^{3} J

7.17　(1) 12.9 keV；　(2) 1.58×10^{6} m/s

7.18　0.95×10^{7} m/s，　2.6×10^{2} m/s，　1.6×10^{-4} m/s

7.19　对火星：5.0 km/s，　$v_{\text{rms,CO}_2} = 0.368$ km/s，　$v_{\text{rms,H}_2} = 1.73$ km/s
　　对木星：60 km/s，　$v_{\text{rms,H}_2} = 1.27$ km/s

7.20　2.9×10^{2} m/s，　12 m/s，　8.8 mm/s

7.21　6.15×10^{23}/mol

7.22　2.9×10^{2} m/s，　8.8 mm/s

7.23　(1) 2.00×10^{19}；　(2) 1 atm

第 8 章

8.1　(1) 600 K，600 K，300 K；　(2) 2.81×10^{3} J

8.2　(1) 424 J；　(2) -486 J，放了热

8.3　(1) 2.08×10^{3} J，2.08×10^{3} J，0；
　　(2) 2.91×10^{3} J，2.08×10^{3} J，0.83×10^{3} J

8.4　319 K

8.5　(1) 41.3 mol；　(2) 4.29×10^{4} J；　(3) 1.71×10^{4} J；　(4) 4.29×10^{4} J

8.6　0.215 atm，193 K；　896 J，-896 J

8.7　(1) 5.28 atm，429 K；　(2) 7.41×10^{3} J，0.93×10^{3} J，6.48×10^{3} J

8.8　(1) 0.652 atm，317 K；　(2) 1.90×10^{3} J，1.90×10^{3} J；
　　(3) 氮气体积由 20 L 变为 30 L，是非平衡过程，画不出过程曲线，从 30 L 变为 50 L 的过程曲线为绝热线

8.10　(1) 6.7%；　(2) 14 MW；　(3) 6.5×10^{2} t/h

8.11　1.05×10^{4} J

8.12 0.39 kW

8.13 9.98×10^7 J, 2.99

8.14 29 m/s

第 9 章

9.1 1.30×10^3 J, 2.79×10^3 J, 23.5 J/K

9.2 268 J/K

9.3 3.4×10^3 J/K

9.4 30 J/(K·s)

9.5 70 J/(K·s)

9.6 5.4×10^4 J/K

9.7 (1) 184 J/K, 增加; (2) 97 J/K

9.8 (1) -1.10×10^3 J/K, 0; (2) 1.10×10^3 J/K, 1.08 J/K

*9.9 (2) 等温过程 $A = 1.69 \times 10^6$ J; $\Delta S = 5.63 \times 10^3$ J/K

　　　　等体过程 $A = 0$; $\Delta S = -5.63 \times 10^3$ J/K

　　　　绝热过程 $A = -1.30 \times 10^6$ J; $\Delta S = 0$

　　　　循环过程 $A = 3.9 \times 10^5$ J; $\Delta S = 0$

参 考 文 献

[1] 张钟华.基本物理常量与国际单位制基本单位的重新定义[J].物理通报,2006,2：7-10.

[2] 张三慧.大学物理学[M].5 版.北京：清华大学出版社,2024.